자녀와 쿨 하게
소통하기

자녀와 쿨하게 소통하기

박성희 · 이재용 · 장희화 · 김기종
이동갑 · 남윤미 · 김경수 공저

학지사

어설퍼서 더 짜릿한, 자녀 키우기!

"인생은 목표를 이루는 과정이 아니라 그 자체가 소중한 여행일
지니 서투른 자녀 교육보다 과정 자체를 소중하게 생각할 수 있
는 훈육을 시키는 것이 더욱 중요하다."

키르케고르

우리 주위의 많은 부모는 자녀가 인생의 목표를 달성하도록 도와주
는 것이 자녀를 위하는 최선이라 믿으며 무엇이든 도와주려 합니다. 그
런데 정작 자녀들은 자신이 왜 이 많은 것을 해야 하는지 모를 때가 많
습니다. 심한 경우에는 자녀의 목표가 아닌 부모의 목표를 자녀가 대신
이루어주기를 바라는 것처럼 보이기도 합니다.

지금 이 순간의 인생은 자녀에게 그 자체로서 소중한 삶의 한 장면입
니다. 부모는 자녀가 이 순간을 행복하게 느끼고 다가오는 미래를 설레
면서 꿈꿀 수 있도록 도와주어야 합니다. 한 철학자의 말처럼 인생의
과정을 소중하게 생각할 수 있도록 말이죠. 하지만 실제로 자녀를 키우
면서 이런 마음을 먹기가 생각처럼 쉽지만은 않습니다. 어떻게 하면 우
리 아이가 삶의 과정을 소중하게 여기며 행복으로 가득한 마음을 가꾸
어 갈 수 있을까요?

가만히 보면 자녀를 키우는 것은 나무를 가꾸는 것과 많이 닮았습니다. 부모는 마음 깊은 곳에 씨앗을 뿌리고 뜨거운 가슴으로 품어 자녀라는 작은 싹을 틔우게 됩니다. 이 여린 싹은 부모의 따뜻한 돌봄과 보살핌을 맞으며 하루하루 자라납니다. 때로는 강추위와 비바람을 맞기도 하지만 하루, 이틀, 사흘, 점점 시간이 흐를수록 아이들의 몸과 마음은 아름드리나무처럼 튼튼하게 커 갑니다. 이를 뿌듯하게 지켜보던 부모는 자녀의 성장을 위해 온갖 지원을 아끼지 않습니다. 그런데 부모의 지원이, 마치 나무 주위의 잡초를 뽑아 주고 벌레를 쫓는 것처럼 자녀 성장에 방해되는 것을 모두 제거하는데 초점이 맞춰질 때가 많습니다. 하지만 건강하고 튼튼하게 나무가 자라기 위해 정작 중요한 것은 눈앞의 잡초를 뽑고 벌레를 쫓는 일이 아니라 스스로 땅에 단단히 뿌리내릴 힘을 가질 수 있게 돕는 일입니다. 우리의 자녀들은 누구나 스스로 세상에 단단히 설 수 있는 힘과 능력이 있습니다. 아직은 완전하지 못한 자녀들이지만 부모의 꾸준한 신뢰와 소통을 통해 끊임없이 변화하고 성장해 갑니다. 이를 위해 부모가 해야 할 일은 자녀와 좋은 관계를 맺으며 건강하게 소통하는 일입니다.

이 책은 부모와 자녀의 소통을 중심으로 자녀를 양육하는 과정에서 일어날 수 있는 여러 가지 어려움을 함께 나누려는 마음으로 시작되었습니다. 물론 부모의 양육방식, 가정환경, 자녀의 성격 등이 모두 다르기 때문에 자녀를 양육하는 과정에서 나타나는 어려움의 모습도 다양할 것입니다. 하지만 부모로서 자녀를 양육하는 데 필요한 기본적인 자세나 태도조차 잘 이해하지 못해서 자녀의 문제를 키우는 경우를 보면서 부모에게 도움을 줘야겠다고 생각했습니다. 그래서 이 책을 통해 부모와 자녀가 서로 관계하고 소통하는 구체적인 방법과 자녀의 성장과정 중에서 겪을 수 있는 여러 가지 실제적인 문제에 대해 함께 고민하고 풀어 나가는 방식으로 글을 모아 보았습니다. 필자들이 부모이면서 동시에 교사라는 사실은 이 책을 기획하고 저술하는 과정에 많은 도움이 되었습니다.

한 가지 알려둘 것은 이 책은 부모가 '원하는' 자녀 만들기가 아니라, 자녀의 '홀로서기'를 지원하는 설명서라는 점입니다. 다시 말해 아이가 행복하게 자기 삶을 가꿔 갈 수 있도록 부모로서 아이를 격려하고 힘이 되어 줄 수 있는 원리와 방법을 다루었습니다. 이 한 권의 책으로 자녀양육의 달인이 될 수는 없겠지만 자녀를 키우면서 겪게 되는 다양한 상황에 대해 함께 생각하고 고민하며 현명한 해결책을 찾아가는 과정에 참여하는 것 자체에 큰 의미가 있습니다. 각 주제별로 소개된 구체적인 해결 방법은 아이의 성격, 가정의 환경, 부모의 양육 태도 등에 따라 얼마든지 달라질 수 있습니다. 그러므로 부모는 자녀를 대하는 구체적인 방법이나 기법을 익히는 것과 함께 아이들을 바라보는 관점, 인식, 태도에도 관심을 기울이는 것이 좋습니다.

우리 아이들은 매일매일 쉬지 않고 자라나고, 부모들은 하루도 변함없이 아이들이 커가는 것을 지켜봅니다. 하지만 어떤 부모도 처음부터 완벽하지 않습니다. 첫 아이는 처음이라서 어설프고, 둘째 아이는 첫째 아이와 달라서 또 어설프고……게다가 실수는 또 얼마나 많이 하는

지……. 그런데도 무럭무럭 자라나는 아이를 보면 그렇게 짜릿할 수가 없습니다. 아이들을 통해 가족은 신이 주신 최고의 선물임을 절감합니다. 어설프고 서투르지만 따사로운 햇살이 되어 우리 자녀가 세상을 향해 힘차게 뻗어갈 수 있게 도와주는 좋은 부모가 되는 길에 이 책이 한 줌의 거름이 되기를 바랍니다.

이 책의 사례에 등장하는 모든 아동의 이름은 가명이므로 오해가 없기를 바랍니다.

어설퍼서 더 짜릿한 자녀 키우기, 이제부터 시작해 볼까요?

차 례

 차 례

재크와
쿨하게 소통하기

01

자녀가 대화를 피한다고요

자녀로 인해 너무 힘들어하는 부모의 모습을 종종 보게 됩니다. 자녀와 이야기를 충분히 나누며 잘 소통하고 있다고 생각하던 부모도 때로는 자신이 알고 있던 것과 전혀 다른 모습을 보이는 자녀에게 놀라곤 합니다. 아이가 도무지 말을 하지 않아서 왜 그러는지 모르겠다고 하는 부모도 있고, 때론 자신의 마음을 몰라 주는 아이에게 서운함을 느껴 눈물을 보이는 부모도 있습니다. 가장 가까이 있다고 여긴 자녀와 이야기가 통하지 않으니 얼마나 답답하겠습니까? 하지만 한걸음 물러서서 보면 아이의 문제만은 아닙니다. 아이가 부모 마음을 다 알아주고 부모님이 원하는 대로 말하고 행동한다면 이미 아이가 아니겠지요. 그러니까 아이와 이야기가 잘 통하지 않는다고 서운해하는 대신 아이의 마음을 알아주기 위해 자신이 얼마나 노력했는지를 살피는 편이 더 현명합니다.

대학교 때 모교인 중학교에 교생실습을 가게 되었습니다. 마침 1학년 때 사용했던 교실에 배정이 되어 추억 속의 교실로 들어서는 가슴 뜀을 경험했습니다. 담당 선생님께서 아이들을 이해하는 데 도움이 될 터이니 검사 겸 읽어 보라고 하시면서 학생들의 일기를 걷어 주셨습니다. 아이들의 일기를 보면서 불현듯 중학교 1학년 때 담임선생님께서 일기에 빨간 글씨로 코멘트를 달아 주시던 생각이 났습니다. 집에 와서 깊숙이 넣어 두었던 중학교 시절 일기를 찾아 읽고는 또 한 번 가슴 뛰는 감정을 느꼈습니다. 아이들의 일기를 읽으며 조금은 유치한 듯한 기분이 들었는데, 내가 쓴 일기를 읽어 보니 별반 다르지 않은 내용들이었습니다. '내가 중학교 시절의 기분을 잊고 있었구나.' 하는 깨달음이 들면서 '아이들과 잘 지내기 위해서는 아이들과 눈높이를 맞추는 것이 중요하겠구나.' 라는 생각을 하게 되었습니다.

어른인 우리에게도 어린 시절이 있었고 사춘기 시절이 있었습니다. 하지만 성장하여 어른이 되면서 그 당시 느꼈던 감정과 기억을 잊고 사는 건 아닌지 모르겠습니다. 물론 그 당시의 우리와 우리의 자녀들은 시대도 다르고 환경도 다르지만 우리가 부모님을 향해 느꼈던 감정이나 바람은 지금의 아이들이 우리에게 느끼는 것과 별로 다르지 않을 것입니다. 우리도 부모님이 내 마음을 이해해 주었으면, 나와 말이 통했으면, 나를 인정해 주었으면 하고 바라면서 때로는 다른 아이들의 부모님을 부러워하던 시절을 보내지 않았나요? 성인이 되어 아이를 낳고 키우면서 어느 틈엔가 자신의 어린 시절은 까맣게 잊은 채 부모의 눈높이에서 아이를 다그치고 가르치기에 바빴던 것은 아닌지요?

부모님이 자기 마음을 몰라 주고, 하기 싫은 일만 하라고 강요하면서 힘들게 하기 때문에 부모님과 말도 하기 싫다는 아이들이 있습니다. 자녀의 이런 마음을 알게 된 대부분의 부모는 "이게 다 너를 위해 그렇게 한 건데 그런 내 마음을 몰라주다니" 하고 서운한 반응을 보입니다. 아이를 '위하여' 그렇게 한 것인데 아이가 그 마음을 몰라 주니 서운하기도 하고 심지어 억울하기까지 합니다. 때로 분노하는 부모도 있습니다. 이래서는 아이와의 관계가 편해지기 어렵겠지요. 이런 경우 잠시 자신의 감정을 내려놓고 한 가지 생각할 것이 있습니다. 자녀를 위하고 사랑하는 마음이 부모의 진심일지라도 그건 어디까지나 부모의 마음이라는 점입니다. 아이들의 마음이 무엇인지 아랑곳하지 않은 채 진심이라는 점을 강조하며 부모의 마음을 앞세우는 일은 부모 자신을 위한 것이지 자녀를 위한 것이 아닙니다. 정말 자녀를 위한다면 무엇보다 먼저 자녀의 마음을 헤아리고 배려해야 합니다.

아이가 "엄마, 포도가 먹고 싶어."라고 했습니다. 그런데 엄마는 요즘 포도보다는 감이 제철이고 비타민도 풍부하니 감을 먹이는 것이 낫겠다고 생각했습니다. 그래서 아이가 원하는 포도를 사지 않고 엄마가 원하는 감을 사다 주었습니다. 그러자 아이는 포도가 먹고 싶다고 짜증을 냅니다. 엄마는 기껏 아이의 건강을 생각해서 비싼 감을 사다 주었는데, 아이가 짜증을 내니 이해가 잘 안 됩니다. 그저 짜증 내는 아이에게 화가 나기도 하고, 아이를 생각하는 엄마 마음도 몰라 주니 서운하기도 하며, 과일에 대해 잘 모르면서 짜증만 내는 아이가 한심하기도 합니다. 그러나 아이의 입장에서 한번 생각해 보세요. 포도가 먹고 싶다는 자신에게 감을 먹으라고 하는 엄마는 자신의 의사를 묵살하는 엄마이고, 자기를 무시하는 엄마이며, 자존감을 떨어뜨리는 엄마이고, 마음에 상처를 남기는 엄마가 되는 것이지요. 엄마는 아이를 생각해서 한 일이지만 아이의 마음에는 엄마의 의도와 전혀 다른 부정적 생각이 싹트고 있음을 알 수 있습니다.

앞의 사례에서 엄마가 어떻게 대처하는 것이 현명할까요? 포도를 먹고 싶다는 아이에게 귀를 기울여 주고, 포도를 먹고 싶은 이유도 들어 주며, 제철 과일인 감을 먹이고 싶은 엄마의 마음도 알려 주면서 아이와 함께 포도와 감을 준비하여 나누어 먹는다면 어떤 결과를 가져올까

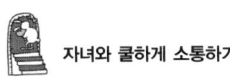

요? 포도를 구하기 어렵다면 포도 주스나 건포도 등을 준비할 수도 있겠지요. 이럴 때 아이는 엄마가 자신의 의견을 받아들였기 때문에 기분이 좋고, 그렇게 자신을 인정해 주는 엄마가 있어서 좋으며, 인정받는 자신이 좋고, 자신을 생각하고 또 다른 과일을 권하는 엄마의 사랑도 느껴져 행복하게 두 가지 과일을 다 먹게 되지 않을까요? 또한 엄마는 엄마대로 아이와 사이좋게 이야기도 나누고, 과일도 함께 먹으면서 행복한 시간을 보낼 수 있을 것입니다.

부모의 판단이 아무리 옳다고 하여도 부모가 원하는 것을 아이에게 일방적으로 요구하는 것은 전혀 바람직하지 않습니다. 부모의 이런 행동은 아이의 욕구를 좌절시키고 아이의 인격을 무시하며 상처를 입히는 어리석은 짓입니다. 따라서 부모는 자신의 바람과 아이의 욕구를 잘 조화시킬 수 있는 지혜로운 방법을 찾아야 합니다. 그렇게 하기 위해서 부모는 아이와 잘 소통할 수 있는 길을 열어 가야 합니다. 이 장에서는 자녀와 잘 소통할 수 있는 길을 탐색해 볼 것입니다.

02
자녀들은 왜 부모를 피할까요

　자녀들과 통하고 싶지 않은 부모가 어디 있을까요? 하지만 자녀들과 이야기를 나누다 보면 본의 아니게 의사소통이 막히는 경험을 종종 하게 될 것입니다. 막히는 정도가 아니라 심지어는 화가 나기도 하고, 아이가 미워지기도 하며, 속이 상하기도 할 것입니다. '쟤, 내 자식 맞아?' 라는 한숨 섞인 호소가 나오기도 하지요. 도대체 답답함으로 끝나 버리는 부모 자녀 간 불통의 원인은 무엇일까요?

　다음 사례를 통해 소통을 막고 있는 원인이 무엇일지 생각해 봅시다.

 <mark>민수 엄마는 민수랑 마트에 갈 때마다 실랑이를 한다.</mark> 민수가 장난감을 사 달라고 조르기 때문이다. 몇 번은 민수의 요구를 들어주었는데, 갈 때마다 조르는 민수를 감당하기가 어렵다. 오늘도 엄마는 민수에게 마트에 가서 장난감을 사 달라고 조르면 다시는 데리고 가지 않겠다는 일방적인 약속을 하고 민수를 데리고 갔다. 그런데 장난감 코너에 멈춰 선 민수는 또 엄마에게 장난감을 사 달라고 조르기 시작했다. 엄마가 안 된다고, 또 그러면 다시는 마트에 안 데려온다고 하자 민수는 그 자리에 누워서 발버둥을 치며 울기 시작했고, 그 어떤 말도 민수에게 통하지 않았다. (떼를 쓰는 행동으로 인한 갈등)

<mark>정아는 밥투정이 심하다.</mark> 자기가 좋아하는 반찬이 없으면 아예 밥에 손도 대지 않는다. 그나마 할머니가 오신 날에는 할머니가 달래서

밥을 먹이지만 엄마만 있을 때는 밥 먹이는 것이 더욱 어렵다. 주변 사람들의 말을 듣고 굶겨 보기도 하고, 달래 보기도 하고, 정아가 좋아하는 음식과 싫어하는 음식을 섞어서 먹여 보기도 했지만 효과가 오래가지는 못했다. 식사 시간만 되면 엄마는 정아와 전쟁을 치르는 기분이다. 정아가 걱정이 되어서 밥을 안 먹일 수도 없고, 그렇다고 억지로 먹이는 것도 쉬운 일은 아니고 정말 어떻게 해야 할지 모르겠다. 이제 정아는 밥 먹으라는 엄마의 말만 들으면 저만치 도망부터 간다. (편식으로 인한 갈등)

==초록이 아빠는 출근길에 용돈이 필요하다는 초록이==와 이야기를 나누다가 화가 났다. 도저히 아이의 요구를 이해할 수가 없었기 때문이다. 초록이는 요즘 유행하는 가수 A의 팬미팅에 가져갈 선물을 준비하느라 용돈을 모으고 있었는데, 좀 부족하여 아빠한테 용돈을 달라고 하였다. 하지만 아빠는 자기에게 필요한 것을 사는 것도 아니고, 쓸데없는 데 돈을 쓰려는 초록이가 못마땅했다. 그래서 아빠가 그런 돈은 줄 수 없다고 하자 초록이는 화를 내며 나가 버렸다. 초록이 아빠는 자기가 연예인만도 못한 대접을 받는 것 같아 기분이 몹시 나쁘다. (연예인 선호로 인한 갈등)

==민석이의 장래희망은 요리사다.== 학교에서 하는 요리 체험학습 신청서에 도장을 찍어 달라고 아버지한테 말씀드렸다. 그랬더니 아버지는 남자가 무슨 요리를 하냐고 하시면서 좀 남자다운 체험을 하라고 하셨다. 그래서 민석이는 용기를 내어 자신의 장래 희망이 요리사이며, 그래서 요리 체험학습을 신청한 것이라고 말씀드렸다. 그랬더니 아버지는 우리 집안은 남자가 요리사가 되는 것을 인정할 수 없는 집안이니 꿈도 꾸지 말라고 하시면서 요리 체험학

습도 가지 말라고 하셨다. 그런 데 갈 시간에 차라리 공부 한 자라도 더 하라는 아버지 말씀을 듣고 민석이는 순간 눈물이 왈칵 쏟아졌다. (진로로 인한 갈등)

윤아 엄마는 윤아에게 친구를 사귈 때는 공부도 잘하고 집안도 좋은 아이와 사귀어야 한다고 늘 충고를 해 주었다. 하지만 윤아는 이런 엄마의 말을 어디로 듣는지 계속 엄마 마음에 들지 않는 아이들과 어울려 다닌다. 친구들의 신상에 대해 조금이라도 질문을 하면 그대로 쏘아 버려서 물어보기도 어렵다. 하지만 윤아가 하고 다니는 걸 보면 친구들 영향을 받아서 그런 것 같아 엄마는 계속 신경이 쓰인다. 어떻게 말해야 윤아가 엄마 말을 알아들을지 모르겠다. (친구 교제로 인한 갈등)

창민이 엄마가 창민이를 위해 거금을 들여 옷을 사다 주었는데 창민이는 고맙다고 하기는 커녕 "요즘에 누가 그런 옷을 입냐?"며 "입기 싫다."고 한다. 기껏 생각해서 옷을 사다 준 엄마 마음도 모르고 자기 취향이 아니라고 하면서, 심지어는 "엄마는 보는 눈이 없어."라며 핀잔을 주기까지 했다. 창민이 엄마는 너무 서운해서 눈물이 나올 지경이다. 엄마를 무시하는 것 같아 속이 상한데 어떻게 말을 해야 할지 모르겠다. (의복 구매로 인한 갈등)

철용이는 친구들 사이에서 최근 유행하는 헤어스타일을 하고 싶다. 그래서 머리를 기르고 있는 중이다. 하지만 학교 교사인 아버지는 철용이의 헤어스타일이 영 마음에 들지 않는다. 아버지가 엄마한테 주의를 좀 주라고 하자 자기 말은 이미 듣지 않는다며 직접 말하라고 한다. 하지만 철용이는 아버지가 부르기만 해도 이 핑계 저 핑계를 대며 이야기를 하려고 하질 않는다. 아버지도 섣불리 잘못 이야기하면 역효과가 날까 봐 적극적으로 말도 못하고, 속만 끓이고 있다. (헤어스타일로 인한 갈등)

아영이 엄마는 요즘 따라 등교 시간에 거울만 보고 꾸물거리는 딸아이가 영 마음에 들지 않는다. 빗은 머리를 빗고, 또 빗고, 심지어는 세수를 몇 번씩 하는 날도 있다. 괜히 잘못 말했다가 아침부터 기분 나쁘게 할까 봐 아무 말도 못하고 참고는 있지만 속이 부글거린다. 친구들에게 하소연 하면 사춘기라 그러는 것이니 그냥 두라고 하는데, 엄마로서 아이의 잘못된 행동을 보고도 눈치만 보면서 말 한마디 못하는 것이 불편하다. (외모 단장으로 인한 갈등)

신정이네 가족은 여름휴가를 어디로 갈지 결정을 못하고 있다. 부모님이 가자는 장소와 아이들이 가자는 장소가 일치하지 않기 때문이다. 아빠는 오랜만의 휴가니 좀 쉴 수 있고 조용한 장소로 가고 싶은데, 엄마랑 아이들은 즐겁게 놀 수 있는 다른 곳으로 가고 싶어 한다. 하지만 아빠는 독단적으로 장소를 정하고 예약을 하면서 가족은 따라오기만 하면 된다고 한다. 가족은 이런 여행은 가고 싶지 않지만 아빠한테 제대로 말도 못한다. (여행지로 인한 갈등)

민주는 요즘 몰래하는 일이 많아졌다. 친구를 만나러 나가든, 휴대전화를 하든, 컴퓨터를 하든, 책을 사든 뭘 하든 엄마가 사사건건 간섭을 하면서 이래라 저래라 잔소리를 많이 하기 때문이다. 다른 엄마들처럼 자기를 이해해 주지 않고 막무가내로 못하게 말리기만 하는 엄마가 싫다. 민주는 엄마가 아시면 결국 못하게 말릴 것이고 귀찮아질 것이기 때문에 아예 말하지 않고 엄마 몰래 하는 게 낫다는 생각을 하기 시작했다. 그런데 엄마한테 숨기는 것이 많아지니 엄마를 대하기가 불편하고 거리감이 생기는 것 같다. (잔소리로 인한 갈등)

<mark>오랜만에 정미네 가족은 기분 좋은 저녁 식사를</mark> 하면서 대화를 나누었다. 아빠는 정미가 요즘 학교에서 몇 등을 하는지 물으셨다. 정미는 성적이 떨어지고 있어서 속상하던 차에 아빠가 갑자기 성적을 물으니 당황하였다. 그래서 성적이 아직 나오지 않아서 잘 모른다고 답했다. 그런데 이때 엄마가 정미에게 '오늘 저녁 설거지는 네가 좀 해라. 음식을 많이 했더니 도저히 설거지까지는 못하겠다.' 하시는 것이었다. 정미는 벌떡 일어나면서 "왜 나보고 설거지를 하래? 난 공부, 공부, 공부해야 한단 말이야."라고 소리 지르더니 방으로 들어가 버렸다. 아빠와 엄마는 갑작스런 딸의 반응에 어떻게 반응해야 할지 난감해졌다. (공부로 인한 갈등)

<mark>용주 엄마는 학부모 회의를 하기 위해</mark> 학교에만 다녀오면 기분이 나쁘다. 담임선생님이 다른 엄마들한테는 아이들이 학교에서 얼마나 잘하는지에 대해 칭찬을 하는데 용주에 대해서는 그저 얌전하다는 이야기밖에 달리 하는 칭찬이 없다. 서운해서 집에 돌아온 엄마는 용주를 불러 앉혀 놓고 대화 좀 해 보자고 하였다. '너네 반 민희는 수업 시간에 그렇게 발표를 잘한다며? 또 은수는 수학 시간에 손들고 나와서 문제를 잘 푼다던데? 너는 학교에 가서 어떻게 지내는 건지 엄마한테 말 좀 해 봐. 어휴, 정말 답답해서……. 어디 말 좀 해 봐. 가만히 있지 말고. 왜 그러는 거야? 어?' 그러나 용주는 말이 없다. (성적으로 인한 갈등)

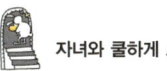

03
어떻게 하면 자녀와
쿨하게 대화할 수 있을까요

결혼을 하여 아이를 낳고 아이를 키우면서 기뻐하고 행복해하는 부모의 모습을 상상하는 것은 그리 어렵지 않습니다. 그러나 몇 년이 지나지 않아 이런 행복한 모습은 어디론가 가 버리고 아이와 끊임없이 신경전을 벌이며 아이 키우기가 이렇게 힘든 줄 몰랐다고 하소연하는 부모를 만나게 됩니다. 아마도 이 책을 읽고 있는 부모님도 그런 분들 중 하나일지도 모릅니다. 어떻게 하면 자녀와 충돌하지 않고 서로 마음을 털어 놓을 수 있는 좋은 관계를 만들어 갈 수 있을까요? 자녀와 원만한 소통을 위해서 유의해야 할 점들을 살펴봅시다.

일방적인 의사 전달을 피합니다. 앞의 사례에서 마트에서 때를 쓰는 아이나 밥투정을 하는 아이를 대할 때처럼 일방적으로 부모의 의사만 전달하는 경우에는 의사소통이 막힐 수 있습니다. '장난감을 사 달라고 하면…….' 또는 '밥을 안 먹으면…….' 하면서 겁을 주기보다 아이가 어떤 마음으로 이런 행동을 하는지 아이에게 직접 말할 기회를 주고, 어떻게 하면 이 문제를 해결할 수 있을지 아이의 입을 통해 알아보는 것이 좋습니다. 자녀와 부모가 함께 적절한 방법을 찾을 때 아이에게도 문제를 해결하는 힘이 생기고 부모도 한결 편해질 수 있습니다.

자녀를 존중하면서 대화에 임합니다. 사람은 자기가 존중받는다고 생각할 때 상대방의 이야기를 잘 받아들입니다. 반대로 무시당한다고 생각하면 그 말이 아무리 옳아도 받아들이지 않으려고 합니다. 따라서 자녀가 무슨 말을 하든지 일단 존중하는 마음으로 들어주는 것이 좋습니다. 특히 친구, 외모, 성격, 취향, 장래 희망 등에 대한 이야기를 나눌 때는 자녀의 의견과 기호를 인정해 주어야 합니다. 자녀가 아직 어려서 생각이 부족해 그렇다고 판단하여 부모의 의견을 주입하려고 하면 탈이 나기 마련입니다.

자녀의 이야기에 귀를 기울입니다. 말 못하는 신생아도 분명 표현하고 싶은 욕구가 있습니다. 엄마가 기저귀를 안 갈아 주면 울고, 보송보송하게 잘 갈아 주면 웃음으로 자기 표현을 합니다. 아이를 잘 키운다는 것은 아이의 욕구를 잘 살펴서 제대로 충족시켜 주는 것이라고 말할 수 있습니다. 그런데 영아기에는 그렇게 아이의 욕구에 민감하게 잘 대응하던 엄마들이 아이가 자라서 말을 하고 걷고 자기 생활을 하면 점점 아이에게 둔해지는 경향이 있습니다. 심지어 아이의 말을 무시해 버리기까지 합니다. 이래서는 아이와 소통이 될 리 없습니다. 따라서 아이의 말에 귀를 기울이면서 아이가 진정 원하는 것이 무엇인지 제대로 알아차려야 합니다.

자녀와 원활한 소통을 위해서 자녀의 기분을 잘 파악합니다. 앞의 사례에서 가족끼리 오랜만에 저녁 식사를 하면서 성적 이야기를 꺼낸 아버지와 그 이야기 때문에 기분이 나빠진 딸은 아랑곳하지 않은 채 설거지를 강요한 어머니는 자녀의 기분을 전혀 헤아리지 않고 있습니다. 반발하는 아이를 보면서 부모는 느닷없이 아이에게 당한 것 같아 어이가 없겠지만, 사실은 부모가 아이의 그런 행동을 불러일으킨 셈입니다. 부모의 둔감함이 만들어 낸 결과인 거지요. 많은 부모가 아이의 기분이나 감정은 헤아리지 않고 겉으로 보이는 행동을 중심으로 대화를 하려고 합니다. 하지만 그러다 보면 서로 언성만 높아지고 마음을 헤아리는 소통은 실패하기 쉽습니다.

다른 사람과 비교하는 이야기를 삼갑니다. 누구나 다른 사람과 비교당하며 비난받는 것을 싫어합니다. 아이들도 예외가 아닙니다. 자녀와 대화하면서 다른 아이들이 잘한 것을 이야기에 끌어들여 비교 대상으로 삼으면 아이들은 기분이 나빠져서 저항하려고 합니다. 그래서 대화가 끊어지거나 서로 상대방을 비난하는 방향으로 엉뚱하게 바뀌고 맙니다. 소통이 막히고 만 것이지요. 부모가 자녀를 사랑하는 마음으로 전달하려던 메시지가 오히려 갈등을 일으킨 셈입니다.

04
자, 그럼 자녀와 쿨하게
소통하는 방법을 연습해 봅시다

🥕 소통을 위한 비폭력 대화법 (마셜 B. 로젠버그 저, 캐서린 한 역, 2012)

우리는 자녀들과의 대화에서 판단하고 평가하는 언어를 습관적으로 사용할 때가 많습니다. 하지만 이러한 대화는 자녀들로 하여금 우리가 하는 말에 대한 부정적인 반응을 가져올 가능성이 있습니다. 여기서 소개할 '비폭력 대화'는 상대를 비난하거나 비판하지 않으면서 자신의 마음을 솔직하게 표현하는 방법입니다. 그리고 상대가 어떤 식으로 자신을 표현하든 그 말 뒤에 있는 느낌과 그 사람이 진실로 원하는 것을 듣는 대화 방법입니다. 다음의 비폭력 대화의 핵심 요소입니다.

첫째, 관찰하는 말입니다. 어떤 상황에서 있는 그대로, 실제로 무엇이 일어나고 있는가를 관찰한 그대로 말하는 것입니다. 자녀의 행동에 대해 이렇다 저렇다 판단하고 평가하는 것을 떠나 관찰한 바를 있는 그대로 말하는 것이지요. 관찰에 평가를 섞으면 듣는 자녀들은 이것을 비판으로 듣게 되고, 따라서 저항감을 느끼기 쉽습니다. 예를 들어, "네가 계속 떠들면서 엄마 말을 무시하면……." 이것은 관찰하는 말일까요? 평가하는 말일까요? 네, 맞습니다. 평가하는 말입니다. 이것을 관찰하는 말로 바꾸어 보겠습니다. "엄마가 조용히 하라고 해도 네가 계속

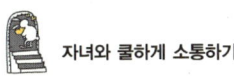

떠들면……" 이렇게 될 것입니다.

관찰하는 말과 평가하는 말을 구별하는 능력을 기르기 위한 몇 가지 연습문제를 풀어 보겠습니다. 다음 중 관찰에 해당하는 것은 몇 번일까요?

㉮ 방이 완전 쓰레기통이구나.

㉯ 텔레비전을 보면서 손톱을 물어뜯는구나.

㉰ 너는 오늘 점심을 먹고 이를 닦지 않았어.

㉱ 이 게으름뱅이야.

㉯, ㉰는 관찰, ㉮, ㉱는 평가하는 말에 해당합니다. 이를 관찰하는 말로 고치면 다음과 같습니다.

㉮ → 방바닥에 어제 입은 옷과 사용한 소지품들이 그대로 있구나.

㉱ → 학교에 갔다 와서 지금까지 세 시간 동안 TV를 보고 있네.

둘째, 느낌을 표현하는 말입니다. 행동을 보았을 때 어떻게 느끼는가를 말하는 것입니다. 즉, 아픔, 무서움, 기쁨, 즐거움, 짜증 등의 느낌을 표현하는 것이지요. 명확하고 구체적인 어휘를 사용하여 느낌을 표현함으로써 부모는 자녀들과 좀 더 깔끔하게 소통할 수 있습니다. 비폭력 대화에서는 실제 우리의 느낌을 표현하는 말과 우리의 생각/평가/해석을 나타내는 말을 구별합니다. 보통 우리는 '느낀다' 는 말을 많이 쓰지만, 실제로는 느낌보다는 생각을 표현하는 경우가 많습니다. 예를 들어, "나는 무시당하고 있다고 느낀다." 는 표현은 느낌이 아니라, 다른 사람의 행동에 대한 자신의 해석을 드러내는 말입니다. 즉, "엄마는 네가 나를 무시한다고 느껴."라는 말은 자녀의 마음과 상관없이 자녀가 엄마를 무시했다고 엄마가 자의적으로 해석한 말입니다. 느낌을 표현하라는 것은 엄마 마음의 느낌을 있는 그대로 드러내라는 것입니다. 예를 들면, "나는 화가 나." "나는 짜증이 나." "나는 속이 상해."라고 표현하라는 것입니다.

다음에서 느낌을 표현하는 문장을 찾아보세요.

㉮ 네가 빨리 와서 기쁘다.
㉯ 너를 한 대 때려 주고 싶은 느낌이야.
㉰ 나는 쓸모가 없는 것 같아.
㉱ 빨리 하라는 소리를 들으면 조급해져.

㉮, ㉱는 느낌을 나타내는 표현이고, ㉯, ㉰는 아닙니다. 이를 느낌을 나타내는 표현으로 바꾸면 다음과 같습니다.

㉯ → 나는 너한테 화가 나.
㉰ → 나는 나 자신에게 실망스러워.

셋째, 필요/욕구를 표현하는 말입니다. 이것은 자신이 포착한 느낌이 내면의 어떤 욕구와 연결되는지를 말하는 방법입니다. 비폭력 대화는 다른 사람의 말이나 행동이 우리의 느낌을 불러일으키는 자극이 될 수는 있어도, 결코 우리 느낌의 원인이 아니라는 점을 새롭게 인식하게

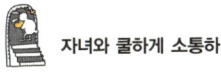

합니다. 우리가 갖게 되는 느낌은 당시 나의 필요와 기대에 따른 것이기도 하지만, 다른 사람의 언행을 받아들이는 우리 자신의 마음 자세에 달린 것이기도 합니다. 자신의 필요와 욕구를 표현하는 말은 "나는 ~이 필요하기 때문에, 나는 ~을 느낀다."는 형식에 담으면 좋습니다. 예를 들어, "네가 계속 떠들면, 엄마는 속상해."가 아니라 "엄마가 책을 읽고 있을 때는 네가 조용히 해 주기를 바라기 때문에, 네가 계속 떠들면 속상해."라고 표현하는 것입니다.

욕구를 인식하는 연습을 해 보겠습니다. 다음 중 말하는 사람이 자신의 느낌에 대한 책임을 인정하고 있는 문장은 어느 것일까요?

㉮ 네가 늦게 와서 짜증이 나.
㉯ 네가 하겠다고 약속한 일을 하지 않아서 정말 실망스러워.
㉰ 저녁 식사를 함께하고 싶었는데 네가 늦게 와서 섭섭하네.
㉱ 나는 서로 존중하기를 바라는데 네가 그렇게 말하면 무시하는 것처럼 들려서 화가 나.

㉰, ㉱는 자신의 느낌에 대한 책임을 인정하는 표현이고, ㉮, ㉯는 아닙니다. 이를 자신의 느낌에 대한 책임을 인정하는 표현으로 고치면 다음과 같습니다.

㉮ → 일찍 자고 싶었는데 네가 늦게 와서 짜증이 나.
㉯ → 엄마는 너를 믿고 싶기 때문에 네가 약속한 일을 하지 않으면 정말 실망스러워.

넷째, 요청/부탁하는 말입니다. 이것은 부모의 삶을 더 풍요롭게 하기 위해서 자녀가 해 주기를 바라는 행동을 표현하는 방법입니다. 막연하고 추상적이거나 모호한 말을 피하고, 원하는 것을 직접 말함으로써 긍정적인 행동을 부탁하는 것입니다. 예를 들어, "떠들지 마."가 아니라 "조용히 해 주면 좋겠어."라고 말하는 것입니다.

부탁하는 방법을 연습해 보겠습니다. 다음 중 구체적인 행동을 부탁한다고 생각되는 문장을 찾아보세요.

㉮ 네가 엄마를 이해해 주면 좋겠어.

㉯ 내 행동 중에 마음에 들었던 거 한 가지만 말해 주면 좋겠어.

㉰ 내가 집에 돌아오면 얼굴을 보고 인사해 주면 좋겠어.

㉱ 나는 네가 화를 내지 않았으면 좋겠어.

㉯, ㉰는 구체적인 행동을 부탁하는 표현이고, ㉮, ㉱는 아닙니다. 이를 구체적인 행동을 부탁하는 표현으로 바꾸면 다음과 같습니다.

㉮ → 엄마가 한 말을 어떻게 들었는지 말해 주면 좋겠어.

㉱ → 내가 오늘 약속을 지키지 못한 것에 대해 말로 너의 마음을 이야기해 주면 좋겠어.

🥕 적극적 경청으로 자녀와 소통하는 방법 (충청북도교육청, 2012)

자녀와의 소통을 위해서는 부모가 말을 많이 하는 것보다는 우선 자녀의 말을 잘 들어 주는 것이 필요합니다. 적극적 경청을 위해서는 다음과 같은 자세가 필요합니다.

첫째, 조용히 들어 줍니다. 아무리 화가 나고 속이 상하더라도 먼저 자녀의 말에 귀를 기울이는 것이 중요합니다. 이와 같이 먼저 듣고자 하는 부모의 태도는 자녀에게 믿음과 신뢰감을 안겨 주는 계기가 됩니다. 눈을 마주하고, 스킨십을 하면서 들어 주면 더 효과적입니다.

둘째, 이해하면서 들어 줍니다. 부모의 친절과 이해해 주고자 하는 마음은 자녀의 자존감을 길러 줍니다. 그냥 듣는 것과 말의 내용을 이해하면서 듣는 것은 다릅니다. 가끔씩 자신이 이해한 내용이 맞는지를 확인하면서 들어 주는 것이 좋습니다. "엄마는, 너에게 어울리는 옷은 네가 더 잘 아니까 엄마 마음대로 옷을 사 오지 않았으면 좋겠다는 이야기로 들리는데 맞아?" "아빠가 큰 소리로 말해서 화가 난 게 아닌가 하고 겁을 먹었다는 이야기구나?"라는 식으로 말입니다.

셋째, 자녀가 자기 자신을 표현할 수 있도록 허용합니다. 특히 청소년기에는 정황에 대해 구체적으로 느끼고 표현하는 능력이 미숙하기에 종종 '그냥' '몰라' '귀찮아.'라고 일축해 버리곤 합니다. 그런 태도로 인해 부모는 더 답답하고 화가 올라올 수 있기 때문에 자칫하다간

자녀와 쿨하게 소통하기

언쟁과 다툼으로 이어질 수 있습니다. 부모는 좀 더 참을성을 가지고 자녀가 왜 말을 하기 싫어하는지, 부모의 어떤 태도가 말을 못하게 막는지 등에 대해 차분히 물어보는 것이 중요합니다. 자녀가 막연히 갖고 있는 감정과 생각에 대해 구체적으로 표현할 수 있게 된다면 점차 부모 자녀 간에 대화가 수월하게 될 수 있습니다.

넷째, 자녀를 무시하거나 깎아내리지 않습니다. 청소년기에는 자아 중심성이 크게 자라는 시기로서 '자기만의 세계'에 갇혀 자신이 무조건 옳다고 생각하는 경향이 있습니다. 그러나 부모의 입장에서 보면 부족하고, 잘못된 점이 한두 가지가 아니지요. 그래서 부모는 가르치고 훈계하려고 하는데, 이런 부모의 태도에 자녀는 반감을 갖게 됩니다. 그렇기 때문에 부모는 청소년기의 특징을 잘 이해하고 자녀의 생각이나 입장을 존중해 줄 필요가 있습니다.

다섯째, 표정 관리도 중요합니다. 화가 나면 자기도 모르게 얼굴 표정이나 행동에 순간적인 변화가 일어납니다. 따라서 말과 행동을 일치시킬 필요가 있습니다. 말의 내용은 허용적인데 목소리, 억양, 몸의 자세, 손발의 움직임에서 화를 내거나 무시하는 태도가 보이면 자녀는 혼란을 겪게 됩니다. 정말 화가 난다면 억지로 감추려고 하지 말고 차라리 화가 난다고 드러내서 말하는 것이 좋습니다.

여섯째, 적당한 추임새를 넣어 주며 적극적으로 듣습니다. 추임새를 넣어 자녀가 하는 말에 귀 기울이고 있다는 것을 보여 주고 이따금 적

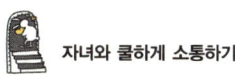

극적인 관심을 표현합니다.

"그래, 그렇구나, 그래서, 으음……."

"네 이야기가 재미있네."

"좀 더 자세히 들어 보고 싶어."

<mark>일곱째, 공감하면서 들어 줍니다.</mark> 자녀의 이야기를 들으면서 아이가 느끼는 감정을 찾고 이에 공감하는 반응을 해 주면 더 좋습니다.

"정말 억울했겠구나."

"그런 일이 있었어? 짜증스러웠겠다."

"저런 많이 속상했겠는데."

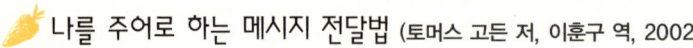

🥕 나를 주어로 하는 메시지 전달법 (토머스 고든 저, 이훈구 역, 2002)

자녀들을 양육하다 보면 끊임없이 뭔가를 지적하고 가르쳐야 한다고 생각할 때가 많습니다. 부모 입장에서는 당연히 해야 하고, 잘못된 일이 아니라고 생각하지만 그 전달 과정에서 자녀의 기분을 상하게 하기 때문에 본의 아니게 관계가 나빠지고 자녀와 불통하게 되는 결과를 가져올 수 있습니다. 이런 문제 상황에 처하지 않도록 하는 의사전달 방법을 살펴보고자 합니다.

토머스 고든은 '나-메시지' 전달법이라는 의사소통 기술을 통해 부모와 자녀 간의 관계에서 빚어지는 갈등을 효과적으로 해결하는 방법을 창안하였습니다. 많은 부모가 아이를 가르치는 과정에서 아이를 무시하는 메시지를 전달하여 자아개념 발달에 매우 부정적인 영향을 미친다는 것이 그의 주장입니다. 부모가 보내는 '나-메시지'는 다음과 같이 전달하는 것입니다.

첫째, 받아들일 수 없는 행동을 설명해 줍니다. 예를 들면, 엄마가 사다 준 옷이 마음에 들지 않는다며, 엄마는 보는 눈이 없다고 핀잔을 주는 아들에게 "엄마가 너를 생각해서 옷을 사 왔는데 마음에 들지 않는다며 엄마한테 보는 눈이 없다고 말하니."라고 아들의 행동을 설명합니다.

둘째, 아이 행동에 대한 부모의 감정을 그대로 표현합니다. 즉, "그래서 엄마는 서운했다."라고 말합니다. 이렇게 말하게 되면 부모는 자기 마음속에 있던 솔직함을 새로이 발견하게 됩니다.

셋째, 마지막으로 아이의 행동이 부모에게 미치는 실제적이고 구체적인 영향을 말합니다. 아이의 행동으로 인해 돈이 더 든다거나 시간이 걸린다거나 일을 더 해야 한다거나 마음이 불편하다는 것 등을 말합니다. 혹은 뭔가 하고 싶은 것을 못하게 된다거나 몸이 힘들거나 피곤하거나 아프거나 불편하다고 말할 수도 있겠지요. 앞의 사례에서 "엄마를 무시하는 것 같아서 속이 상해."라고 말할 수 있습니다.

사례를 더 들어 보겠습니다.

아이와 함께 청바지를 사러 나갔는데 아이가 청바지를 입어 보지도 않고 그냥

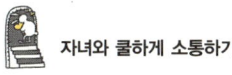
자녀와 쿨하게 소통하기

사려고 합니다. 이때 엄마가 **"입어 보지도 않고 사면 어떻게 하니?"**라고 말하면 아이는 야단맞는 기분이 들 수 있습니다. 이를 나-메시지로 바꾸어 보겠습니다.

입어 보지도 않고 청바지를 사면   **받아들일 수 없는 행동**

걱정이 된다.   **엄마의 솔직한 감정**

바지가 안 맞으면 다시 와서 바꿔야 하기 때문이야.

부모에게 미치는 영향

가족끼리 여행을 가는데 차 안에서 아이들이 시끄럽게 떠들고 있습니다. 아빠가 참고 참다가 드디어 한마디 했습니다. **"왜 이렇게 시끄러워? 너네는 예의도 없니? 조용히 좀 해."**라고 말하면 아이들은 조용히 하겠지만 모처럼의 여행 분위기를 망칠 가능성이 높습니다. 이를 나-메시지로 바꾸면 다음과 같습니다.

뒤에서 그렇게 소리를 질러 대면   **받아들일 수 없는 행동**

짜증이 나고 불안해.   **아빠의 솔직한 감정**

즐겁게 휴가를 즐기면서 안전하게 운전을 하고 싶거든.

부모에게 미치는 영향

우리의 일상생활에서 이런 대화의 예는 수없이 찾을 수 있을 것입니다. 자녀와의 대화 사례를 생각해 보고 이를 나-메시지로 바꾸어 보는 연습을 해 보면 평상시 나-메시지를 사용하는 데 도움이 될 것입니다. 대화 내용을 녹음해서 자녀와 원활한 소통을 가능케 하는 대화법과 불통을 초래하는 대화법을 구별해 보는 것도 좋습니다.

자녀와 쿨하게 소통하기

🥕 소통을 위한 참만남 (김보애, 2008)

김보애 수녀는 〈건강한 가족공동체〉에서 가족 간에 이루어질 수 있는 참만남을 소개하고 있습니다. 가족 간에 감정이 상했을 때 이를 감정적인 문제로 덮어 두지 않고 정식으로 쌍방의 마음을 확인하면서 부정적인 감정을 제거하는 만남이 바로 참만남입니다. 가족 간에 마음이 크게 상해 있을 때 진행해도 좋고, 연말에 한 해가 가기 전 묵은 감정을 풀어내고 새해를 맞이하기 위해 진행할 수도 있습니다.

참만남 프로그램은 어떤 사건으로 인해서 가족에게 분노나 적개심으로 화가 치밀어 올랐을 때 쪽지를 써서 상자에 넣는 일로 시작합니다. 참만남 진행은 부모가 주로 합니다. 부모는 참만남 쪽지를 확인하고 참만남 일정을 정해서 게시판이나 구두로 가족에게 알립니다. 참만남 과정에서 진행을 맡은 부모는 진행만 할 뿐이지 모든 이야기는 가족이 하게 해야 합니다. 다음 단계를 따라 참만남을 진행합니다.

첫째, 직면 단계입니다. 우선 참만남 규칙에 대한 교육을 합니다. 먼저, 한 사람을 집중적으로 공격해서는 안 되고, 이야기 도중 화가 나도 폭력을 사용해서는 안 되며, 중간에 나가 버리는 것도 안 된다는 점을 강조합니다. 참만남 쪽지를 쓴 사람과 대상을 확인하여 마주 보고 앉게 합니다. 서로 마주 보고 앉은 상태에서 쪽지를 쓴 사람은 상대방이 알 수 있도록 자신이 참만남 쪽지를 쓰게 된 이유를 설명합니다. 즉, 어떤 일이 있었고, 그때 어떤 감정을 느꼈는지에 대해 상대방이 이해할 수 있도록 분명하게 말하도록 합니다. 이때 상대방에게 저항이 있을 수 있습니다. 참만남 쪽지를 쓴 사람의 이야기를 듣지도 않고 받아들이지도 않으며 화를 내거나 무관심하거나 침묵하는 경우가 저항에 해당됩니다. 이럴 경우 저항을 잘 견딜 수 있으면 그대로 진행하고, 너무 힘들어할 경우에는 잠시 휴식을 취하도록 합니다.

<mark>둘째, 대화하는 단계입니다.</mark> 사실에 대해 상대방이 받아들인다면 2단계로 나아갑니다. 이때는 목소리 톤이 낮아지고 저항이 줄어든 상태에서 낮은 소리로 대화를 시작할 수 있습니다. 대화를 통해 서로 깨달음이 있게 되고 자신의 마음을 열 수 있게 됩니다. 이 단계에서는 쪽지에 적힌 모든 내용과 감정이 다 다루어져야 합니다. 상황을 정직하게 이야기하고 감정을 솔직하게 설명할 수 있으면 좋습니다. 당사자들은 이 과정에서 자신도 모르게 가족에게 어떤 상처를 줄 수 있는지를 깨달을 수 있고, 서로의 마음을 이해할 수 있습니다. 이러한 참만남의 경험을 거듭하게 되면 더욱 깊이 있게 자신을 표현하고 상대방을 이해하는 것이 가능해집니다.

<mark>셋째, 갈등을 닫는 단계입니다.</mark> 잘못을 시인하고 인정하며 종결할 준비가 된 상태입니다. 이 단계에서는 도움을 요청할 수 있고 다른 가족은 도움말을 줄 수 있습니다. 도움말을 줄 때는 구체적으로 변화했으면 하는 부분에 대해 자세하게 이야기합니다. 예를 들면, "좋은 사람이 되어라." 하는 표현은 추상적입니다. 오히려 "다음에 케이크를 먹고 싶을 때는 허락을 받고 먹어라." 등과 같이 구체적이어야 합니다. 참만남을 마무리하면서 가족이 자신을 돌아볼 수 있는 기회를 줍니다. 갈등을 쏟

자녀와 쿨하게 소통하기

아 놓은 사람에게 "나도 그런 적이 있다."고 공감대를 형성하게 되면 가족 간에 더욱 깊은 유대감을 느낄 수 있습니다. 서로 살펴 주고 지지해 주고 덮어 주고 사랑해 주는 단계입니다.

넷째, 사회적 단계입니다. 모든 가족이 하나 되는 가족공동체 인식을 강화하는 의식입니다. 혹시라도 참만남 과정에서 상처를 받았다면 차를 마시거나 과자를 먹으면서 "괜찮냐?"고 다독여 줍니다. 또한 자녀들이 참만남을 하고 나서 곧바로 변화가 오리라고 기대하지 않아야 합니다. 이러한 과정을 통해 스스로 변화해 가도록 기다려 주는 것이 좋습니다. 모든 모임이 끝나면 가족 간에 서로 안아 주면서 마음의 평안을 느끼게 한 후 일상으로 돌아갑니다.

참고문헌

김보애(2008). **건강한 가족공동체**. 서울시립동부아동상담소.
마셜 B. 로젠버그 저, 캐서린 한 역(2011) **비폭력 대화**. 서울: 한국NVC센터
충청북도교육청(2012). **최초의 선생님, 최고의 선생님, 부모**.
토머스 고든 저, 이훈구 역(2002). **부모역할훈련**. 서울: 양철북.

 자녀와 쿨하게 소통하기

자녀와
궁합 맞춰 교육하기

01
나는 어떤 부모일까요

영국 문화협회가 세계 102개 비영어권 국가 4만 명을 대상으로 가장 아름다운 영어 단어를 묻는 설문 조사를 했습니다. 그 결과 1위는 '어머니'였습니다. 고인이 되신 정채봉 작가는 "하느님이 세상 모든 곳에 계실 수 없기에 어머니를 보내셨다."라고 표현한 바 있습니다. 어머니, 아버지, 부모라는 말은 듣기만 하여도 가슴이 설레는 단어입니다. 가정은 천국의 또 다른 모습이자 원형입니다. 하지만 많은 가정에서 부모는 사랑한다는 명분으로 자녀를 억압하고 고통을 줍니다. 이들이 사랑이라고 부르는 것에는 집착과 독선이 함께 목격되기도 합니다.

사랑하는 남녀가 만나서 결혼을 하고 새로운 가정을 이루게 되면 누구나 좋은 부모가 되고자 희망합니다. 좋은 부모, 건강한 부모는 어떤 사람일까요? 먼저, 부모는 행복해야 합니다. 부모가 행복해야 아이도 행복하기 때문입니다. 자녀들이 행복하고 즐거운 삶을 살기를 원하면서 정작 부모 자신은 즐겁고 행복하게 살아갈 줄 모른다면 자녀들 역시 그 방법을 배울 수 없습니다(박성희, 2008). 따라서 자녀에게 무엇을 가르치기 이전에 부모 스스로 행복하게 살아가는 모습을 보여 주어야 합니다.

자녀를 독립된 인격체로 인정하고 존중하는 것도 중요합니다. 비록 부모의 몸을 빌려 세상에 나왔지만 자녀들은 부모와 분리된 또 하나의 새로운 존재입니다. 그러므로 부모는 아이가 자기 존재를 마음껏 누리며 실현해 갈 수 있게 도와주어야 합니다. 또한 자녀를 잘 이해하고 적절한 양육법을 사용하는 것도 빼놓을 수 없습니다. 좋은 부모가 되려면 사랑과 통찰력에 더해 자녀 양육 기술이 필요하다는 하임 G. 기너트(2003)의 지적은 매우 적절합니다.

그렇다면 오늘날 우리 부모는 어떠할까요? 부모에 따라 차이가 나는 것은 당연합니다만, 대한민국에서 학부모로 사는 일은 매우 힘겹고 무거운 멍에처럼 보일 때가 많습니다. 육아는 과중한 스트레스가 된 지오래고, 자녀가 학령기에 들어서면서부터 경쟁에서 이기는 자녀를 만들기 위한 교육 전쟁에 부모는 마음 편할 날이 없습니다. 그러다보니 자녀를 야단치고 다그치며 몰아붙이기에 급급합니다. 때문에 자녀의 행복이나 인격 존중은 뒷전으로 물러날 수밖에 없습니다. 그런 것들은 나중에 좋은 대학에 진학하고 좋은 직장을 잡은 다음에 신경 써도 늦지 않다고 여기는 거지요. 상황이 이러니 자녀를 두고 행복을 말하는 일은 사치에 불과할 따름입니다. 이런 부모에게 자녀 양육 기술이 있다면, 그것은 모두 경쟁에서 이겨 성공하는 기술로 수렴됩니다. 세계를 리드하는 출산율 저하 문제도 이런 것들과 무관하지 않을 것입니다.

그래도 희망을 접을 수는 없습니다. 그것이 자녀의 행복, 가족의 행복, 그리고 부모인 나의 행복이 세상을 살아가는 중요한 이유니까요. 세상의 많은 사람이 가는 길이 불행한 길인 줄 뻔히 안다면 굳이 그 길을 따를 필요가 없습니다. 많은 사람이 가는 길을 외면하는 것이 불안하지만 자녀와 부모가 모두 행복해지는 길이 있다는 확신으로 이를 이겨 내야 합니다.

좋은 부모 건강한 부모가 되기 위하여 부모가 알아야 할 중요한 사항이 하나 있습니다. '나는 어떤 부모인가'에 대해 자각하는 일입니다. 부모와 자녀 사이에도 일종의 궁합이 있습니다. 자신이 낳은 자식인데도 큰 아이와는 잘 통하는데 작은 아이와는 뭔가 잘 통하지 않는다는 느낌이 드는 경우가 있습니다. 엄마의 스타일이 큰 아이에게는 잘 맞는데 작은 아이와는 맞지 않는 거지요. 엄마와 작은 아이의 궁합이 좋지 않은 셈입니다. 왜 이럴까요? 엄마에게도 자녀에게도 나름 세상을 살아가는 스타일이 있는데 그게 서로 다르기 때문이지요. 이런 경우에 엄마가 자기 스타일을 고집하면서 작은 아이의 스타일을 바꾸려고 억지를 부린다면 어떤 일이 벌어질까요? 엄마와 자녀 사이가 편치 않을 게 뻔합니다. 현명한 엄마라면, 작은 아이를 고치려고 애쓰는 대신, 자신과 아이의 스타일을 정확하게 이해한 다음 아이의 스타일에 알맞게 접근하는 방식을 활용할 것입니다. 이 장에서는 부모로서 자신이 어떤 사람인지, 어떤 스타일의 사람인지 알아볼 것입니다.

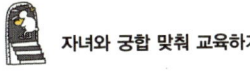

02
부모는 자녀 교육에서
어떤 개성을 나타내고 있을까요

어떤 부모도 완벽한 부모는 없습니다. 특히 '문제아이의 뒤에는 문제부모가 있다.'는 말처럼 아이를 보면 부모가 보입니다. 나는 부모로서 어떤 모습인지 생각해 봅시다. 건강한 사람도 감기에 걸리거나 사고로 다치게 되는 것처럼 처음부터 훌륭한 부모는 없습니다. 부모에게도 실패할 권리는 있습니다. 그러나 그 실패가 너무 치명적이거나 실패에 대처하는 방식이 비효과적이라면 곤란하겠지요.

🐰 **금쪽 같이 귀한 내 자식 명진이가 학교에서 친구에게 맞았다고** 말합니다. 화가 머리끝까지 나서 당장이라도 달려가 내 아들을 때린 녀석을 교실 바닥에 내동댕이치고 싶은 심정입니다. 내 자식은 아무 잘못도 없는데 친구가 자기를 놀리고 때렸다고 합니다. 도대체 학교와 교사는 무엇을 하는 지 화가 나서 참을 수가 없습니다. 내일 아침 일찍 학교에 달려갈 생각입니다. (자녀가 학교에서 맞고 왔을 때, 자녀에 역성드는 부모.)

🐰 **민식이가 학교에서 싸웠다고 하는데** 선생님은 우리 애만 나무라고 꾸중을 하였다고 합니다. '애들은 다 싸우면서 크는 것'인데 그만한 일로 벌을 주고 반성문도 쓰게 했다는 것입니다. 상대방 아이가 반장이고 그 부모가 학교운영위원회 위원이라더니 우리 아이를 차별하는 것 같아서 피가

거꾸로 솟아 오르는 것만 같습니다. '선생님은 나만 미워한다.'는 아이의 말이 틀린 것이 아닌 것 같습니다. (피해 의식이 큰 부모)

정희가 친구들 물건을 훔쳤다며 학교에 오라는 담임선생님의 연락을 받았습니다. 맞벌이에 시부모님까지 편찮으셔서 학교에 갈 시간도 없을뿐더러 정희의 이야기를 들어 보면 억울하기 짝이 없습니다. 그냥 잠깐 빌렸을 뿐 금방 돌려주려고 한 것인데 사이가 좋지 않은 지수가 선생님께 고자질을 하여 문제를 크게 만든 것이 분명합니다. 집에서도 부모 지갑에 손 한 번 댄 적이 없고, 돈이 거실에 떨어지면 주워 주는 착한 아이입니다. 물건을 잃어버렸다는 아이가 고의로 우리 정희를 곤란하게 하려고 하는 것이 아닌지 의심이 됩니다. (문제를 학교에 떠넘기는 부모)

진수가 친구들을 노예로 삼는 계약을 하고 돈을 뜯어 낸다는 이야기를 듣고 진수 아빠와 상의하였다가 집안이 발칵 뒤집어졌습니다. 아빠는 술만 먹으면 폭력적이 되어 집안의 기물을 부수고 욕설을 하며 소리를 지릅니다. 진수가 이런 아빠를 보고 배우게 된 것이니 진수 잘못만은 아니지만 이혼을 하지 않는 한 나도 어쩔 수가 없습니다. 물론 이혼 이야기는 꺼낼 수도 없거니와 혼자서 자식들과 살 자신도 없습니다. 무사히 졸업을 해 주기를 바랄 뿐 선생님 보는 것이 죄송해서 학교에 가는 것도 이제 민망하기만 합니다. (폭력적인 부모)

동생을 잘 돌보지 않고 집안 정리도 소홀히 하는 지혜가 학교에서 현장학습을 간다며 준비물을 요구합니다. 아이가 셋이나 되는데 아빠의 수입이 일정하지 않아 학교도 겨우 보내는 실정입니다. 집 안 청소나 동생 돌보는 것 정도는 맏이인 지혜가 해 주어야 하건만 중학생이나 된 아이가 아직 철이 없어 현장학습 타령입니다. 우리 애는 그런 곳에 보낼 형편이 못 된 다고 선생님께 진작 말씀을 드렸지만 아이가 짜증을 내는 모습을 보니 속이 상 합니다. (무관심, 무기력한 부모)

중학교 2학년인 종수는 요즘 들어 부쩍 버릇이 없어진 느낌이 듭니다. 툭하면 말대꾸를 하고 따지며 달려 듭니다. 어제도 컴퓨터 문제로 아빠와 다투다가 많이 맞았습니다. 눈가에 멍이 들어 창피해서 학교에 못 가겠다고 떼를 쓰는 것을 억지로 보냈더니 PC방에 있다가 저녁 늦게 집에 왔 습니다. 말로 설득도 해 보고, 빌어도 보고, 사정도 해 보았지만 이제 더 이상 대 화가 통하지 않습니다. 저러다가 고등학교 졸업은커녕 사람 구실은 하면서 살 수 있을지 걱정입니다. 집에서는 포기한 상태입니다. (자녀 양육을 포기한 부모)

미나는 행동이 좀 느리고 배우는 것이 늦을 뿐 본성이 착한 아이입니다. 학교에서 내주는 숙제가 너무 어려워서 제가 하지 말라고 했습니다. 살아 보니까 공부가 인생의 전부는 아니더라고요. 때가 되면 다 알아서 할 것인데 선생님이 우리 아이를 닦달하는 것이 여간 불편하지 않습 니다. 항의도 해 보고 편지도 써 보았지만 소용이 없습니다. 핑계가 아니라 이유 가 충분한데 선생님은 이해를 할 생각이 없는 것이지요. (핑계 대는 부모)

우리 정훈이가 거짓말을 할 아이가 아니라는 것은 내가 잘 압니다. 누가 뭐래도 자기 자식을 제일 잘 아는 사람은 바로 내 배 아 파서 낳은 부모 아니겠어요? 정훈이는 따돌림을 주도하지 않았을 뿐만 아니라 때린 사실이 없다고 분명하게 말했는데도 선생님이 믿지 않는 눈치라며 억울해 합니다. 정훈이가 가끔 거짓말을 하였지만 남에게 피해를 주는 행동을 하는 아이는 아니거든요. 설령 정훈이가 때리게 되었다면 그 애가 그만한 잘못이 있는 문제는 아닐까요? 나는 우리 애를 그렇게 키우지 않았어요. 제가 어젯밤에 다시 다짐을 받는데 우리 애는 억울하다는 겁니다. 학교에서 억울한 사람 만들어도 됩니까? (변명과 거짓말을 일삼는 부모)

선생님 애 키워 봤어요? 젊은 선생님이 부모 심정을 제대로 알기는 하겠냐고요? 도대체 학교에서 선생이라는 사람들은 뭘 하는 사람들입니까? 봉급받고 빨간 날 다 쉬면서 학교에서 왜 이런 문제가 일어나게 하느냐 말이죠. 직장에 얽매어 있는데 왜 오라 가라 하는 겁니까? 내 아들이 뭘 잘못했는지 나를 설득해 보세요. 내가 이 일은 그냥 넘어가지 않을 겁니다. 교육청이고 교육부고 다 뒤집어 놓을 겁니다. (예의 없는 부모)

선생님 지금이라도 말씀해 주셔서 감사드립니다. 저는 우리 진희가 학교에서 잘 생활하고 있겠거니 했지 나쁜 친구들과 어울려 친구들을 때리고 돈을 빼앗았다니 믿을 수가 없군요. 하지만 이번 기회를 계기로 진희와 대화도 많이 하고 원인이 무엇인지 찾아서 아이 교육을 최우선으로 하도록 하겠습니다. 먼저 진희 아빠와도 의논하여 좀 더 가정에 충실하고 아이 교육에 신경 쓰도록 하겠습니다. 언제든지 진희와 관계된 문제라면 연락을 주십시오. 선생님께 이렇게 마음 쓰게 해 드려 정말 죄송합니다. (자녀의 문제에 적극적으로 동참하는 부모)

우리 아들 정우가 숙제를 하지도 않고 수업 중에 끊임없이 산만한 행동으로 수업을 방해한다는 거 잘 압니다. 하지만 선생님, 우리 형편에는 정우 숙제를 봐 주거나 따로 학원에 보낼 수도 없습니다. 어떻게 하면 좋을까요? 정우를 방과 후 학교 프로그램에 등록하고 제가 퇴근할 때까지 함께 돌보면 어떨까요? 선생님만 믿겠습니다. 정우가 학교생활에 잘 적응할 수 있도록 제발 도와주세요. (교사와 학교를 전적으로 믿고 의지하는 부모)

03

좋은 교육을 제공하기 위해
부모는 어떤 역할을 해야 할까요

역사상 위대한 인물은 위대하게 태어나는 것이 아니라 부모와 스승, 그리고 시대(환경)에 의해 만들어집니다. 완벽한 부모는 없지만 훌륭한 부모가 되는 일은 얼마든지 가능합니다. 그러나 좋은 부모가 되고자 하는 욕심이 지나치면 자신도 모르게 문제 부모가 될 수도 있습니다. 자녀에게 해를 끼치는 부모가 되지 않으려면 기억해야 할 공통의 원리가 있습니다.

 좋은 부모가 되는 과정은 평생의 과업입니다. 이를 위해서는 쉼 없는 연습과 공부(노력)가 필요합니다. 아이가 '엄마'라는 단어를 언어로 정확하게 표현할 때까지 그 어머니는 일만 번에 걸친 연습을 시킨다고 합니다. 좋은 부모가 되기 위한 공부와 연습은 몇 번, 몇십 번이 아니라 자녀가 올바른 행동을 할 때까지 계속 되어야 합니다. 이는 자녀의 성장과 발달에 따라 평생을 계속해야 할 부모의 과업입니다. 시대의 흐름과 변화된 환경에 맞는 가장 적절한 양육을 제공하는 것은 부모의 기쁨이자 의무입니다.

 자녀의 성격과 특성에 맞는 양육을 제공합니다. 자녀가 정말 잘하는 일, 좋아하는 일이 무엇인지 알아야 합니다. 아이마다 좋아하는 과목과 음식이 다를 수 있습니다. 같은 음식이라도 약이 되기도 하지만 독이 될 수도 있습니다. 부모가 아니라 자녀가 진정으로 하고 싶은 것을 하게 하고 되고 싶은 것을 이룰 수 있게 돕는 것이 부모의 역할이어야 합니다. 자녀는 부모의 소유나 욕망을 대신 실현하는 대리인이 아니기 때문입니다.

올바른 인성과 도덕성을 먼저 가르칩니다. 다른 모든 것은 이 터전 위에 세워져야 할 건축물입니다. 아이가 올바른 양심과 건전한 상식을 지닌 건강한 시민이 되도록 예의범절과 사회적 관계에 대해 가르쳐야 합니다. 아이를 자신만 아는 이기적인 인간으로 기르면 반드시 그 대가를 치르게 될 것입니다. 어릴 때부터 형제간의 우애와 가사를 분담하고 책임을 나누는 방법을 가르쳐야 합니다.

자녀와 대화하는 부모가 됩니다. 아동은 부모와의 대화 경험을 통해 자신이 얻게 되는 이익과 불이익을 저울에 달아 보고 선택을 하게 됩니다. 어릴 때 부모와 대화 경험에서 꾸중과 비판을 받는 경험을 되풀이하게 되면 자녀는 대화하는 것을 피하거나 멈출 것입니다. 자녀와 대화를 할 때 가르치거나 설교하거나 옥박지르지 말고 그저 자녀의 이야기에 귀를 기울여 주고 그 마음을 공감해 주도록 합니다. 부모와의 대화에서 성공적인 경험을 한 아동일수록 학교에서나 사회에서 바람직한 관계를 맺으며 성공적인 사회생활을 할 확률이 높습니다.

자녀와 쿨하게 소통하기

자녀를 인격적으로 대합니다. 인격적이라는 말은 그 관계가 상호 수평적이라는 말입니다. 아동은 어른의 축소판이 아닙니다. 그 자체로 하나의 독립된 인격체입니다. 따라서 자녀를 대할 때 부모는 말과 행동으로 자녀의 인격을 존중하고 배려해 주어야 합니다. 이를테면 자녀가 자신의 생각을 말로 표현하고 자신에 관한 일은 스스로 결정하고 책임질 수 있도록 기회를 부여해야 합니다. 부모로부터 인격적인 대우를 받으며 자란 아동은 일찌감치 친구들과 동료들을 인격적으로 대하는 법을 배웁니다.

긍정적이고 적극적인 삶의 태도를 배양할 수 있도록 돕습니다. 몸과 마음이 건강한 삶을 살려면 자신과 세상에 대해 긍정적이고 적극적인 태도를 지녀야 합니다. 이를 위해 무엇보다도 부모 자신이 긍정적이고 적극적인 삶을 살아야겠지요. 아울러 어릴 때부터 자녀에게 건강한 칭찬을 해 주고 자존감을 높여 주는 다양한 체험의 기회를 제공할 필요가 있습니다. 아이가 실패를 했을 때도 꾸중이나 비난을 하는 대신 다시 도전할 수 있게 용기를 북돋우고 격려하는 것이 중요합니다.

자신을 사랑하는 사람이 되도록 교육합니다. 자신을 사랑하는 사람은 성공하는 삶이 아니라 행복한 삶을 추구합니다. 자신의 분야에서 성공을 한 사람이 모두 행복한 것은 아닙니다. 하지만 행복한 사람은 성공할 가능성이 더 많습니다. 무엇보다 성공에 이르는 과정을 즐길 수 있고 그 성공을 이웃과 나눌 수 있기 때문입니다.

자식에게 삶의 목표를 성공에 두도록 하는 것은 매우 위험합니다. 성공을 위해 정작 더 중요한 행복을 짓밟아 버린다면 이는 성공한 삶도 행복한 삶도 아닙니다. 따라서 성공을 하건 실패를 하건 늘 자기 자신을 사랑하고 소중하게 여길 줄 아는 태도를 가질 수 있게 도와주어야 합니다.

자녀에게 삶으로 모범을 보여 줍니다. "너는 부모처럼 살지 마라."라는 가르침을 받고 훌륭한 삶을 살아가는 자녀를 기대하기는 어렵습니다. 자녀에게 가장 큰 선물은 "엄마, 아빠처럼 살고 싶어요." "엄마, 아빠가 제 부모님인 것이 제 삶의 가장 큰 행운이었어요."라고 말할 수 있는 것입니다. 자식에게 인정받는 삶, 이보다 더 큰 성공과 행복이 또 어디 있겠습니까? 말과 행동을 통해 부부가 서로에게 존중과 사랑을 보여 줄 때 자녀는 이를 보고 배우게 될 것입니다. 부모는 첫 번째 스승이자 가장 위대한 교사입니다. 친절은 친절로만 가르칠 수 있습니다. 가장 좋은 배움은 모델링입니다.

아빠의 자리를 찾아 줍니다. 2010년 여성가족부의 전국가족실태조사에 의하면 자녀가 고민이 있을 때 0.9%의 아이들만이 아빠와 상담하겠다고 응답한 반면 아빠들은 60%의 자녀들이 자신을 대화 상대라고 생각한다고 믿었습니다. 균형이 크게 깨진 모습입니다. 아빠의 역할 모델이 없으면 자녀는 올바른 남성 어른 혹은 아버지 역할을 제대로 경험할 수 없습니다. 자녀 교육은 아버지와 어머니 두 수레바퀴가 함께 이끌어 갈 때 가장 바람직한 방향으로 가게 됩니다.

아버지를 자녀 교육에서 소외시키는 것은 사녀 교육의 반을 포기하는 것과 같습니다.

올바른 삶의 가치관을 형성하도록 가르칩니다. 아이가 좋아하고 잘할 수 있는 일을 직업으로 선택할 때에도 그 일이 지닌 사회적 가치를 중요하게 생각할 수 있어야 합니다. 사회 공동체에 피해를 끼치는 일은 아이가 아무리 좋아하고 잘하는 일일지라도 직업으로 삼아서는 안 될 것입니다. 만일 그런 일이 벌어진다면 자녀는 수단과 방법을 가리지 않고 성공을 향해 나아가게 될 터인데, 이러한 성공은 많은 사람에게 해로움을 끼칠 수 있습니다. 우리는 성공한 사람들이 사회에 큰 해로움을 끼치는 일을 자주 목격합니다. 따라서 부모는 자녀들과 올바른 가치관에 대해 대화하고 토론할 필요가 있습니다. 그리하여 자녀가 자신의 삶과 자신이 속한 사회 공동체에 유익한 가치관을 형성할 수 있게 지도해야 합니다.

04
자녀와 궁합을 맞춰
교육하는 법을 알아봅시다

누구도 완벽한 부모일 수는 없습니다. 자녀 양육에는 지름길이나 특효약이 있는 것도 아닙니다. 아이들마다 좋아하는 과목이 다르고 좋아하는 과일이 다르듯이 성격 유형도 다릅니다. 옛날에는 왼손잡이 자녀에게 오른손을 쓰도록 강요하는 일을 당연시했지만 요즘은 그렇게 하지 않습니다. 왼손잡이는 타고나는 것이므로 굳이 고쳐 줄 필요가 없다는 생리학적 · 해부학적 이해가 있는 까닭입니다.

심리학자인 카를 융은 이를 심리유형론이라는 이론으로 설명하였는데 우리가 흔히 아는 외향형과 내향형 등의 분류가 그것입니다. 이 이론에서는 사람은 타고날 때부터 에너지의 방향, 즉 '어디로 관심이 집중되고 어디에서 에너지를 얻느냐'에 따라 외향(Extraversion)과 내향(Introversion)으로 나뉘고, '어떤 정보에 주의를 기울이느냐'에 따라 감각(Sensing)과 직관(iNtution)으로, '어떻게 판단하고 결정하느냐'에 따라 사고(Thinking)와 감정(Feeling)으로 나뉜다고 합니다. 이를 '외부 세계를 어떻게 조직하기를 원하는가'에 따라 판단(Judging)과 인식(Perceiving)으로 나눈 것이 세계적인 심리검사 도구인 MBTI의 분류입니다(Janet Penley & Stephnes, 2009).

자녀는 대부분 부모의 외모를 닮지만 사고와 행동 특성은 전혀 다른 경우도 많습니다. 이럴 때 부모는 여간 당황스러운 것이 아닙니다. 따

자녀와 쿨하게 소통하기

라서 부모가 먼저 자신의 성격 유형에 따른 양육 방식을 이해할 필요가 있습니다. 이렇게 하면 부모는 자신과 성격이 같거나 다른 성격 유형의 자녀들에 대한 대응 방식을 이해할 수 있게 되어 훨씬 쉽고 자연스럽게 자녀 양육에 임할 수 있습니다. 부모와 자녀와의 성격 유형의 차이는 양육 방식뿐만 아니라 학습 방식, 대화 방식, 갈등 해결 방식과 진로지도 등 다양한 영역에서 만날 수 있습니다. 좋은 부모가 되기 위한 바람직한 접근을 성격 유형의 관점에서 살펴봅시다(이동갑 외, 2010).

🥕 외향형 부모의 자녀 양육법

외향형(Extraversion) 부모는 일단 상대적으로 말수가 많고 목소리가 큽니다. 바깥세상에서 일어나는 일에 주의를 기울이며 외부 활동에 적극적이어서 다양하고 폭넓은 인간관계를 맺는 편입니다. 의사 표현이 적극적이고 생동감이 넘치며 활발하여 여러 모임을 만들고 참여합니다. 자녀에게 질문을 많이 하고 이야기하는 것 자체를 즐깁니다. 하지만 이러한 적극적인 태도는 때로 내향형 자녀에게 지나친 관심이나 간섭으로 여겨질 수 있고 자녀의 개인적 공간을 자주 너무 쉽게 침범하게 됩니다. 따라서 자녀의 말을 듣기 보다는 많은 말을 하게 되어 자녀가 대화를 주도하지 못하게 합니다.

외향형 부모는 내향형 자녀도 잘 자랄 수 있다는 신념을 가지고 속도를 좀 늦출 필요가 있습니다. 배우자나 자녀에게서 자신의 외향형 욕구

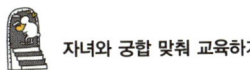

를 다 채우려고 하기보다는 자신을 위한 또 다른 활동을 할 필요가 있습니다. 자녀 교육에만 에너지를 전부 투입하면 자녀는 그것을 감당할 수 없게 되기 때문입니다.

🥕 내향형 부모의 자녀 양육법

내향형(Introversion) 부모는 자녀를 조용히 관찰하고 개인적으로 인정하고자 하며 자녀가 혼자 있고자 하는 욕구를 이해합니다. 외부 활동보다는 자신의 가족에게 보다 중점을 둡니다. 자녀들이 활동하는 것을 지켜보면서 지나치게 개입하거나 강요하는 태도를 자제하는 편입니다. 하지만 외향적인 자녀가 즉각적인 답을 요구하는 질문을 할 때는 매우 힘이 듭니다. 둘 이상의 자녀를 양육하면서 동시에 요구되는 일에 의해 스트레스를 받기도 합니다. 특히 외향적인 자녀의 과한 활동성을 참아 내기 어려워하며 화를 내거나 짜증을 내기도 합니다. 외향적인 자녀로부터 자신에게 관심이 부족한 것이라는 오해를 받기도 합니다. 하지만 외향형의 자녀가 친구와 어울리고자 하는 욕구를 이해할 필요가 있습니다. 이들에게는 자신만의 시간과 공간을 가지려는 노력이 필요하여, 혼자 있는 시간을 창조적인 에너지원으로 활용하는 것이 중요합니다. 한편, 외향형 자녀의 예기치 않은 질문에 대한 자신만의 편안한 대답을 준비하는 것도 좋습니다. 또한 자신만을 위한 시간과 공간을 확보하여 적절하게 재충전하는 것이 도움이 됩니다.

🥕 감각형 부모의 자녀 양육법

감각형(Sensing)과 직관형은 정보를 인식하는 방법에 대한 차이를 말합니다. 감각형의 부모는 자녀들의 기본적인 욕구를 구체적인 방법으로 잘 돌봅니다. 자녀가 필요한 곳에 있어 주며, 자녀에게 실질적인 것을 제공합니다. 또한 가족을 위한 가정 환경이나 주변 환경을 쾌적하게 꾸밉니다. 늘 현재에 초점을 두며 전통적인 가치와 실용성, 일상성을 중요하게 여깁니다. 하지만 이들은 직관형 자녀의 상상력을 감당하기 어려워합니다. 그것이 현재 너에게 어떤 도움이 되는지 되묻고 자녀가 엉뚱한 상상 속에 빠져 있다고 염려합니다. 너무 사소하고 세부적인 것까지 다 챙겨 줌으로써 자녀가 독립적이지 못하도록 할 염려가 있습니다. 자녀들의 상상력에 동참하기 어렵고 자신의 상식에 벗어난 자녀를 힘들어합니다. 직관형 자녀에게 너무 실질적이어야 한다고 강조하기보다는 아이디어와 꿈을 꾸는 것도 가치 있는 일이라는 생각으로 기다려 줄 필요가 있습니다. 기다림이란 이들에게 가장 어려운 일이지만 자녀를 믿고 기다리는 일이 섣부른 개입보다 더 안전하다는 것을 기억하면 좋겠습니다.

🥕 직관형 부모의 자녀 양육법

직관형(Intuition) 부모는 모든 형태의 상상력과 창조력을 가치 있게 여깁니다. 자녀의 새로운 호기심과 가능성에 기대를 가지고 자녀의 상

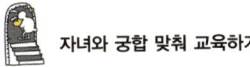
자녀와 궁합 맞춰 교육하기

상의 세계에 쉽게 동참하여 흥미를 보입니다. 자녀의 삶에 있어 미래의 가능성을 넓혀 주고자 하며, 개인적인 성장을 위해 기꺼이 자신의 경험을 제공합니다. 자녀 양육에 있어서도 새로운 방법이나 접근을 두려워하지 않습니다. 하지만 때로 자녀에게 비현실적인 기대를 하는 경향이 있습니다. 자녀에게 지시를 할 때도 구체적이고 세부적인 내용을 지시하는 것에 어려움을 겪습니다. 가끔씩 매우 중요한 일을 너무 과소평가하거나, 사소한 일을 과대평가하기도 합니다. 그리고 기본적인 가사를 돌보는 데 필요한 시간 계산에 어려움을 겪습니다. 그러므로 너무 먼 미래가 아닌 지금—여기에서의 일상사를 구체적으로 지시하고 해결하는 것을 연습해야 합니다. 지금—여기를 즐기는 삶의 태도도 필요합니다. 지금 하고 있는 일의 소중함을 깨닫고 의미를 부여하며, 미래를 위해 상상만 할 것이 아니라 작은 것이라도 지금 실천하는 연습을 하여야 합니다.

🥕 사고형 부모의 자녀 양육법

사고형(Thinking) 부모는 의사결정을 할 때 인과관계를 파악하고 객관적으로 판단하며 논리와 원리 원칙에 따릅니다. 이들은 무엇이 진실인지에 관심을 가지고 원인과 결과를 이성적으로 분석합니다. 목표를 달성하는 것이 사람들과의 관계보다 더 중요합니다. 따라서 이들은 자녀에게 독립적이 되도록 요구하며 성취와 성공을 강조합니다. 또한 유능감과 할 수 있다는 태도를 고취시키고자 노력합니다.

이들은 감정적이고 비합리적으로 보채는 자녀의 호소를 참아 내기 힘들어합니다. 주로 칭찬보다는 꾸중을 많이 하는 경향이 있으며 칭찬을 해야 할 순간에도 '당연한 일을 했는데 새삼스럽게 무슨 칭찬이 필요하겠는가' 라고 생각하는 경향이 강합니다. 이들은 자녀의 잘못에 대해 엄하게 비판하는 경향이 강해, 자녀가 '부모님은 나를 사랑하지 않아.' 라는 확신을 가지게 만듭니다. 이로 인해 자녀는 사랑을 받거나 표현하는 경험이 부족한 상태로 유년과 청소년 시절을 보내게 됩니다.

어린이는 아무리 독립적이어도 발달 단계에 따른 애정 욕구가 있음을 기억하고 꾸중을 하되 따뜻한 사랑으로 감싸고 위로하는 연습을 할 필요가 있습니다. 부모 역시 부모의 역할로 인해 자녀에게 사랑받을 가치가 있는 것이 아니라 그 존재 자체로 사랑받을 가치가 있다는 것을 인정할 필요가 있습니다.

🥕 감정형 부모의 자녀 양육법

감정형(Feeling) 부모는 모든 일의 결정에 있어서 사람들과의 관계에 미치는 영향이 우선됩니다. 이들은 다른 사람의 의견에 잘 공감하고 사람들과의 관계가 목표를 달성하는 것보다 더 중요합니다. 사람들과의 관계가 주된 관심사인지라 자녀들이 서로 다투었을 경우에도 옳고 그름을 따지기보다는 화해와 용서를 종용합니다. 이들의 주된 관심은 의미와 영향, 관계와 조화에 있습니다. 자녀들의 욕구에 반응하고 자녀들에게 인정받는 것이 중요합니다. 자녀들로 하여금 자신이 특별한 존재

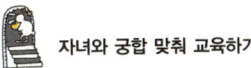

로서 사랑받고 있다는 느낌을 가질 수 있도록 사랑을 표현하고 정서적 친밀감을 공유합니다.

하지만 때로 자녀와 자신이 정서적으로 분리되지 못하거나 자녀의 상처에 너무 과하게 반응하기도 합니다. 이들은 정면에서 '아니요.'라고 말하는 것을 너무 어려워하여 모호하게 표현하거나 정작 자기 자신에게 필요한 것을 쉽게 포기하고는 이를 알아주지 못하는 것에 상처를 받곤 합니다.

부모로서의 역할과 책임, 의무에 대해서는 너무 이상적인 기대를 하여서 죄책감을 느끼기도 합니다. 이들은 자신의 요구를 좀 더 분명하게 표현하고 정서적으로 자녀와 분리할 수 있어야 건강합니다. 언제나 가족의 화목을 기대하는 친밀감의 기대치를 조금 낮추면 좀 더 자유로워질 수 있습니다.

🥕 판단형 부모의 자녀 양육법

생활 방식에 있어 부모의 양육 형태는 판단형과 인식형으로 나타납니다. 판단형(Judging) 부모는 어떤 일을 하기 전에 미리 계획을 세우며 목표와 방향이 분명합니다.

일을 일찌감치 시작하여 미리 끝내는 것을 선호하고 뚜렷한 기준과 자기 의사를 가지고 있으며 주어진 시간과 공간을 통제하는 것을 원합니다. 이들의 가정은 비교적 깨끗하게 정돈되어 있으며, 가정에는 구체적인 규칙들이 있습니다. 자녀 양육에 책임감과 의무감이 강하게 작용하며 한계를 정하여 통제하는 역할을 주로 합니다.

이들은 예기치 못한 사건이 생기거나 계획을 변경하여야 할 때 매우 어려워합니다. 해야 하는 일을 내버려 두거나 어떤 일을 자신이 생각하는 것과 다른 방법으로 실행하는 자녀를 힘들어할 수 있습니다. 이들은 자녀에 관한 계획들이 자신이 바라는 것만큼 통제되지 못할 수도 있음을 수용할 필요가 있습니다. 단지 목록을 작성하고 우선순위를 정하는 것까지만 동참하고 그것을 실현하는 일은 자녀에게 맡기고 기다려 주는 여유가 필요합니다. 정리 정돈에 대한 욕구를 낮추고 융통성을 허용하는 일을 배우면 더 자유로워질 수 있습니다.

🥕 인식형 부모의 자녀 양육법

인식형(Perceiving) 부모는 자녀들에게 강요하거나 틀에 넣으려고 하지 않으며, 다른 유형의 부모보다 비교적 개방적입니다. 다양한 경험을 하도록 유도하며 자녀들이 스스로 선택하는 것을 가치 있게 여깁니다. 어느 정도의 소란과 무질서를 참아 낼 수 있으며, 너그러운 태도를 보입니다. 이들은 집 안을 정돈하고 집안일에 대한 계획을 세우며, 매일 규칙적으로 반복해야 하는 일상적인 일들을 힘들어하는 경향이 있습니다. 그래서 자녀들을 지각하게 하거나 준비물을 챙기는 데 어려움을 겪기도 합니다.

이들은 일을 될 수 있는 한 미루었다가 한꺼번에 처리하는 편이며 하던 일을 마무리하는 것이 어렵습니다. 따라서 이들은 안정감이 필요한 판단형 자녀에게 구조화된 환경을 제공하는 것을 배워야 합니다. 가능하면 우선순위를 정해서 중요한 일부터 먼저 처리하는 습관을 배울 필요가 있습니다. 특히 느긋하고 여유가 있는 것도 좋지만 자녀의 생활을 어느 정도 구조화하고 안정된 환경을 가지도록 할 필요가 있습니다. 저녁 식사 시간을 약속할 때도 6시가 아니라 6시에서 7시 사이로 정함으로써 서로의 스트레스를 덜어 주려는 노력이 필요합니다.

참 고 문 헌

강인규(2012). **망가뜨린 것, 모른 척한 것, 바꿔야 할 것**. 서울: 오마이북.
고재학(2010). **부모라면 유대인처럼**. 서울: 예담프렌드.
구근회(2010). **부모혁명 99일**. 경기: 쿠폰북.
박성희(2008). **현명한 아버지가 아이의 미래를 바꾼다**. 경기: 가야북스.
연문희(2004). **성숙한 부모 유능한 교사**. 경기: 양서원.
오은영(2011). **불안한 엄마 무관심한 아빠**. 웅진리빙하우스.
정경연 외 공저(2010). **열여섯 빛깔 아이들**. 서울: 어세스타.
이백용, 송지혜(2010). **아이 성격만 알아도 행복해진다**. 서울: 비전과 리더십.
이승욱 외 공저(2012). **대한민국 부모**, 경기: 문학동네.
조선일보 기사(2011년) 1월 4일.
하임 G. 기너트 저, 신홍민 역(2003). **부모와 십대 사이**. 서울: 양철북.
Janet Penley & Stephnes 저(2009), 심혜숙 · 곽미자 역. **성격유형과 자녀양육태도**. 어세스타.

자녀와 쿨하게 소통하기

몸과 마음이
건강하고 유익하게 놀이하기

01
왜 아이들은 놀아야 할까요

요즘은 놀이터에 아이들이 없습니다. 놀이터 말고도 공원이나 공터, 동네 어귀에서 신나게 뛰어노는 아이들을 보기가 쉽지 않습니다. 우리 아이들은 어디에 있을까요? 요즘 아이들은 학교를 마친 후에 많은 시간을 학교 공부와 학원 공부, 숙제 등을 하면서 보냅니다. 물론 공부하는 것이 나쁘다는 것은 아닙니다. 당연히 공부는 중요하며, 아이들에게 꼭 필요한 일이지요. 그런데 충분히 공부한 뒤에 비로소 즐겁게 놀이할 수 있는 시간이 주어졌을 때 우리 아이들은 어떤가요? 막상 놀 수 있는 시간이 생겨도 무엇을 하며 놀아야 하는지, 어떤 놀이를 하면 더 재미있을지조차 모른 채 멍하니 TV나 컴퓨터 앞에서 그 시간을 흘려보내는 요즘 아이들의 현실은 매우 안타깝기 그지없습니다. 분명 우리 아이들에게는 열심히 공부하는 것만큼이나 즐겁게 노는 것도 중요합니다. 왜 아이들은 놀아야 할까요?

세계적인 기업인 구글, 마이크로소프트, 노키아 등의 사무실 환경은 매우 이색적입니다. 이들 기업은 보다 창의적인 업무 환경을 만들어 주기 위해 재미있는 놀이시설을 사무실 곳곳에 배치해 두고 수시로 놀이를 즐길 수 있게 합니다. 창의적인 아이디어는 단순히 오랜 시간 열심히 일한다고 얻어지는 것이 아니라 즐거운 놀이를 통해 적절히 이완된 사고를 할 수 있을 때 얻을 수 있다고 생각합니다. 우리 아이들이 공부를 할 때도 마찬가지입니다. 오랜 시간 공부를 한다고 해서 학습 효율이 무조건 높아지는 것은 아닙니다. 열심히 공부하는 가운데 적절한 휴식이 필요합니다. 아니, 휴식과 더불어 즐겁고 기분을 전환할 수 있는 놀이가 필요합니다. 아이의 발달 수준, 흥미, 적성에 맞는 놀이는 아이의 다양한 성장 가능성을 자극할 것입니다. 놀이는 아이들의 몸과 마음이 건강하고 유익해지도록 도와줍니다. 그렇다면 우리 아이들은 어떻게 놀아야 할까요? 자유롭게 하고 싶은 것을 하도록 내버려 두는 것이 가장 좋은 방법은 아니겠지요. 놀이를 할 때는 정말 제대로 잘 놀아야 합니다. 부모는 우리 아이들이 잘 놀 수 있도록 도와줄 수 있어야 합니다.

우리가 평소 아이들과 어떻게 놀아 주었고, 어떻게 놀게 하였는지 생각해 봅시다. 아마 대부분의 부모는 아이들이 아주 어릴 적에는 함께 블록도 쌓고 책도 한 장 한 장 넘겨 가면서 정성을 들여 놀아 주었을 것입니다. 하지만 아이가 조금 크고 난 후, 아이의 놀이는 혼자만의 놀이로 변해 버립니다. 이제 부모는 아이의 놀이가 아니라 아이의 공부에 열성을 보이게 됩니다. 하지만 아이들의 놀이에 대해서도 부모의 지속적인 관심과 배려가 필요합니다.

아이마다 좋아하는 놀이가 다르고 놀이하는 방식도 다르기 때문에 가장 가까이에서 도와줄 수 있는 부모의 역할은 매우 중요합니다. 문제는 부모로서 아이들과 놀아 주는 일이 쉽지 않다는 것입니다. 도대체 무엇을 하면서 놀아 주어야 할지 막막하기도 하고 막상 놀아 주면서도 아이가 즐거워하지 않는 것을 볼 때면 무엇이 잘못되었는지 혼란스럽습니다. 도움을 얻고자 주위 사람들에게 묻거나 각종 책을 찾아보아도 아이들의 학습 향상, 태도 변화와 관련된 내용은 많지만 아이와 건강하고 유익하게 놀아 주는 방법에 대한 내용은 찾기가 어렵습니다. 사실 아직까지는 우리 사회에서 아이들의 학습하는 방법에 비해 아이들과 놀이하는 방법은 크게 중요하게 다루어지지 않고 있습니다. 하지만 앞서 언급한 것처럼 아이들은 행복하게 놀 수 있어야 행복하게 공부도 할 수 있습니다. 또 건강하고 유익하게 놀 수 있어야 몸과 마음이 건강하게 성장할 수 있습니다.

우리 아이들이 행복해지는 일은 부모의 아주 작은 변화에서 시작됩니다. 누구보다 아끼는 자녀들을 위해 모든 부모는 먹을 것, 입을 것, 배울 것을 주는 데 아낌이 없습니다. 여기에 우리 아이들이 보다 행복할 수 있도록 '놀 것'을 주는 일에 관심과 노력을 기울여야 합니다. 안도현 시인의 글 중에서 '빠르게 달린다는 게 최고는 아니다. 천천히 가야 꽃도 보인다. 그래야 꽃도 기차를 볼 수 있다. 그래야 기차도 꽃을 향해 손을 흔들 수 있다.' 라는 구절이 있습니다. 요즘의 우리 아이, 부모에게 꼭 와 닿는 이야기입니다. 우리 아이들도 무조건 빠르게 달리기만 해서는 안 됩니다. 부모도 우리 아이들이 어디로 가는지도 모른 채 무조건 달리게만 내버려 두어서는 안 됩니다. 잠시 멈추어 서서 주변의 꽃도 보고 돌도 만지고 흙도 밟아 보게 해야 합니다. 주변의 꽃을 보고 돌을 만지고 흙을 밟는 것이 바로 놀이가 아닐까요?

지금부터는 부모가 평소 아이들과 놀이하는 다양한 사례를 살펴보고 어떻게 하면 몸과 마음이 건강하고 유익하게 놀아 줄 수 있는지에 대해 함께 고민해 보도록 합시다. 그리고 이를 토대로 건강하고 유익한 놀이의 구체적인 방법에는 어떤 것들이 있는지 살펴봅시다.

02
부모들은 어떻게
놀아 주고 있을까요

 　　민호 엄마는 방학이 되면 민호와 늘 다투게 된다. 다름 아
닌 TV, 컴퓨터 때문이다. 민호는 방학이면 학원에 다녀오는 시간을 빼
고 계속 TV, 컴퓨터 앞에서 시간을 보낸다. 민호 엄마는 민호에게 TV, 컴퓨터
좀 그만 보라고 꾸중을 하게 된다. 민호는 마땅히 할 게 없다고 투덜대면서 계
속 TV, 컴퓨터 앞에 버티고 앉아 있게 된다. 결국 민호 엄마는 큰 소리로 화를
내고 민호는 시큰둥하게 자리에서 일어서는 일이 반복되곤 한다. (TV, 컴퓨터, 게
임기, 휴대전화 등 전자기기로 놀기)

　　범수 엄마는 범수와 놀아 주기 위해서 여러 가지 장난감을
구입하였다. 이 장난감들은 수학적 지능과 과학적 사고를 증진시켜 준
다는 값비싼 교구들로 외국에서 수입해 온 것들이다. 일곱 살인 범수는 엄마가
사 온 장난감들을 가지고 노는 것이 재미가 없다. 너무 어렵고 복잡해서 노는
게 아니라 공부하는 느낌이 든다. 비싼 장난감을 사 주었지만 집중해서 가지고
놀지 않는 범수를 보면서 범수 엄마는 속상하기만 하다. (공부와 구분되지 않는 놀
이하기)

　　원진이네 가족은 주말마다 자주 야외로 놀러 다닌다. 원진
이는 주말에 가족과 함께 나들이를 하는 것을 매우 좋아한다. 하지만

한 날에 한두 번 주말에 가족 모두 놀러 다니는 것 말고는 평소에 엄마, 아빠와 함께 시간을 보내는 적이 거의 없다. 두 분 모두 직장을 다니셔서 평일에는 늦게 퇴근하시기 때문이다. 원진이가 늦게라도 놀아 달라고 매달릴 때면 원진이 엄마, 아빠는 평소에는 너무 바쁘고 시간이 없어서 어쩔 수 없다고 주말에 놀러 가자고 원진이를 달래 보지만 원진이는 속상하기만 하다. (주말에만 놀아 주기)

의정이는 집에서 주로 혼자 논다. 내성적인 성격이라 친구들과 함께 노는 것보다는 혼자 있는 것을 더 좋아한다. 의정이 어머니도 의정이 성격을 잘 알고 있는 터라 집에서 혼자 놀게 내버려 두는 경우가 많다. 의정이가 너무 혼자만 노는 시간이 많은 것 같아서 걱정이 되기는 하지만 혼자서도 잘 노는 것 같아서 특별히 뭐라고 하지 않고 지켜보게 된다. 가끔 필요해 보이는 책이나 장난감을 사다 주는 것 말고는 따로 의정이와 놀아 줄 일이 없는 편이다. (아이 혼자서만 놀게 하기)

민규 엄마와 아빠는 맞벌이라서 평소에 민규와 자주 놀아 주지 못한다. 그래서 민규 부모님은 민규에게 미안한 마음이 들어 장난감을 자주 선물해 주는데 그중에는 매우 비싼 장난감도 많다. 민규는 이미 각종 장난감을 잔뜩 가지고 있지만 별로 흥미를 느끼지 못한다. 새로운 장난감을 선물 받아도 혼자 가지고 놀다 보면 금세 싫증이 나 버린다. 민규와 시간을 내서 함께 놀아 주고 싶지만 그러지 못하는 부모님은 계속 속이 상하고 민규는 자신과 놀아 주지 않는 부모님에게 늘 서운한 마음이다. (비싼 장난감으로 대신하기)

준태는 3학년으로 야구와 축구 같은 활동적이 놀이를 매우 좋아한다. 준태는 공원이나 운동장에 나가서 야구, 축구를 하고 싶어 하지만 엄마는 가급적 준태가 집 안에서 놀았으면 한다. 준태 엄마는 야구나 축구 같은 야외놀이를 함께하기가 신체적으로 너무 힘들고 어려워서 준태 아빠가 놀아 주었으면 하지만, 준태 아빠는 준태와 함께 놀아 주는 일에 별로 관심이 없다. 준태는 주말에 아빠에게 밖에 나가 축구를 하자고 졸라 보지만 준태 아빠는 피곤하다고 집에서 쉬고 싶어 한다. (엄마 혼자서 놀아 주기)

4학년인 수종이는 주로 친구들끼리 밖에 나가서 논다. 대여섯 명의 동네 친구들끼리 모여서 공놀이를 하거나 게임방에 가곤 한다. 수종이 엄마는 수종이의 동생들을 돌보느라 집에서 함께 놀아 줄 여유가 없다. 수종이가 친구들과 놀다 오겠다고 하면 언제나 쉽게 허락하는 편이다. 종종 수종이가 친구들과 놀다가 너무 늦게 들어와도 크게 꾸짖지 않고 타이르기만 한다. 수종이는 점점 더 친구들과 밖에서 놀려고만 한다. (친구들끼리만 나가서 놀게 하기)

진호는 그리기 놀이를 좋아한다. 크레파스나 색연필 등으로 스케치북이나 종이에 자유롭게 그림을 그리곤 한다. 하지만 진호 엄마는 진호가 그림을 그리다가 집 벽이나 바닥, 옷가지를 더럽히는 것 때문에 그림 그리는 것을 좋아하지 않는다. 그래서 진호에게 그림 그리기보다는 블록이나 악기를 가지고 놀라고 한다. 진호는 블록 쌓기나 악기 연주보다는 그리기가 더 좋은데 엄마가 하지 못하게 해서 속상하다. (부모가 원하는 놀이를 아이에게 강요하기)

효진이는 학교를 마치고 학원을 세 군데나 다닌다. 학원을 마치고 집에 돌아오면 저녁 8시가 넘지만 해야 할 학습지가 두 개나 더 남아있다. 효진이는 너무 할 게 많다며 놀 시간이 없다고 투덜대지만 효진이 엄마는 학습지까지 다 하면 놀 수 있다고 말한다. 효진이는 친구들과도 거의 놀지 못하고 집에서도 쉬거나 놀 시간이 없어서 늘 지쳐 있다. 거기다 공부는 많이 하는데 능률은 오르지 않아 답답하기만 하다. (놀이할 시간을 주지 않는 경우)

선미 부모님은 선미와 즐겁게 놀아 주기 위해 많은 시간을 낸다. 선미에게 충분한 시간 동안 책을 읽어 주거나 같이 블록 쌓기나 인형 놀이도 한다. 하지만 선미는 부모님과 놀이하는 것이 별로 즐겁지 않다. 선미의 부모님은 책을 읽어 주면서 선미의 생각이나 느낌을 물어보거나 궁금해하지 않는다. 다만 선미에게 책을 기계적으로 읽어 줄 뿐이다. 인형 놀이를 할 때도 선미 옆에서 선미가 인형을 가지고 노는 모습을 지켜보는 것이 대부분이다. 선미의 부모님도 좀 더 적극적으로 선미와 놀아 주고 싶지만 어떻게 말하고 대해 주어야 하는지 잘 모르겠다고 한다. (어떻게 놀아 줄지 몰라 수동적으로 놀아 주는 경우)

03
어떻게 하면 몸과 마음이 건강하고 유익하게 놀아 줄 수 있을까요

몸과 마음이 건강하고 유익하게 놀아 주기 위해서는 아이에 대한 부모의 충분한 이해가 필요하고 부모와 아이 사이의 긍정적인 관계 형성이 중요합니다. 몸과 마음이 건강하고 유익해지는 놀이를 위한 열 가지 생각에 대해 함께 살펴봅시다.

아이의 입장에서 생각하고 놀아 주어야 합니다. 부모의 입장에서 생각할 때 당연한 것이 아이의 입장에서는 다르게 느껴질 수 있다는 사실을 알아야 합니다. 아이가 원하는 놀이가 무엇인지, 왜 그 놀이를 하고 싶어 하는지 아이의 입장, 생각을 들어보아야 합니다. 때때로 부모의 입장에서 보았을 때 별 의미 없어 보이는 놀이가 아이에게는 큰 즐거움과 의미를 제공하는 좋은 놀이일 수도 있습니다. 부모의 생각과 다를지라도 아이의 입장에서 생각해 보면서 아이의 의견을 충분히 존중해 주려는 노력이 필요합니다.

아이와 공감하면서 놀아 주어야 합니다. 놀이를 하는 동안에 부모와 아이는 서로 공감적 이해가 이루어져야 합니다. 공감적 이해는 쉽게 말해 상대방의 눈으로 보는 것처럼 보고, 귀로 듣는 것처럼 들으며, 코로 냄새 맡는 것처럼 냄새 맡고, 혀로 맛보는 것처럼 맛보며, 피부로 감각하는 것처럼 감각하는 것을 말합니다. 부모와 아이가 함께하는 놀이는 서로의 마음을 다양하게 표현하는 상호작용입니다. 부모가 단순히 아이의 놀이하는 모습을 바라보기만 하는 것이 아니라 상황에 맞게 놀이에 참여하면서 서로의 생각이나 감정을 공유하고 마음을 나누는 공감적 놀이가 필요합니다. 아이들은 부모와 공감적 놀이를 통해서 정서적 안정감을 유지하고 놀이에 자연스럽게 몰입할 수 있습니다.

아이와 놀이할 때는 대화가 필요합니다. 놀이는 그 자체만으로도 효과가 크겠지만 놀이를 할 때 부모와 주고받는 대화를 통해 더 큰 효과를 나타냅니다. 부모는 아이가 놀이에 참여하는 동안에 아이의 표정, 몸짓, 목소리 등에 민감하게 반응하면서 적극적인 대화를 시도할 수 있습니다. 이와 같은 대화를 통해 아이들은 자연스럽게 인지적·정서적 성장을 경험합니다. 또한 놀이할 때 나누는 여러 대화 중에서 아이를 향한 칭찬이나 격려는 큰 의미를 지닙니다. 평소 부모가 학습이나 생활 태도에 대해서는 칭찬하는 경우가 많지만 아이들이 좋아하는 놀이 활동에 대해서 칭찬하고 격려하는 경우는 드뭅니다. 놀이 과정에서 이루어지는 칭찬이나 격려는 아이에게 심리적으로 편안함을 느끼게 하고, 부모와 함께 놀이하는 시간을 즐기게 하는 데 도움을 줍니다.

아이의 흥미와 성격을 고려하며 놀아야 합니다. 똑같은 얼굴의 아이들이 없는 것처럼 똑같은 흥미와 성격을 지닌 아이들은 없습니다. 아이들마다 원하는 놀이도 다를 수밖에 없습니다. 흔히 유행처럼 나타나는 놀이들이 부모를 유혹하기도 합니다. 왠지 이 놀이를 해야 내 아이들이 잘될 것 같다는 생각은 우리 아이들에게 획일화된 놀이를 강요하게 됩니다. 하지만 아이들에게 정말 도움을 줄 수 있는 놀이는 아이들 각자의 흥미와 성격에 맞는 놀이일 것입니다. 부모는 차분히 아이들을 지켜보면서 아이의 흥미와 성격을 세심하게 이해한 후에 아이들에게 적절한 놀이를 제공해 주어야 합니다.

건강하고 유익한 놀이를 구분할 수 있어야 합니다. 수없이 쏟아져 나오는 놀이들 중에는 때때로 비교육적이거나 지나치게 자극적인 것들도 있습니다. 특히 전자기기를 통한 놀이 활동은 지나치게 자극적이어서 중독 증상을 가져오는 경우가 많습니다. 너무 어린 나이에 자극적인 놀이에 빠져들게 되면 다양한 유형의 놀이를 경험할 수 있는 기회를 잃어버릴 수 있습니다. 아직은 아이들의 놀이에 대한 분별력이 부족하기 때문에 부모의 관심과 노력이 필요합니다. 아이들이 쉽게 빠져들고 부모가 편하게 제공할 수 있는 놀이보다는 부모와 아이가 함께 정성과 노력을 들여 건강하고 유익한 놀이를 찾아내 함께 하는 것이 보다 바람직할 것입니다.

놀이는 혼자가 아니라 함께해야 합니다. 물론 혼자 할 수 있는 유익한 놀이들도 있습니다만, 놀이가 가진 가장 기본적인 속성이 함께하는 즐거움입니다. 혼자가 아닌 함께 하는 이유로 더욱 즐거워질 수 있는 것이 바로 놀이입니다. 유치원이나 초등학교 저학년인 아이들의 경우 가장 가까운 놀이 친구는 바로 가족입니다. 대부분의 시간을 함께하는 가족과 가지는 놀이 시간은 아이의 인지, 정서, 행동 발달에 큰 영향을 주게 됩니다. 아이들이 좀 더 커서 초등학교 고학년 이상의 경우라면 또래 친구와의 놀이도 매우 중요합니다. 아이들은 놀이를 통해 사회성을 기르고 타인과 관계 맺는 법을 익히게 됩니다.

몸과 머리를 고루 사용하며 놀아 주어야 합니다. 놀이가 한쪽으로 치우치지 않도록 아이에게 다양한 놀이를 경험하게 하는 것이 좋습니다. 물론 아이들마다 자신의 선호와 흥미가 다르겠지만 다양한 놀이를 경험하게 한 후에 스스로 선택하도록 기회를 주어야 합니다. 이때 많은 부모가 이왕이면 놀이를 하면서 지능도 개발하고 정서도 순화했으면 하는 마음이 들겠지만 지나친 기대는 놀이가 지닌 본연의 의미를 해칠 수 있음을 기억해야 합니다. 한쪽으로 치우친 놀이보다는 여러 방식의 다양한 놀이를 체험하는 것이 아이들의 사고와 감정을 더욱 풍성하게 가꾸어 줄 것입니다.

적절한 놀잇감을 사용하여 놀아 주어야 합니다. 단순히 비싸고 거창한 놀잇감이 좋은 놀잇감은 아닙니다. 아이의 발달 수준에 맞고 가지고 놀기에 위험하지 않으며, 다양한 상황에 유연하게 사용할 수 있는 놀잇감이 좋습니다. 시간적 여유가 있어 아이와 함께 놀잇감을 만들어서 가지고 놀 수 있다면 더욱 효과적인 놀이가 될 수 있습니다. 놀잇감은 다양할수록 여러 방면에서 도움이 되기 때문에 주변 사람들과 공유하는 것도 좋은 방법이 될 수 있습니다. 또한 구체적인 놀잇감이 없더라도 놀이하기 위해 모인 사람 모두가 서로에게 유익한 놀이 재료가 되어 줄 수도 있습니다.

놀이에 담긴 규칙과 질서를 이해하며 놀아야 합니다. 아이들의 놀이를 가만히 살펴보면 나름의 규칙과 질서가 있습니다. 놀이의 규칙과 질서를 잘 이해하고 노는 아이들은 더욱 즐겁게 놀이할 수 있습니다. 하지만 때때로 놀이의 규칙과 질서를 잘 이해하지 못해 또래 아이들과 놀이하는 과정에서 어려움을 겪는 아이들도 있습니다. 어떤 아이들은 지나치게 자기중심적인 규칙과 질서에 익숙한 나머지 자기 고집과 주장만을 내세우다가 놀이를 망치는 경우도 있습니다. 놀이는 자유로움을 바탕으로 하지만 엄연한 질서와 규칙이 존재하는 활동임을 아이들에게 친절하게 안내해 주어야 합니다.

아이와 놀이할 때 부모도 즐거워야 합니다. 아이와 함께 놀이하는 시간이 부모에게 매우 의무적이고 피곤하게 느껴진다면 어떨까요? 분명 아이들이 가장 먼저 부모의 마음을 알아차릴 것입니다. 마지못해 아이와 놀아 주고 있다는 것을 아이들이 느끼게 된다면 함께 놀아 주지 않는 것만 못한 결과를 가져올 것입니다. 부모에게 아이들의 놀이 자체가 즐거움을 줄 수는 없습니다. 하지만 부모는 아이들의 놀이를 통해 충분히 즐거울 수 있습니다. 그 방법은 부모가 아이들이 놀이하는 순간을 곁에서 지켜보면서 아이들의 변화하고 성장하는 모습을 즐기는 것입니다. 놀이를 통해 세상과 만나는 아이들을 곁에서 지켜볼 수 있다는 것은 부모에게 세상 무엇과도 바꿀 수 없는 즐거움이 아닐까요?

자녀와 쿨하게 소통하기

04

자, 그럼 몸과 마음이 건강하고
유익한 놀이를 연습해 봅시다

부모와 아이가 함께할 수 있는 간단한 놀이들을 중심으로 소개해 보겠습니다. 놀이는 신체형 놀이, 대화형 놀이, 게임형 놀이, 표현형 놀이로 구분하였습니다. 각 영역별로 소개한 놀이들은 하나의 예시로 이해하고 각자의 상황에 맞게 적절히 재구성하여 활용하면 더욱 좋을 것입니다.

🥕 신체형 놀이

대부분의 아이는 신체를 통한 놀이 활동을 즐겨합니다. 하지만 신체형 놀이는 현실적인 여건으로 제약을 많이 받습니다. 특히 스포츠형 놀이들은 여럿이 함께 모여 필요한 장비나 복장을 준비해야 하는 번거로움도 있습니다. 하지만 생각을 조금만 바꾸면 아주 간단한 신체 표현 활동이지만 부모와 아이가 함께하면서 긍정적인 효과를 낼 수 있는 놀이가 많이 있습니다. 여기서는 부모와 아이의 관계 형성에 도움을 줄 수 있는 간단한 신체형 놀이 세 가지를 제시하였습니다.

손바닥, 발바닥 그림 그리기

　　이 놀이는 부모와 자녀의 친밀감 향상에 도움을 줍니다. 놀이 방법은 1대 1로 짝을 지어 큰 종이에 서로의 손바닥이나 발바닥을 대고 색연필이나 크레파스 등으로 그려 주는 것입니다. 이때 손바닥이나 발바닥 그림 안에 자신의 고민이나 소원을 적는 놀이를 함께하면 더욱 좋습니다. 그림을 그리고 난 후에는 서로의 그림을 바꾸어 보기도 하고 그림을 그린 후의 소감을 서로 돌아가며 이야기해 보기도 합니다. 이 놀이를 통해 부모와 자녀는 서로의 손이나 발을 만짐으로써 신체적으로 교감할 수 있고 정서적으로 따뜻함을 느낄 수 있습니다. 또한 고민 적기나 소원 쓰기를 통해 평소 부족했던 대화를 나누어 서로를 이해하는 데 도움을 줄 것입니다. 가족끼리 시간을 정해 정기적으로 손바닥, 발바닥 놀이를 하게 되면 더욱 즐거운 시간을 보낼 수 있습니다.

그림자 놀이

햇살이 좋은 날에 실외에서 즐겁게 할 수 있는 간단한 놀이로 그림자 놀이가 있습니다. 서로 짝을 이루어서 서로의 그림자를 바닥에 그려 주는 놀이나 서로의 그림자 밟기 놀이를 할 수 있습니다. 그림자를 통한 놀이는 짧은 시간 동안 간편하게 해 볼 수 있는 놀이입니다. 야외로 외출하는 경우에 잠시 시간을 내어 놀이를 해 보면 아이들과 자연스럽게 친해지는 기회를 가질 수 있습니다.

또한 그림자 놀이는 따뜻한 햇살을 충분히 쐬면서 몸을 움직이는 놀이기 때문에 아이들의 신체적인 발달에도 도움을 주게 됩니다. 특히 실외놀이를 꺼리는 여자아이들이나 내향적인 남자아이들에게는 실외놀이를 통해 생활 습관이나 태도에 긍정적인 변화를 줄 수 있습니다. 단, 그림자 놀이와 같은 실외 신체형 놀이는 지나치게 긴 시간 동안 하지 않도록 주의해야 합니다.

모래놀이

모래놀이는 모래를 가지고 아동의 인지, 정서, 사회성, 언어, 신체 발달을 돕는 놀이로써 유아의 발달에 중요하고 필요한 놀이라고 할 수 있습니다. 특히 실외에서 부모가 아이와 함께 모래를 직접 만지고 이야기를 나누는 놀이는 아이에게 있어서 매우 건강하고 유익한 경험이 될 수 있습니다. 모래놀이의 구체적인 방법으로는 모래 쌓기, 모래로 만들기, 모래 움직이기, 모래로 상상하기 등 다양한 놀이가 있습니다.

주의해야 할 것은 아이들이 모래를 어떤 방식으로 가지고 놀 것인지 부모가 틀을 정하지 않아야 합니다. 아이들이 모래를 안전하면서도 자유롭게 충분히 만질 수 있도록 배려해 주는 것이 무엇보다도 중요합니다. 모래놀이의 준비나 뒤처리가 부담스럽다면 최근 모래놀이를 할 수 있는 놀이터나 카페 등을 활용해 보는 것도 좋습니다.

🥕 대화형 놀이

대화는 단순한 놀이 활동을 종합적인 상호작용 과정으로 바꾸어 줄 수 있습니다. 다른 유형의 놀이에서도 대화는 매우 중요한 역할을 하지만, 특히 대화형 놀이에서는 대화가 놀이를 구성하는 핵심이 됩니다. 대화형 놀이는 말 그대로 다양한 대화를 중심으로 간단한 규칙에 의해 진행되는 놀이로서 가정생활 장면 곳곳에서 자연스럽게 활용할 수 있습니다.

High And Low

High And Low는 매우 짧은 시간을 이용해 자주 활용할 수 있는 대화형 놀이입니다. 방법은 저녁 식사 때나 잠들기 전에 가족끼리 모여서 각자 그 날 있었던 일 중에서 가장 좋았던 High와 가장 나빴던 Low를 소개하는 것입니다. 다 듣고 난 후에 가장 인상적인 High에게는 축하와 가장 힘들었던 Low에게는 격려를 해 주도록 합니다. 아이들이 어느 정도 큰 경우에는 서로 돌아가면서 놀이의 진행을 맡아 보는 것도 좋습니다. 평소 자연스럽게 대화하기 어려웠더라도 이 놀이를 통해 좀 더 자연스러우면서도 풍성한 대화를 이어 갈 수 있습니다.

자녀와 쿨하게 소통하기

평소 바빠서 아이들과 놀아 줄 시간이 없더라도 하루에 5분 정도만 시간을 내서 아이들과 High And Low 놀이를 꾸준히 한다면 아이들과 건강하고 친밀한 관계를 유지할 수 있을 것입니다.

빈 의자 놀이

빈 의자 놀이는 사이코드라마와 게슈탈트 심리치료에서 활용되는 기법을 응용한 연극놀이입니다. 가족이 함께 모여 서로 각자의 역할이 되어서 서로의 입장을 이해하고 자신의 생각을 표현하는 놀이입니다. 평소 가족에게 하고 싶었던 이야기나 궁금했던 것을 빈 의자를 두고 연극을 하듯이 자유롭게 말할 수도 있습니다. 또 자기 자신이 가지고 있는 고민이나 걱정을 빈 의자에 둔 것처럼 상상하고 이야기를 할 수도 있습니다. 처음 빈 의자 놀이를 할 때는 먹고 싶은 것 말하기, 소원 말하기, 궁금한 것 질문하기 등의 가벼운 주제를 다룹니다. 점차 익숙해지면 보다 깊은 이야기를 나눌 수 있는 대화의 장으로 만들어 갑니다. 이 빈 의자 놀이는 처음 시도하기에 어려울 수도 있으며 평소에 자주 하기에는 적절하지 않을 수 있습니다. 가족끼리 송년회를 하거나 특별한 기념일에 서로 터놓고 이야기를 할 수 있도록 도와주는 놀이로 활용해 보는 것도 좋습니다.

책 놀이

책은 가장 좋은 놀잇감이면서도 가장 어려운 놀잇감이기도 합니다. 흔히 책은 아이들에게 많이 읽으라고 권하면서도 놀이로서 함께할 생각을 가진 부모는 많지 않습니다. 아이들은 책을 스스로 읽을 수 있으면서부터 책 속에 빠져들며 다양한 세계를 경험하게 됩니다. 이때 부모는 아이들에게 책 읽기를 즐거운 놀이로 만들어 주면 됩니다.

가장 쉬운 방법은 아이들이 읽는 책을 함께 읽는 것입니다. 아주 어릴 때처럼 곁에서 함께 읽어 줄 수도 있겠지만 평소에 틈틈이 각자 책을 읽고 난 후에 시간을 정해 이야기를 나누는 것이 좋습니다. 혼자 읽고 마는 책보다는 부모와 함께 읽고 대화를 나눈 책이 분명 더 오래 더 깊이 아이들의 마음에 남을 것입니다.

또한 도저히 시간이 없고 바빠서 아이가 읽은 책을 함께 읽어 보지 못했다면 책을 읽은 아이에게 질문해 보는 것도 좋습니다. 아이가 책을 읽고 어떤 점이 좋았으며 어떤 생각이 들었는지 물어보면서 관심을 가져 주는 것입니다. 이때 아이의 생각이나 느낌에 대해 판단하려 하지 말고 있는 그대로를 받아들여 주는 것이 중요합니다. 책 놀이에서 책은 공부가 아닌 놀이의 도구임을 잊지 말고 최대한 자유롭게 반응할 수 있도록 도와줍니다.

 게임형 놀이

놀이를 떠올리면 가장 먼저 생각할 수 있는 게임 형식의 놀이입니다. 놀이의 규칙이 분명하게 정리되어 있으며 놀이의 시작과 끝도 명확하여 시간 활용에도 유리합니다. 대개 경쟁 활동으로 구성된 기회 게임이 많은 편인데, 서로를 존중하고 원만한 선의의 경쟁 활동이 이루어지도록 주의를 기울여야 합니다.

'윷놀이, 빙고, 보드게임' 등의 실내 게임형 놀이

윷놀이, 빙고, 보드게임 등은 경쟁, 기회 게임으로 규칙을 지키고 목적을 달성하는 방식을 익힐 수 있는 놀이입니다. 실제로 간단한 놀이지만 부모와 함께 이와 같은 실내 게임형 놀이를 자주 경험하는 아이들은 놀이의 규칙에 대한 이해나 정해진 룰을 준수하는 태도에 있어서 긍정적인 측면을 보이게 됩니다. 더불어 새로운 규칙이나 방법을 아이들 스스로 정하고 지키면서 놀이를 해 보는 것도 매우 도움이 될 수 있습니다.

실내 게임형 놀이는 준비가 간단하고 부모도 놀이 방법과 규칙이 친숙하기 때문에 아이들과 부담 없이 놀이할 수 있습니다. 실내 게임형 놀이는 계절이나 날씨에 상관없이 언제든 놀이할 수 있고, 아이들과 함께 놀이의 준비, 정리까지 쉽고 간편하게 할 수 있는 장점 때문에 자주 활용할 수 있습니다.

'비석치기' '고무줄놀이' '무궁화 꽃이 피었습니다'
등의 실외 게임형 놀이

실외 게임형 놀이에는 우리 전통 놀이가 많습니다. 예전에는 동네에서 흔히 볼 수 있던 놀이들이지만 이제는 종종 명절에 TV로 볼 수밖에 없습니다. '비석치기' '고무줄놀이' '무궁화 꽃이 피었습니다' 등의 실외 게임형 놀이인 전통 놀이들은 대부분 부모가 예전에 경험했던 놀이라서 아이들에게 쉽게 가르쳐 줄 수 있습니다. 아이들은 잘 접해 보지 못한 놀이를 부모가 직접 놀이 방법, 도구, 규칙 등을 자세히 설명해 주었을 때 보다 호기심을 가지고 놀이에 참여할 수 있습니다. 해당하는 명절에 여러 가족이 함께하여도 좋고 꼭 특별한 날이 아니어도 가족끼리 모였을 때 함께하면서 추억으로 남을 수 있는 놀이입니다.

자녀와 쿨하게 소통하기

'수수께끼' '퀴즈' '스무고개' 등의 문제형 놀이

함께 길을 걷거나 차로 오랜 시간 이동을 할 때 아이들과 짧게 시간을 내어 할 수 있는 놀이입니다. 아이들의 수준에 따라 수수께끼나 퀴즈, 스무고개 중에서 골라 놀이를 합니다. 서로 문제를 내기도 하고 가족끼리 편을 나누어 놀이를 할 수도 있습니다. 문제를 낼 때는 아이들의 관심 분야를 주제로 하여도 좋으며, 우리 가족에 대한 문제를 내 보는 것도 좋습니다. 가족에 대한 문제를 서로 풀어 보면서 좀 더 친밀감을 가지고 긍정적인 관계를 다지는 계기가 될 수 있습니다. 또한 문제형 놀이를 평소 쉽게 물어보지 못했던 아이들의 마음이나 고민을 알아볼 수 있는 기회로 활용할 수도 있습니다. 상황에 따라 게임형 놀이는 가벼운 상품을 걸고 승패를 정해 보는 것도 즐거움을 더할 수 있습니다.

표현형 놀이

놀이 자체가 아이들의 다양한 표현의 한 방식입니다. 아이들은 놀이를 하면서 자신이 표현하고 싶은 것을 마음껏 드러내게 됩니다. 물론 아이들은 저마다 표현하는 방식이 다를 것입니다. 그래서 아이들은 각자가 좋아하는 표현 방식에 가까운 놀이들을 찾아서 즐기곤 합니다. 미술적 표현, 음악적 표현, 신체적 표현, 문학적 표현 등 다양한 방식의 표현을 쉽게 할 수 있도록 도와주는 구체적인 놀이들을 살펴보도록 합니다.

낙서 놀이

아이들은 무언가를 표현하는 활동을 좋아합니다. 하지만 아이들은 커 가면서 자유롭게 표현하는 활동에 많은 제약을 받습니다. 부모은 시끄럽다, 지저분하다, 복잡하다 등의 이유를 들어가며 아이들이 좀 더 차분하고 단정하며 깔끔한 놀이를 하기 바랍니다. 특히 집 안 곳곳에 아무렇게나 낙서하는 놀이는 결코 환영받지 못합니다. 그런데 아이들의 자유로운 낙서는 매우 중요한 놀이이면서 아이들의 흔적입니다. 미술치료에서는 낙서(난화)가 아동을 이해하는 중요한 자료로 활용되기도 합니다. 미술시간에 정해진 주제에 대한 학습으로서의 미술이 아니라 자신을 표현하는 수단으로써의 미적 표현이 필요합니다. 이때 흔히 낙서라고 말하는 난화는 매우 유용합니다. 대신에 아무렇게나 낙서하는 것에서 그치지 않고 낙서를 이용해서 의미 있는 활동을 해 볼 수 있습니다. 자신이 그린 낙서 안에서 떠오르는 사물이나 인물을 찾아내고 이야기로 만들어 소개하는 활동 등은 낙서를 놀이로써 가치 있게 활용하도록 할 수 있습니다.

요리 놀이

요리는 아이들이 매우 좋아하는 놀이입니다. 많은 부모가 이 사실을 알고 있지만 준비하는 번거로움으로 인해 쉽게 시도하지 못하는 편입니다. 사실 요리에 대해 너무 거창하게 생각하면 준비하기가 매우 어려울 수 있습니다. 그렇지만 실제 요리를 하는 것이 아니라 요리로 놀이를 한다고 생각하면 좀 더 쉽게 다가갈 수 있겠지요. 아이들은 부모가 생각하는 것처럼 거창한 요리를 만들고 싶은 게 아니라 감자 삶기, 계란 찌기 같은 간단한 요리들도 즐거운 놀이로 받아들이고 즐겁게 참여하고 싶어 합니다.

평소 집에서 식사를 준비할 때 아이들의 수준에 맞는 요리 활동을 놀이로 제공할 수도 있습니다. 아이와 함께하는 요리 놀이로 인해 식사 준비가 좀 더 오래 걸릴 수도 있겠지만 함께 만든 음식을 맛있게 먹는 것만으로도 몸과 마음을 건강하게 해 줄 것입니다. 매번 식사 때마다 하기에는 어려움이 있으므로 주말 점심 같이 시간을 정해 두고 함께 요리 놀이를 해 본다면 좋을 것입니다.

감정 놀이

아이들은 성장하면서 다양한 경험을 통해 풍부한 감정을 지니게 되지만 이 감정을 표현하는 데에 익숙하지 않습니다. 어린 아이들의 경우 자신의 감정을 언어적으로 표현하기가 어렵기 때문에 답답함을 느끼기도 하지요. 이때 아이들이 느낀 감정을 적절하게 전달할 수 있도록 도와주는 놀이가 있습니다. 바로 감정 놀이입니다.

감정 놀이는 아직 언어적인 표현에 익숙하지 않은 아이들에게 비언어적 놀이를 통해 감정을 자연스럽게 표현하도록 도와주는 놀이입니다. 예를 들면, 풍선을 불어 자신의 감정을 얼굴 표정으로 그려 보는 놀이가 있습니다. 이 놀이를 통해 자신이 그린 풍선의 표정을 보여 주면서 이야기를 할 수 있습니다. 상황에 따라 여러 개의 풍선을 이용할 수도 있습니다. 또 표정 카드를 가지고 놀이를 할 수 있습니다. 다양한 표정이 나와 있는 카드를 집어 들고 서로의 감정을 알아맞히는 놀이도 가능합니다. 이처럼 감정 놀이는 자신의 감정을 표현하는 것뿐만 아니라 상대의 감정을 살피는 데에도 매우 효과적입니다. 때때로 부모가 아이에게 속상함, 슬픔, 화남을 표현해야 할 때 너무 직접적인 언어보다는 감정 카드를 활용해 차분하게 전달해 주면서 아이와 대화를 시도하는 것이 도움이 될 수 있습니다.

 참고문헌

박성희 외 공저(2008). **상담과 상담학(3) 상담의 도구**. 서울: 학지사.
안도현(2012). **네가 보고 싶어서 바람이 불었다**. 서울: 도어즈.

뒷맛이 개운하게
꼼꼼하고 알차게 칭찬하기

4

01
꾸중을 왜 할까요

부모와 자녀가 찰떡처럼 잘 달라붙는 소통을 하려면 무엇보다 자녀의 말을 잘 들어 줄 필요가 있습니다. 그래서 소통에 대해 말하는 모든 책들이 '경청하라.' '제3의 귀로 들어라.' '말보다 듣기를 많이 하라.' 고 목청을 높입니다. 맞는 말입니다. 그런데 부모는 마냥 아이 말을 들어 줄 수만은 없습니다. 자녀의 성장과 발전을 위해서 때로는 부모가 먼저 나서서 말을 해야 합니다. 그중에서도 부모가 아주 신중하고 요령 있게 해야 할 말이 칭찬과 꾸중입니다. 사실 칭찬과 꾸중을 잘 하기만 해도 부모 자녀 사이에는 건강한 친밀감이 넘쳐 납니다만 이것을 잘못하면 사이가 걷잡을 수 없이 멀어질 수 있습니다. 특히 꾸중이 그렇습니다. 부모의 꾸중 때문에 아이가 마음을 닫고 부모를 멀리하는 경우는 아주 흔합니다. 그렇다고 진심으로 아이의 성장을 원하는 부모가 아이의 잘못된 행동을 보고 꾸중을 하지 않을 수도 없습니다. 그래서 부모는 꾸중하는 원리와 방법에 대해 잘 알고 이를 제대로 실행할 수 있어야 합니다. 칭찬도 마찬가집니다. 그럼 뒷맛이 개운하게 꾸중하고 알차게 칭찬하는 방법에 대해 배워 봅시다.

꾸중을 잘 하려면 먼저 꾸중을 하는 이유와 목적에 대해 분명하게 알고 있어야 합니다. 자칫 꾸중거리도 아닌데 잘못 꾸중하거나 엉뚱하게 꾸중할 수도 있기 때문입니다. 그럼 왜 부모는 자녀를 꾸중할까요? 사전에 꾸중은 '윗사람이 아랫사람의 잘못에 대해 꾸짖고 나무라는 말'이라고 나와 있습니다. 여기서 우리는 '잘못'과 '꾸짖는 말'에 주목해 봅시다. 잘못은 크게 두 가지로 나눌 수 있습니다. 하나는 남에게 피해를 입히는 행동이고, 또 하나는 바람직한 기준에 도달하지 못한 행동입니다. 동생을 때리는 행동은 동생에게 피해를 주므로 잘못된 행동이며, 동시에 가족 간에 기대되는 바람직한 행동을 어겼으므로 잘못된 행동입니다. 잘못된 행동은 대부분 이 두 가지 특징을 모두 가지고 있으나 때때로 두 번째 기준에만 속하는 행동도 있습니다. 이를테면 숙제를 하지 않는 행동이 그것입니다. 이 경우 꾸중은 격려의 성격이 강합니다.

어쨌거나 꾸중은 한편으로 아동의 잘못된 행동에 벌을 주는 것이지만 다른 한편으로 잘못된 행동을 고쳐 바람직한 행동을 하라고 이끄는 것이기도 합니다. 여기에서 우리는 두 번째 목적에 주의를 기울일 필요가 있습니다. 꾸중을 할 때 부모는 대개 첫 번째 목적을 달성하는 데서 그치는 경향이 있습니다. 잘못된 행동을 꾸짖고 야단치는 데서 멈추는 것입니다. 하지만 제대로 된 꾸중은 여기서 한 걸음 더 나아가 자녀의 행동을 변화시키도록 도움을 주는 데 있습니다. 다음에 같은 상황이 펼쳐지면 보다 나은 행동을 하라고 촉구하는 것이지요. 이렇게 보면 꾸중은 꾸중을 당하는 자녀를 위해(for children) 존재하는 것이 분명합니다. 따라서 자녀의 잘못된 행동을 빌미로 야단치고 화풀이하는 것이 꾸중이 아니라는 점을 명심해야 합니다.

'꾸짖는 말'에 대해서도 생각해 봅시다. 정도의 차이는 있지만 자녀

자녀와 쿨하게 소통하기

를 꾸짖으려면 자녀의 잘못된 행동에 대해 좋지 않은 감정이 일어나야 합니다. 자녀의 잘못된 행동이 다른 사람에게 피해를 주는 것이건 자기 성장에 방해가 되는 것이건 그 잘못된 행동 때문에 부모의 감정이 동하지 않으면 꾸중을 하지 않게 됩니다. 그러니까 꾸중은 부모의 감정이 동요할 때, 특히 화나고 분노하는 감정이 일어날 때 표현되는 말입니다. 만일 부모의 화나는 감정이 섞이지 않은 채 자녀의 잘못된 행동을 부드럽게 지적한다면 이는 꾸중이 아니라 타이름, 충고, 또는 조언이라고 해야 맞습니다.

꾸중이기 위해서는 부모의 감정이 발언에 묻어나야 합니다. 따라서 꾸중에는 꾸짖는 부모(for parents)의 스트레스를 해소하는 기능도 담겨 있습니다. 즉, 꾸중하는 부모는 꾸중을 통해서 자녀의 잘못된 행동으로 인해 쌓인 스트레스를 말끔하게 털어 낼 수 있어야 합니다. 다만, 꾸중의 목적을 달성하면서 부모나 자녀에게 감정적인 앙금이 남지 않도록 뒷맛이 개운하게 꾸짖을 수 있어야 합니다. 혹시 이 말을 오해해서 감정적으로 반응하는 것이 무슨 올바른 꾸중이냐고 의문을 가질 분도 있을 것입니다. 그러나 여기서 말하는 감정이 섞인 반응은 '앞뒤 가리지 않고 자녀에게 화풀이 하라.'는 의미가 아닙니다. 자녀의 성장을 진지하게 고려하되 자녀의 잘못된 행동에 대해 느끼는 감정을 숨기지 말고 솔직하게 표현하라는 말입니다. 만일 이 감정을 꾹꾹 억누르고 메마른 꾸중을 하면 꾸중 자체가 어색해질 뿐 아니라 언젠가 억눌린 감정이 건잡을 수 없이 폭발함으로써 감당할 수 없는 상황이 펼쳐질 가능성이 높고, 만일 감정이 다 가라앉은 뒤 꾸중을 하면 이미 타이름으로 형태가 바뀌기 때문에 꾸중이라고 말하기 어렵게 되어 버립니다. 이런 꾸중을 어떻게 하냐고요? 뒤로 넘어가면서 차차 궁금증이 풀릴 겁니다.

꾸중은 인격이라는 주장이 있습니다(다카시마 유키히로, 조성구 역, 2000). 꾸중이 단순히 사람을 변화시키는 기술이 아니라 꾸중하는 사람의 인격을 나타낸다는 거지요. 따라서 꾸중이 자녀에게 미치는 영향력은 부모의 삶의 방식과 인격의 힘에 달려 있습니다. 부모가 자녀에게 효과적인 꾸중을 하려면 꾸중하는 기술뿐 아니라 자신의 인격 향상에도 관심을 가져야 할 것입니다.

02
부모들은 어떻게
꾸중하고 있을까요

어제는 동생이 받아쓰기 100점을 받아 왔다. 아빠는 잘했다고 동생이 좋아하는 만화책을 사 주셨다. 저녁 식탁에서도 동생에게만 맛있는 반찬을 먹으라고 하신다. 지난번 내가 받아쓰기 100점을 받아 왔을 때는 말로만 잘했다고 했는데……. 엄마와 아빠는 동생만 좋아하신다. 심부름시킬 때는 나만 시키고 동생은 어리다고 안 시키고, 동생이 맛있는 거 먹자고 하면 잘 사 주시고, 내가 사 달라고 하면 살 빼야 한다고 야단만 치시고……. 동생이 밉다. 엄마, 아빠도 밉다. (비교하는 꾸중)

어제 엄마한테 심하게 야단맞았다. 동생이 얄밉게 굴어서 한 대 때렸더니 큰 소리로 엉엉 울다가 엄마한테 들킨 거다. '별로 세게 때리지도 않았는데 엄살은…….' 근데 동생 조금 때렸다고 엄마는 내가 못된 놈이란다. '야! 네가 깡패냐? 왜 동생은 때리고 난리야? 저거 지 아빠 닮아서 저런가. 왜 저 모양일까!' '젠장, 두고 봐. 그 계집애(여동생) 그냥 안 둘 거야.' (과잉 대응하는 꾸중)

숙제 안 하고 TV만 본다고 어제 엄마한테 또 야단맞았다. 앞으로 또 숙제 안 하고 TV 보면 아예 TV를 치워 버리겠단다. 숙제를 안하고 TV를 본 건 잘못이지만, 그래도 '뮤직 뱅크'를 보지 않으면 애들과의 대화에 낄 수가 없어서 꼭 봐야 하는 건데, 사정도 모르고 야단만 치는 엄마가 야속하다. 뮤직 뱅크 다 보고 숙제를 해도 되는데……. (협박하는 꾸중)

아침에 학교에 가려고 하니 갑자기 배가 아파 왔다. 그래서 배가 아파서 학교에 가지 못하겠다고 했더니 옆에서 아버지가 "흥, 내가 네 속 빤히 들여다보고 있다. 너 학교 가기 싫어서 괜히 엄살하는 거지? 괜한 엄살떨지 말고 얼른 일어나 학교 가!" 헐……. 정말 배가 아픈 건데 아버지는 날 거짓말쟁이로 아시나 보다. 내 속을 알지도 못하면서 함부로 말하는 아버지가 싫다. (심리 분석하는 꾸중)

아빠가 외국 여행을 다녀오시면서 조각 맞추기 게임을 사 오셨다. 재미있을 거 같아 열심히 맞춰 보았는데도 조각이 잘 맞춰지지 않는다. 한참을 지켜보던 아빠가 "너는 제대로 하는 게 뭐냐? 장난감 하나 딱딱 맞추지 못하고……. 누굴 닮아 저렇게 한심한지…… 쯧쯧." 아빠는 장난으로 한 소린지 모르겠지만 이 말을 듣는 순간 가슴이 콱 막히는 거 같았다. 이렇게 조롱할 거면 차라리 장난감을 사다 주지나 말지. (조롱하는 꾸중)

나는 행동이 느린 편이다. 일부러 늦게 하려고 하는 건 아닌데 다른 아이들과 비교해 보면 내가 느리게 행동하는 게 맞는 거 같다. 집에서 아침밥을 먹을 때도 내가 제일 늦게 먹고, 가방을 챙길 때에도 시간이 많이 걸린다. 우리 엄마는 이렇게 느린 내 행동을 되게 싫어하신다. 어제도 학교 가려고 옷을 입고 있는데 엄마가 "아이고 이 굼벵이야! 빨리 좀 못해! 그러다 학교에 늦겠다. 아이고 속 터져!" 하고 짜증을 내셨다. 일부러 그러는 것도 아닌데

자녀와 쿨하게 소통하기

엄마한테 이렇게 야단을 맞으면 괜히 억울하다. (행동 특성에 대한 꾸중)

나는 정말 축구를 좋아한다. 친구들과 운동장에서 축구를 하는 게 너무 재미있다. TV에서 축구 경기하는 걸 보는 것도 좋아한다. 박지성이 나오는 유럽 축구는 정말 재미있다. 그런데 엄마는 축구를 좋아하는 내가 몹시 못마땅한가 보다. 축구를 할라치면 "축구에 열중할 시간 있으면 공부나 해!"라고 하면서 집 밖에 나가지도 못하게 한다. 자기 맘대로 하려는 엄마가 원망스럽다. (취미에 대한 꾸중)

학교에서 친구들과 사이좋게 지내지 않는다고 선생님에게 야단을 맞았다. 집에 돌아와 엄마한테 이 이야기를 했다가 혼이 났다. 엄마는 내 이야기를 다 듣지도 않고서 "넌 왜 친구들을 못살게 구니? 그러니까 선생님한테 혼이 나지. 다음부터는 그런 일 없도록 해!" 하고 꾸중을 하셨다. 어른들은 다 이런가 보다. 내 이야기는 끝까지 듣지도 않고 자기들 말만 한다. 엄마한테 위로를 받으려다 괜히 야단만 맞았다. (섣부른 꾸중)

오늘 엄마한테 말대꾸를 한다고 한참 야단을 맞았다. 엄마가 슈퍼에서 양파 좀 사 오라고 심부름을 시키기에, 왜 언니와 동생은 안 시키고 나만 시키냐고 대꾸했다가 야단을 맞은 것이다. 근데 엄마는 오늘 일뿐만 아니라 과거에 있었던 여러 가지 일을 들먹이면서 내가 말대꾸를 너무 많이 한다고 화를 내셨다. 그럼 그때 그때 야단을 치시지 왜 이렇게 몰아서 난리를 치는지 모르겠다. (타이밍 잃은 꾸중)

우리 엄마는 참 변덕이 심하다. 이랬다저랬다 도대체 갈피를 잡을 수 없을 때가 많다. 어제도 그렇다. 친구들과 어울려 놀다 보니 집에 좀 늦게 들어왔다. 그랬더니 엄마는 이렇게 늦게 집에 오려면 아예 집을 나가란다. 엄마 친구들이 우리 집에 와 노는 날이면 시간이 늦었는데도 나가서 놀다 오라고 하더니 어제는 늦게 들어온다고 꾸중을 했다. 변덕이 심한 엄마 눈치를 살피는 것도 피곤한 일이다. (일관성을 잃은 꾸중)

우리 엄마는 한 번 잔소리를 하면 끝이 없다. 그래서 잔소리는 그냥 잔소리로 듣고 만다. 어제도 야단을 치시는데, "너는 애가 왜 그러니? 말도 안 듣고, 시키는 일도 안 하고, 공부도 안 하고, 못된 짓만 골라서 하고, 도대체 뭐 하나 제대로 하는 게 없잖아!" 이렇게 말하시니 나보고 도대체 무얼 어떻게 하라는 건가? 엄마는 그냥 내가 하는 모든 게 못마땅한가 보다.

어떻게 하면 꾸중을 하고도
뒷맛이 개운할까요

꾸중은 날 선 칼과 같습니다. 잘 사용하면 자녀의 성장을 돕지만 잘 못하면 부모 자녀 사이에 돌이킬 수 없는 타격을 입힙니다. 그렇다면 어떻게 꾸중하는 게 좋을까요? 부모가 활용할 수 있는 몇 가지 지침을 살펴봅시다.

꾸중할 행동인지 아닌지 잘 판단해야 합니다. 전혀 꾸중할 일이 아닌데도 꾸중을 해서 낭패를 볼 때가 종종 있습니다. 꾸중을 해 봤자 달라질 수 없는 행동을 꾸중하는 경우가 그렇습니다. 자녀의 성격, 취미, 개성, 신체적 특성, 기호 이런 것들은 꾸중할 대상이 아닙니다. 자라는 아이들은 외모에 특히 신경을 많이 쓰는데 섣불리 외모를 상대로 꾸중을 해서는 안 됩니다. 자녀의 감정 반응이나 성격에 대해 이러쿵저러쿵하는 꾸중도 절대 해서는 안 될 것입니다.

꾸중에는 진정성이 담겨야 합니다. 부모는 자녀의 성장을 돕기 위하여 진지하고 순수하며 진정한 마음으로 꾸중을 해야 합니다. 꾸중의 강도가 심해도 그것이 정말로 자녀를 위한 것이라고 느끼면 꾸중에 대한 반발심이 별로 일어나지 않습니다. 흔히 꾸중을 하다 보면 감정이 올라가서 그야말로 자녀에 대한 배려는 없어지고 오로지 자기 화풀이하기에 바빠지는데, 이렇게 꾸중하면 반드시 자녀에게 상처를 남기게 됩니다.

꾸중을 할 때에도 인격을 존중해야 합니다. 꾸중은 자녀의 인격을 무시하고 자녀를 깔아뭉개기 위해 하는 것이 아닌데도 부모는 종종 이런 실수를 합니다. 아이에게 비아냥거리거나 조롱하는 말, 위협하는 말, 심리 분석하는 말을 사용하여 인신공격을 한다든가, 다른 아이와 비교하며 평가한다든가, 사람들 앞에서 공개적으로 망신을 주는 꾸중들은 모두 자녀의 인격을 짓밟는 험악한 짓입니다. 이렇게 하면 아이에게 반발심만 키워 줄 뿐입니다.

꾸중은 아이의 특성과 상태에 잘 맞춰서 해야 합니다. 꾸중하는 부모의 의도가 아무리 좋아도 꾸중을 듣는 자녀의 특성이나 기분 상태에 맞지 않은 꾸중을 하면 바람직한 효과를 얻기가 어렵습니다. 한 부모에게 태어나 유사한 환경에서 자란 형제도 성격이 다르고 꾸중에 대한 반응이 다릅니다. 이 개성을 무시하고 똑같은 방식으로 꾸중하면 효과를 얻기 어렵습니다. 따라서 부모는 평소 관찰을 통해 자녀의 성격과 특성을 잘 파악한 상태에서 자녀의 기분이나 심리 상태가 어떤지 잘 살피며 꾸중을 하는 것이 좋습니다.

꾸중은 적합성이 있어야 합니다. 그러니까 꾸중은 꾸중할 행동에 정확하게 초점을 맞춰야 합니다. 자녀가 잘못한 행동이 아닌데 꾸중을 듣게 되면 반성은커녕 꾸중하는 부모에게 원망하는 마

자녀와 쿨하게 소통하기

음만 품게 됩니다. 따라서 꾸중하기 전에 벌어진 사태에 대해 정확히 파악하고 자녀의 이야기를 충분히 들을 필요가 있습니다.

꾸중의 적합성을 확인하는 방법의 하나는 꾸중하는 이유를 대는 것입니다. 왜, 무엇 때문에 꾸중을 하는지 자녀에게 설명을 해 주는 거지요. 이렇게 하면 자녀는 자기가 왜 꾸중을 듣는지 명확하게 이해할 수 있을 뿐 아니라 만일 그 꾸중이 적합하지 않으면 부모에게 이의를 제기할 수 있습니다. 물론 꾸중하는 이유를 댈 때 부모는 자녀의 대꾸를 들을 준비가 되어 있어야 합니다. 그렇지 않다고 변명하는 아이를 윽박지르면 아이는 한층 더 부당하다는 느낌을 받은 채 입을 굳게 다물고 말 것입니다. 그리고 부모의 꾸중이 잘못된 것으로 판명되면 지체 없이 자녀에게 사과하는 것이 좋습니다.

 타이밍을 잘 맞춰야 꾸중의 효과가 높습니다. 보통 꾸중할 일이 생기면 시간을 미루지 말고 그 자리에서 바로 꾸중하는 것이 좋습니다. 시간을 뒤로 미뤄 꾸중을 하면 그 사이에 여러 가지 사건이 일어날 수 있기 때문에 꾸중의 생생한 효과가 떨어질 가능성이 높습니다. 다만, 자녀의 행동에 화가 너무 많이 난다면 흥분이 가라앉을 때까지 잠시 기다리는 것이 좋습니다. 이럴 때는 우선 시간을 들여 마음을 가라앉히는 것이 상책입니다. 꾸중할 내용에 대해서도 지금-여기의 자세를 유지하는 것이 좋습니다. 꾸중하다 보면 현재 자녀가 잘못한 행동에 머무르지 않고 그전에 잘못했던 일까지 들추어내 혼을 내는 경우가 많은데 이렇게 해서는 효과를 얻기가 어렵습니다. 한 번 잘못된 행동은 한 번의 꾸중으로 끝내는 것이 바람직합니다.

꾸중에 일관성이 있어야 합니다. 같은 행동에 대해서는 같은 꾸중을 하라는 것입니다. 꾸중의 내용과 꾸중하는 강도 모두에 일관성을 갖추는 게 좋습니다. 만일 같은 행동에 대하여 어떤 때는 꾸중을 하고 어떤 때는 무시를 하거나 또는 형에게는 꾸중을 하고 동생에게는 그냥 넘어간다면 아이는 혼란을 느끼고 부모의 진심을 의심하게 됩니다. 아울러 같은 행동에 대한 꾸중의 강도가 세졌다 약해졌다 하며 때마다 달라지면 이 역시 자녀를 혼란하게 만들 수 있습니다. 이런 점에서 꾸중할 수 있는 사람들, 즉 엄마, 아빠, 할머니, 할아버지 등 가족 구성원끼리 자녀를 꾸중할 내용과 강도에 대해 통일된 기준을 갖는 일도 중요합니다.

꾸중은 간결하게 이루어져야 합니다. 꾸중은 일종의 벌입니다. 따라서 꾸중하는 말이 길고 복잡해지면 짜증스러워집니다. 아이들로부터 '아이고, 또 저 잔소리!'라는 반응이 나오면 꾸중이 효과를 낼 수가 없습니다. 따라서 꾸중은 짧고 분명해야 합니다. 특히 어린 자녀에게 하는 꾸중은 알아듣기 쉽고 명확하며 구체적이어야 합니다(김원중, 1999).

한 번에 한 가지만 꾸중하는 것도 중요합니다. 한꺼번에 여러 가지를 꾸중하면 아이는 그중 어느 것에 초점을 맞춰야 할지 혼동합니다. 따라서 꾸중거리를 쌓아 두지 말고 그때 그때 적절히 지적해 주는 것이 좋습니다.

꾸중을 할 때 감정을 조절해야 합니다. 앞에서 꾸중에는 감정이 섞여 있다고 했습니다만, 그렇다고 부모가 느끼는 감정을 있는 그대로 마구 쏟아 내서는 곤란합니다. 따라서 중요한 것은 꾸중을 하면서 부모의 감정을 어떻게 표현할 것인가 하는 문제입니다. 꾸중을 하려고 할 때 일어나는 감정을 자녀를 위하여 쓰려고 한다면 먼저 그 감정의 내용이 무엇인지 분명하게 알아차려야 합니다. 자녀의 잘못된 행동에 대하여 일어나는 감정이 짜증인지, 분노인지, 걱정인지, 안타까움인지, 슬픔인지 명확하게 알아차리는 것이지요. 아울러 알아차린 감정을 숨기지 말고 솔직하게 표현하되, 자녀가 감당할 수 있도록 수위를 조절하는 것이 좋습니다. 지나치게 강렬한 감정 표현은 자녀를 압도함으로써 공포심을 일으킬 수도 있습니다.

꾸중을 할 때 대안을 제시합니다. 꾸중의 목적은 잘못된 행동을 고치고 대신 바람직한 행동을 하도록 이끄는 데 있습니다. 따라서 앞으로 꾸중을 듣지 않기 위해서 해야 할 바람직한 행동에 대한 안내가 꾸중에 담겨 있어야 합니다. 대안은 '하지 말라'가 아니라 '이렇게 하라'는 식으로 제시되는 것이 좋습니다. 금지하는 말보다 바람직한 행동을 격려하는 말이 좋다는 뜻입니다. 부모가 제시한 대안에 따라 자녀가 바람직한 행동을 하면 기회를 놓치지 말고 칭찬을 해 주어야겠지요.

04

자, 그럼 뒷맛이 개운한
꾸중법을 연습해 볼까요

꾸중하는 과정은 크게 네 단계로 나눌 수 있습니다. '자녀의 행동 관찰하기' '꾸중거리 확인하기' '꾸중하기' '꾸중에서 칭찬으로'가 그것입니다. 이 중에서 실제 꾸중을 어떻게 하는지에 대하여 살펴봅시다. 꾸중을 할 때는 감정을 표현하는 일, 잘못된 행동을 지적하는 일, 그리고 바람직한 대안적 행동을 제시하는 일의 세 가지 요소를 잘 결합시키는 것이 좋습니다. 이해를 돕기 위해 조금 더 설명해 보겠습니다.

첫째, 감정을 표현하는 일입니다. 아이의 잘못된 행동을 보고 느낀 감정을 가능하면 숨김없이 솔직하게 표현하도록 합니다. 감정 표현을 할 때는 '나'를 주어(I-message)로 하여 표현하는데요. "내가 짜증난다." "나는 지금 화가 나서 미칠 지경이다." "엄마는 지금 실망이 크단다." "내 마음이 참으로 안타깝다." "참 슬프구나." "정말 원망스럽구나." "내 가슴이 왜 이렇게 답답한지 모르겠다." "너를 아주 크게 혼내고 싶은 기분이야." 등과 같은 표현처럼 지금 나의 심정이 어떠함을 말해 주는 것입니다.

감정 표현을 할 때 아이가 감당할 수 있을 정도로 표현의 수준을 조절할 필요가 있습니다. 아이가 감당할 수 없을 정도로 큰 감정을 쏟아 내면 충격을 받을 수도 있으므로 이를 조절하라는 것입니다. 하지만 감

자녀와 쿨하게 소통하기

정을 억지로 억압할 필요는 없습니다. 부모의 꾸중이 진정 아이를 위한 것일진대 아이의 잘못된 행동에 대한 부모의 솔직한 느낌 표현을 아이는 순수하게 받아들일 것입니다.

둘째, 잘못된 행동을 지적하는 일입니다. 이 지적은 대개 부모의 감정이 일어나게 만든 원인 행동에 초점을 맞추게 됩니다. "네 방을 치우라는데 청소는 하지 않고 빈둥거리고 있는 걸 보고 있으려니" "네가 동생을 때리는 것을 보니" "공부를 소홀히 해서 너의 성적이 많이 떨어진 결과에 대해" "엄마한테 꼬박꼬박 말대꾸하는 것을 듣고 있자니" "숙제를 건성건성 하는 것을 보니" "네가 학용품을 함부로 다루는 것 같아서" "욕설을 많이 하는 너의 행동 때문에" 등 아이의 잘못된 행동을 지적하는 것입니다. 대개 이 표현은 '너(you)'라는 주어와 '~하는' 행동 술어가 결합되어 있습니다(do language). 흔히 꾸중을 할 때 사람들은 '너'라는 주어와 '~이다'는 술어를 함께 씁니다(be language). "너는 참 못돼먹었다." "너는 바보, 멍청이다." "너는 게으름뱅이다." "너는 욕심쟁이다."라는 식의 평가적 표현이 바로 그것인데, 이렇게 자녀의 성격이나 특성을 내리깎아 평하는 말은 좋은 효과를 가져올 수 없습니다. 따라서 아이의 잘못된 행동을 지적할 때 be language가 아니라 do language, 평가적 꾸중이 아니라 기술적/묘사적 꾸중을 사용하도록 합니다.

셋째, 바람직한 대안적 행동을 제시합니다. 꾸중하는 말에는 잘못된 어떤 행동을 하지 말라는 뜻이 들어 있지만 아울러 정상적인 행동, 적웅적인 행동을 하라는 주문도 함께 포함되어 있습니다. "네가 동생을 자꾸 때리니까 엄마가 화가 많이 나."라는 표현은 앞으로 동생을 때리지 말라는 말로서 잘못된 행동을 지적하고 있습니다.

하지만 잘못된 행동을 지적하는 데서 그치지 않고 대안적 행동을 드러내어 분명히 말해 주면 아이는 자신이 해야 할 행동을 보다 선명하게 이해할 수 있습니다. "네가 동생을 자꾸 때리니까 엄마가 화가 많이 나. 앞으로는 동생하고 사이좋게 놀면 좋겠어."라는 말에는 부모가 바라는 행동이 명확하게 표현되어 있습니다.

이제까지 말한 세 가지 요소를 모두 연결하여 꾸중하는 연습을 해 봅시다.

틈만 나면 게임만 하려고 하는 아이

경희야, 네가 시간 날 때마다 게임에 매달리니까 게임 중독이 될까 봐 엄마가 신경이 많이 쓰여. 게임 대신에 네가 즐길 수 있는 다른 놀이를 찾아보도록 하렴!

짜증을 자주 내는 아이

철수야, 네가 그렇게 짜증을 낼 때마다 엄마도 짜증이 나고 또 네가 다른 사람들 앞에서도 그럴까 봐 걱정이 많이 돼. 다음부터는 짜증을 내기 전에 그걸 좋게 표현하는 방법이 있을지 미리 한 번 생각해 보고 말하면 좋겠어.

쓰레기 함부로 버리는 아이

재식아, 네가 쓰레기를 아무데나 버리는 걸 볼 때마다 너를 혼내 주고 싶은 생각이 들어. 다음부터는 쓰레기를 꼭 쓰레기통에 버리도록 해라.

밤늦게까지 TV 앞에서 떠나지 않는 아이

영철아, 네가 너무 오랫동안 TV 앞에 앉아 있는 걸 보면 아빠는 분통이 터져. 앞으로는 시간을 정해 놓고 TV를 봐라. 그래, 몇 시까지 TV를 볼 건지 아빠와 시간 약속을 정하자.

욕설하는 아이

창수야, 네가 친구들과 함께 욕하는 소리를 들으면 엄마는 소름이 끼친다. 어쩜 그렇게 잔인하게 욕을 하니? 좀 불만이 있더라도 듣기 좋게 말하도록 하려무나!

🥕 칭찬이 아이들 성장에 정말 도움이 되나요

칭찬을 하면 귀신도 웃는다는 속담이 있을 정도로 사람들은 칭찬을 좋아합니다. 칭찬을 받으면 마음이 밝아지고 즐거워지기 때문입니다. 정말 칭찬은 고래도 춤추게 하는 힘을 가지고 있습니다. 칭찬이 이런 효과를 갖는 데는 특별한 이유가 있습니다. 존 듀이는 중요한 인물이 되고 싶다는 욕망은 인간의 가장 뿌리 깊은 욕구라고 말한 바 있고, 윌

리엄 제임스는 인간성의 바탕에 상대방에게 인정받고 싶은 기대감이 있다고 언급한 바 있으며, 매슬로는 자존욕구를 인간이 충족시켜야 할 기본 욕구에 포함시키고 있습니다(이성진, 1996). 메리케이 화장품의 창업자인 메리케이 애쉬는 심지어 "돈과 섹스보다 사람들이 더 원하는 것이 두 가지 있다. 그것은 바로 공식적인 격려와 칭찬"이라고 말하고 있습니다(밥 넬슨, 정해균 역, 2004).

칭찬은 이렇게 다른 사람들로부터 인정받고 싶은 욕구, 존중받고 싶은 욕구, 사랑받고 싶은 욕구를 채워 주는 중요한 수단입니다. 칭찬을 통해 다른 사람들로부터 얻는 긍정적 어루만짐은 삶에 의미를 부여하고 삶을 활기차게 만드는 원동력으로 작용하기 때문입니다.

칭찬은 자아의식이 발달해 가는 아동에게 특별한 의미가 있습니다. 칭찬은 인정받고 싶은 기본 욕구를 충족시켜 기분을 좋게 만들고 긍정적인 자아개념을 형성하는 토대가 될 뿐 아니라 사회적으로 바람직한 언행이 어떤 것인지 판단하는 준거로 활용할 수 있습니다. 또한 아동의 가치관 형성 및 도덕 발달에 도움을 주기도 하고, 학업 성적에도 영향을 미칩니다. 칭찬받는 일은 계속하려고 하고 칭찬받지 못하는 일은 이내 중지하거나 감소시키는 아동의 행동을 보면 칭찬이 아동의 행동을 관리하는 수단으로도 매우 높은 가치를 가지고 있음을 알 수 있습니다. 따라서 자녀 양육의 책임을 맡고 있는 부모는 칭찬에 대해 상당한 지식을 갖출 필요가 있습니다. 자녀의 기본 욕구를 충족시키고 바람직한 방향으로 성장시키는 방법으로서, 그리고 아이의 행동을 관리하는 방법으로서 칭찬을 적절히 활용할 수 있다면 그만큼 교육적 효과는 커질 것입니다.

사전에서는 칭찬을 "잘 한다고 추어 주거나 좋은 점을 들어 기림"이라고 정의하고 있습니다. 이 정의에서 세 가지 요소를 주목할 필요가 있습니다. '잘 한다' '좋은 점' '추어 주거나 기림'입니다. '잘 한다'는 말은 행동, 행위를 지칭합니다. 그러니까 상대방이 '하는' 언행 중에서 잘된 점, 좋다고 할 수 있는 점에 초점을 두는 것이지요. 발표를 잘 한다거나 축구를 잘 한다는 표현이 이에 속할 것입니다. '좋은 점'은 상대방이 하나의 존재로서 가지고 있는 특성을 지칭합니다. 상대방이 사람으로서 갖추고 있는 장점, 강점, 좋은 점에 초점을 두는 것이지요. 외모가 잘 생겼다, 착하다, 성격이 좋다는 표현이 이에 속할 것입니다. '추어 주거나 기림'은 상대방을 잘 관찰하여 잘한 행동, 좋은 특성을 찾아내고 이를 드러내어 높여 줌을 뜻합니다. 그러니까 칭찬은 상대방이 갖추고 있는 존재로서의 특성과 행동으로서의 특성을 드러내어 높여 주는 말이라고 할 수 있습니다.

앞에서 칭찬은 잘한 행동과 좋은 특성을 추어 주거나 기리는 것이라고 풀이하였습니다. 그런데 여기서 잘한 행동과 좋은 특성은 구체적으로 무엇을 지칭하는 것일까요? 혹자는 누가 보아도 잘한 행동과 좋은 특성은 따로 있다고 말할지 모르겠습니다. 하지만 세상의 모든 사람이 보편타당하다고 여기는 잘한 행동과 좋은 특성은 존재하지 않습니다. 보는 사람에 따라서 또는 상황과 장면에 따라서 어떤 행동과 특성에 대한 평가는 달라질 수밖에 없습니다. 전교 1등이라는 성적이 모든 사람에게 잘한 행동으로 평가되지는 않습니다. 학부모는 자녀의 이 성적이 좋은 것이라고 생각할지 몰라도 스트레스를 전공하는 상담자는 걱정거리라고 여길 수 있고, 어떤 사람의 눈에는 잘 생긴 외모가 다른 사람의 눈에는 느끼한 외모라고 평가될 수도 있습니다. 사람의 잘한 행동과 좋은 특성은 보는 사람 또는 칭찬하는 사람에게 달려 있는 셈입니다. 다시 말하면 칭찬의 내용은 칭찬하는 사람에 의해 창조되는 것입니다. 부모는 이 점을 분명하게 인식해야 합니다. 자녀에 대한 칭찬거리가 객관적으로 존재하는 것이 아니라 부모의 시각과 해석에 의해 창조되는 것이 분명하다면 칭찬거리를 찾아내서 적절한 방법으로 표현할 수 있는 부모의 능력은 매우 중요합니다. "쟤는 아무리 칭찬하려고 해도 칭찬할 거리가 없다."는 말은 좋은 부모가 할 말이 결코 아닙니다.

칭찬의 내용이 부모에 의해 창조될 수 있는 것이라면 칭찬을 하는 부모의 목적 내지는 의도가 중요한 의미를 갖습니다. 칭찬의 목적이 무엇이냐에 따라 칭찬할 내용이라든가 칭찬의 방법이 달라질 수 있기 때문이지요. 칭찬의 목적은 기본적으로 자녀의 성장에 필요한 긍정적 어루만짐을 제공하는 데 있습니다. 칭찬을 받음으로써 자녀는 자신이 상당히 괜찮은 사람이라는 인식을 갖게 되거나 자신의 행동이 부모에게 인정을 받는다는 즐거움을 맛볼 수 있습니다. 부모의 칭찬은 이처럼 순수하게 아동에게 만족감을 주고 성장을 촉진하는 자극제로 주어져야 합니다.

부모의 칭찬이 자녀에게 미치는 영향력을 고려할 때 부모가 활용할 수 있는 칭찬의 개념 또는 범위를 다소 확장하는 것이 바람직합니다. 아이의 행동과 특성을 인정하고 격려하는 부모의 언행을 칭찬에 포함시키자는 것입니다. 앞서 칭찬의 개념에서 '추어 주거나 기리는' 행동은 칭찬거리를 콕 짚어 내어 드러낸다는 의미가 함축되어 있습니다. 하지만 칭찬거리를 정확하게 짚어 내지 않은 채 자녀의 존재와 행동을 인정하고 승인하는 부모의 말과 태도, 또는 따스한 눈길, 고개 끄덕임, 작은 몸동작 등 부모가 은근하게 표현하는 인정, 승인, 격려 행동 역시 칭찬과 동일한 효과를 발휘하기 때문입니다.

🥕 어떻게 해야 알찬 칭찬이 될 수 있을까요

칭찬이 좋다고 해서 모든 칭찬이 효과가 있는 것은 아닙니다. 무엇을 어떻게 칭찬하는가에 따라 칭찬의 효과는 달라집니다. 따라서 자녀를 알차게 칭찬하기 원한다면 칭찬의 원리를 잘 이해하고 그 원리를 제대로 따를 필요가 있습니다. 알차게 칭찬하는 원리에 대해 하나하나 알아봅시다.

첫째, 칭찬은 아이의 개성에 맞는 것이어야 합니다. 따라서 자녀의 특성이나 발달 수준에 맞추어 칭찬의 내용과 방법이 조절되어야 합니다. 성격이 소극적이고 위축되어 있는 아이에게는 칭찬을 자주, 많이 해 주고, 활발하고 적극적인 아이에게는 화끈하고 충분하게 칭찬하며, 성적이 우수한 아동에게는 칭찬의 기준을 높이고, 성적이 낮은 아이에게는 자신감과 의욕을 북돋워 주는 사소한 칭찬을 꾸준하게 하는 것이 좋습니다. 저학년인 1, 2학년 자녀들에게는 쉬운 말로 구체적인 행위를 칭찬하고, 3, 4학년 자녀들에게는 납득할 수 있는 설명과 이유를 들어 칭찬하며, 고학년에 속하는 5, 6학년 자녀에게는 칭찬을 남발하지 않는 대신 감동을 주거나 장래와 관련된 말로 칭찬하는 것이 바람직합니다(김도석, 2000).

둘째, 평가적 칭찬보다 묘사적/해설적 칭찬이 바람직합니다. 하임 G. 기너트와 동료들은(신홍민 역, 2003) 학생의 전반적 성격 특성을 칭찬하는 평가적 칭찬과 칭찬받을 만한 행동을 사실적으로 기술하는 묘사적/해설적 칭찬을 구분하고 가능한 한 평가적 칭찬을 하지 말고 묘사적/해설적 칭찬을 하라고 권고한 적이 있습니다. 평가를 동반한 칭찬은 불안을 낳고, 의뢰심을 초래하며, 학생을 방어적이게 만듭니다. 예를 들어, '착하다' '예쁘다'라는 평가적 칭찬보다 '심부름을 했네.' '숙제를 잘 해 왔군.'이라는 묘사적 칭찬을 하는 것입니다. 얼마 전 교육방송에서 평가적 칭찬을 들은 학생들은 묘사적 칭찬을 들은 아이들에 비해 내용 집중도가 떨어질 뿐 아니라 심리적으로도 불안하다는 실험 결과가 있습니다. 이는 평가적 칭찬의 위험성을 잘 지적하고 있습니다.

셋째, 칭찬은 일관성 있게 해야 효과가 좋습니다. 동일한 행동에 동일한 칭찬을 하라는 것입니다. 여기에는 아이가 칭찬받는 내용의 일관성, 칭찬하는 강도의 일관성이 모두 포함됩니다. 만약 동일한 행동에 대하여 어떤 때는 칭찬을 하고 어떤 때는 벌을 주거나 또는 형에게는 칭찬을 하고 동생에게는 벌을 준다면 자녀는 혼란을 느끼게 됩니다. 아울러 동일한 행동에 대한 칭찬의 강도가 강해졌다 약해졌다 하며 때마다 달라지면 이 역시 자녀를 혼란시킬 수 있습니다.

넷째, 칭찬은 충분하게 해 주어야 합니다. 일단 칭찬하기로 마음먹었다면 자녀가 만족스럽다고 느낄 만큼 아낌없이 충분하게 칭찬하는 게 좋습니다. 칭찬을 하기는 하는데 그 양이나 강도에 있어서 어딘가 부족하다는 느낌이 들면 칭찬의 효과는 떨어집니다. 하지만 칭찬의 양을 충분히 하는 것과 칭찬을 남발하는 것은 다릅니다. 칭찬의 양을 충분히 한다는 것은 칭찬하려고 정한 특성이나 행동에 대해 아낌없이 칭찬한다는 뜻이고, 칭찬의 남발은 초점이 없이 아무 때나 칭찬을 한다는 뜻입니다. 뚜렷한 초점이나 목표 없이 칭찬을 남발하게 되면 일종의 자극 포만이 생겨서 칭찬의 가치와 효과가 현격히 떨어집니다.

다섯째, 칭찬도 타이밍이 잘 맞아야 합니다. 칭찬의 효과는 칭찬받을 일과 칭찬 사이의 시간 지연에 따라 달라지기도 합니다. 일반적으로 칭찬은 칭찬할 내용이 발생한 직후에 해 주는 것이 가장 효과가 큽니다. 따라서 칭찬의 효과를 극대화하려면 칭찬거리가 일어난 직후에 바로 칭찬해 주는 것이 좋습니다. 그러나 자녀의 특성에 따라서 칭찬의 시기를 달리 할 수도 있습니다. 자신감이 부족하고 미성숙한 아이일수록 즉각 칭찬하는 것이 좋고, 성숙한 아이일수록 칭찬을 늦게 주는 것이 바람직하다는 주장도 있습니다.

여섯째, 아이를 위하는 진정한 마음으로 칭찬을 해야 합니다. 칭찬하는 부모의 태도와 자세가 칭찬의 효과에 크게 영향을 줄 것이라는 점은 의심할 바 없습니다. 건성으로 하는 칭찬은 아이들이 먼저 알아차립니다. 따라서 자녀의 만족과 성장을 돕기 위하여 진지하고 순수하며 진정한 마음으로 칭찬을 해야 합니다. 진정성은 온 정성을 쏟아 자녀에게 관심을 기울이는 성실성, 자녀와 대화를 하며 느끼는 내면의 느낌과 외부 표현을 일치시키는 일치성, 자녀에 대해 신뢰감을 갖는 신뢰성을 포함하는데, 칭찬을 할 때 부모가 이런 자세를 유지하면 그만큼 좋은 효과가 나타날 것입니다.

일곱째, 칭찬은 가능하면 구체적이어야 합니다. 앞에서 칭찬을 평가적 칭찬과 묘사적/해설적 칭찬으로 나누고 묘사적/해설적 칭찬의 사용을 권장한 바 있습니다. 묘사적/해설적 칭찬을 잘 하려면 칭찬할 자녀의 행동을 구체화해야 합니다. 칭찬할 행동을 구체화하려면 자녀를 잘 관찰하여 행동을 정확하게 읽어 낼 수 있어야겠지요. 칭찬할 만한 가치가 있는 행동은 어떤 것인지, 드러낼 필요가 있는 좋은 특성은 어떤 것인지 항상 관심을 기울이면서 관찰해야 합니다. 세심한 관찰을 통해 칭찬거리가 명확해지면 구체화된 칭찬으로 이를 표현할 수 있습니다. "그림을 잘 그리는구나."보다는 "구상을 잘 했구나." "색칠을 잘 했구나." "주인공이 살아나고 있어."라는 표현, "글씨를 잘 쓰는구나."보다는 "띄어쓰기가 잘 되었구나." "글자 크기가 모두 비슷하여 보기 좋구나." "글자가 참 예뻐 보이는구나."라는 표현, "참 부지런해."보다는 "학용품 정리를 잘 했구나."라는 표현이 훨씬 더 구체적인 칭찬이라고 할 수 있습니다.

자녀와 쿨하게 소통하기

여덟째, 칭찬에 창의성이 반영되어야 합니다. 칭찬거리는 객관적으로 거기 있는 것이 아니라 칭찬하는 사람이 찾아내는 것입니다. 세상에는 많은 사람이 인정하는 좋은 특성, 잘한 행동이 있기는 하지만 그것이 우리가 칭찬해야 할 내용의 전부는 아닙니다. 칭찬거리는 칭찬하는 사람이 어떻게 그것을 찾아내느냐에 따라 달라지는데, 여기에 요청되는 것이 창의성입니다. 창의성이 뛰어난 사람은 자녀에게서 쉽게 드러나지 않는 숨어 있는 가능성을 찾아내거나 자녀의 특성이나 행동을 전혀 새롭게 해석할 수 있는 틀을 발견합니다. 칭찬에 이런 창의성이 적용되면 더할 나위 없이 좋은 칭찬을 할 수 있습니다. 다만, 이런 창의성은 훈련과 연습에 의해서 계발될 수 있다는 점을 명심해야 합니다. 창의적으로 생각해 보면 야단거리도 얼마든지 칭찬거리로 바꿀 수 있습니다. 몇 가지 사례를 살펴볼까요.

🌽 어른들의 말을 잘 듣지 않고 자기 고집을 세운다.
　　　권위에 쉽게 물러서지 않고 자기주장이 철저하다.

🌽 공격성이 높고 다른 아이들을 괴롭힌다.
　　　삶의 에너지가 넘쳐 흐른다.

🌽 요리조리 핑계를 많이 댄다.
　　　머리를 써서 다양한 아이디어를 짜낼 줄 안다.

🥕 자, 그럼 알차게 칭찬하는 법을 알아봅시다

여기서는 칭찬하는 방법을 크게 네 가지로 나누겠습니다. 칭찬에 대한 준비, 관찰하기, 칭찬거리 찾기, 칭찬하기입니다.

칭찬에 대한 준비

모든 일이 그렇지만 칭찬 역시 사전 준비가 튼튼해야 다음 과정이 순조롭게 진행될 수 있습니다. 칭찬을 위한 사전 준비는 부모가 자녀에 대해 갖는 마음가짐과 태도를 말합니다. 앞의 진정성의 원리에서 말한 대로 부모는 순수하게 자녀의 만족과 성장을 위해 칭찬하려는 마음가짐을 가져야 합니다. 아울러 자녀의 심리 상태를 잘 알아야 하고 경청하고 공감하는 능력을 키워야 하며, 유머와 칭찬을 습관화하는 것이 좋습니다.

관찰하기

이제 자녀를 관찰할 차례입니다. 칭찬은 주의 깊고 사려 깊은 관찰에서 나옵니다. 관찰을 잘 하려면 우선 자녀들의 특성과 행동을 세심하게 살펴야 합니다. 그리하여 자녀들의 강점과 약점을 자세하게 파악할 필요가 있습니다. 자녀의 특성은 크게 신체적, 행동적, 지적, 정서적, 성격적, 사회적 특성 등으로 나눌 수 있고, 행동은 학습행동, 친교행동, 예절행동, 놀이행동, 협동행동 등으로 나눌 수 있습니다. 이 특성과 행동은 더 미세한 부분으로 나눌 수 있습니다. 예를 들어, 신체적 특성은 얼굴 생김새, 키, 몸무게, 신체 비율 등으로, 학습행동은 학습 준비물 챙기기, 숙제하기, 과제 해결력, 학습 의욕과 학습 태도 등으로 나눌 수 있습니다. 이 단계까지 내려오면 관찰할 내용이 너무 많은 것 같지만 초등학교에서 자녀와 함께 생활하다 보면 곧 익숙해질 수 있습니다.

자녀가 진심으로 듣고 싶어 하는 말, 진정으로 원하는 것이 무엇인지 알아내는 것도 중요합니다. 바로 이 부분이 칭찬의 표적이 될 수 있기 때문입니다. 이를 알아내려면 자녀를 자주 바라보고 아이가 날마다 어떤 생각을 하고 있는지 어떤 말을 듣고 싶어 하는지 깊이 생각해야 합니다. 아울러 자녀의 관심사를 화제로 삼아 대화하는 것도 좋은 방법입니다. 이때 자녀의 말을 주의 깊게 듣고 자녀가 자신을 자랑하도록 유도할 수 있지요. 필요하면 자녀가 쉽게 답할 수 있는 질문을 할 수도 있습니다.

칭찬거리 찾기

앞의 두 단계를 거치면 대개 자녀를 칭찬할거리가 생기게 됩니다. 대부분의 자녀는 한 가지 이상의 장점이나 강점을 가지고 있습니다. 따라서 부모는 일단 두드러지게 표현되는 자녀의 좋은 특성이나 잘한 행동에 초점을 맞춰 칭찬거리를 만듭니다. 이 칭찬거리는 드러난 것을 인정하는 것이므로 찾아내기가 그리 어렵지 않습니다.

문제는 칭찬거리가 쉽게 발견되지 않을 때입니다. 이런 경우에는 세 가지 방법을 적용해 볼 수 있습니다.

첫째, 자녀에 대해 잘못된 선입견을 가지고 있는지 자신의 내면을 살핍니다. 부모의 개인적 문제나 한계로 인해 자녀의 장점을 있는 그대로 보지 못할 수도 있기 때문입니다. 공연히 아이가 밉다거나 아이의 행동 하나하나가 마음에 들지 않는다면 우선 부모 자신의 마음 상태를 바꾸어야 합니다.

둘째, 자녀의 특성과 행동에 긍정적인 의미를 부여합니다. 무심코 지나칠 수 있는 자녀의 평범한 특성이나 행동에 의미를 부여하고 이를 추어 줍니다. 자녀가 식탁에 앉아 밥을 잘 먹으면 이를 당연하게 여기지 말고 "○○이가 식탁에 바른 자세로 앉아 밥을 먹고 있네. 보기 좋은데~"라고 칭찬할 수 있습니다. 사람들은 흔히 정상적이고 적응적인 행동에 대해서는 별 주의를 기울이지 않다가 문제가 발생하면 호들갑을 떨며 관심을 보이는 경향이 있습니다. 이렇게 되면 정상적이고 적응적인 행동은 그에 합당한 강화를 받지 못하는 셈이 됩니다. 부모는 이러한 강화의 방향을 바꾸어야 합니다. 자녀들의 평범한 그러나 적응적인 행동에는 적극 관심을 기울여 칭찬을 해 주고(적극적 방법) 잘못된 행동에 대해서는 별 관심을 보이지 않는 것(소극적 방법)이 바람직합니다. 자녀의 평범한 특성이나 행동에서 칭찬거리를 찾겠다고 태도를 바꾸면 칭찬할 내용은 엄청나게 불어날 것입니다. 셋째, 문제가 되는 자녀의 특성이나 행동을 새롭게 해석하여 긍정적 의미를 부여하는 방법입니다. 앞에서 예로 든 야단거리를 칭찬거리로 바꾸는 방법이 이에 속합니다.

자녀와 쿨하게 소통하기

칭찬하기

그러면 구체적으로 어떻게 칭찬을 할까요? 칭찬을 표현하는 방법은 크게 언어적 칭찬, 비언어적 칭찬, 강화물 칭찬으로 나눌 수 있습니다. 각각의 경우를 나누어 생각해 봅시다.

첫째, 언어적 칭찬입니다. 이것은 자녀의 좋은 특성과 잘한 행동이 무엇인지 가능한 한 구체적인 말과 글로 표현하되 짧고 간결하면서도 애정이 담겨 있어야 합니다. 때로는 자녀의 특성과 행동이 부모에게 미친 영향을 표현해 줄 수도 있습니다. 명확하게 말로 인정해 주는 언어적 칭찬은 두 가지 입장에서 기술할 수 있는데요, '나(I)'를 주어로 한 칭찬과 '너(you)'를 주어로 한 칭찬이 그것입니다. '너'를 주어로 기술하는 말은 자녀의 특성이나 행위를 직접 칭찬하는 것으로서 "오늘은 숙제를 아주 잘 했네." "마음씨가 참 곱구나." "정말 친절하네." 같은 표현이 이에 속하고, '나'를 주어로 기술하는 칭찬은 자녀의 특성이나 행위가 '나'에게 미치는 영향을 칭찬하는 것으로서 "너와 같이 있으면 엄마도 기분이 좋아." "네가 이번에 열심히 도와줘서 큰 도움이 되었어."와 같은 표현이 이에 속합니다.

칭찬의 말은 가능하면 짧고 간결하게 하는 게 좋습니다. 지나치게 칭찬의 말을 늘어뜨리면 자칫 쑥스러워지고 상황이 어색해질 수 있기 때문이지요. 자녀에게 해 줄 수 있는 짧은 칭찬의 말을 예로 들어 봅시다.

💛 철수가 심부름을 해 주니까 참 좋구나.

💛 와! 방 청소를 얼마나 잘 했는지 방이 아니라 궁전에 들어온 것 같은데!

💛 엄마도 미처 생각하지 못한 아주 좋은 방법으로 문제를 해결했구나!

💛 네가 엄마 딸이라는 게 참 자랑스러워!

💛 네가 웃는 것을 보면 아빠도 너무 즐거워!

아울러 칭찬의 말에는 애정이 담겨 있어야 합니다. 애정이 담긴 부모의 말은 비록 평범할지라도 자녀를 격려하고 기분을 밝게 하는 효과가 있습니다. "기분 좋아 보이는 걸." "잘 하고 있지?" "기분이 어때?" "고마워!"처럼 자녀에게 관심을 표현하는 부모의 짧은 인사도 자녀의 마음을 사로잡는 훌륭한 칭찬의 말이 될 수 있습니다.

언어적 칭찬은 당사자만 알아들을 수 있는 비밀스런 칭찬, 다른 자녀들 앞에서 하는 칭찬, 공개된 자리에서 특별히 하는 칭찬으로 나눌 수 있는데 다른 자녀들 앞에서 또는 공개된 자리에서 칭찬하는 것이 효과가 큽니다. 하지만 부모와 자녀 사이에 특별한 관계를 설정하고 둘 만이 아는 비밀스러운 신호를 정해 칭찬을 주고받는 것도 자녀에게는 남다른 의미가 있습니다. 간혹 칭찬을 하면서 꼬리말을 다는 경우가 있는데 이는 별로 좋은 방법이 아닙니다. "그래, 영호는 공부는 잘 하는데 앞으로 운동도 공부만큼 잘 했으면 좋겠어."라고 칭찬하면 영호는 이 말을 칭찬으로 받아들이지 않을 가능성이 있습니다. 칭찬은 칭찬으로 끝내는 것이 좋습니다. 칭찬의 말이 의도된 행동으로 이끌려는 강압의 수단으로 사용되면 그 효과는 반감되기 마련입니다.

둘째 비언어적 칭찬입니다. 칭찬은 입으로만 하는 것이 아닙니다.

입으로 칭찬을 안 하더라도 웃으면서 잘했다고 고개를 끄덕이면 말로 하는 것만큼 효과가 있습니다. 때로는 악수나 어깨를 두드리는 몸짓으로 칭찬할 수도 있습니다. 이처럼 칭찬은 신체적 접촉과 몸짓 같은 비언어적 표현으로 이루어질 수도 있습니다.

칭찬에 흔히 활용되는 비언어적 표현에는 머리 쓰다듬기, 어깨 두드리거나 살짝 잡아 주기 등 어루만지거나 두드려 주기, 악수를 하거나 손을 감싸 주기, 가볍게 안아 주기, 어깨동무하기, 양 볼 감싸 주기, 볼에 뽀뽀해 주기, 엉덩이 토닥이기 등과 같은 신체 접촉, 미소 지어 주기, 눈 맞추기, 윙크하기, 엄지손가락을 치켜세워 최고라는 표시해 주기 등의 몸짓이 있습니다.

셋째, 강화물 칭찬입니다. 화물 칭찬은 칭찬의 의미로 구체적인 물질이나 활동을 제공하는 것을 말합니다. 강화물 중에 가장 대표적인 것은 과자, 사탕, 과일, 음료수, 콜라, 피자, 햄버거, 도넛, 아이스크림 등과 같이 주로 생리적인 욕구와 관련된 것들입니다. 소유물 역시 음식물과 마찬가지로 물질로 제공되는 강화물입니다. 풍선, 인형, 학용품, 옷, 장난감, 책, 퍼즐, 스포츠 용품, 각종 캐릭터 제품 등 강화 효과를 갖는 소유물 역시 매우 다양합니다. 어떤 물질을 직접 제공하기 어려울 때는 토큰을 활용할 수도 있습니다. 토큰은 나중에 아이들이 원하는 물건으로 바꿀 수 있는 쿠폰 비슷한 것으로서, 쪽지, 카드, 동전, 표, 점수, 스티커 등 편리하게 다룰 수 있는 것이면 무엇이든 사용이 가능합니다.

물질 이외에 자녀가 좋아하는 활동 역시 강화물로 쓸 수 있습니다. TV 시청, 컴퓨터 게임, 친구와 놀기, 장난감 놀이, 바둑 두기, 장기 두기, 노래방 가기, 놀이공원 가기 등 자녀가 간절하게 원하는 활동일수록 강화 효과가 큽니다. 강화물로 칭찬하는 일은 자녀의 좋은 행동을 권장하는 비교적 손쉬운 방법이지만 너무 기계적으로 이루어질 경우 그 효과가 떨어질 수 있습니다. 따라서 자녀의 연령, 취향, 성격, 행동 특성, 환경적인 여건을 두루 고려하여 적절한 강화물을 제공해야 합니다. 아울러, 자녀가 성장함에 따라 강화물이 제공되지 않아도 자녀의 칭찬받는 행동이 습관으로 굳어질 수 있게 내면화를 돕는 일도 중요하겠지요.

참고문헌

김도석(2000). 수학과 수업과 칭찬지도의 실제. **교육연구**, 369: 59-63.
박성희(2005). **꾸중을 꾸중답게 칭찬을 칭찬답게**. 서울: 학지사.
밥 넬슨 저. 정해균 역(2004). 신나는 회사를 만드는 칭찬의 기술. 서울: 새로운 제안.
이성진(1996). **교육심리학서설**. 서울: 교육과학사.
켄 블렌차드 저. 조천제 역(2003). **칭찬은 고래도 춤추게 한다**. 서울: 21세기북스.
하임 G. 기너트 저. 신홍민 역(2003). **교사와 학생 사이**. 서울: 양철북.

자녀와 쿨하게 소통하기

기본 생활 습관 바로 세우기

5

01

습관화된 자녀의 말과 행동이
바람직하다고 여기십니까

얼마 전 순천의 모 고등학교 학생들이 봉사활동으로 나간 요양시설에서 막말을 하는 동영상이 사회적 이슈로 떠오른 적이 있습니다. 동영상 속의 고등학생들은 요양 중인 할머니에게 "여봐라, 네 이놈. 당장 일어나지 못할까." "(무릎을) 꿇어라, 꿇어라. 이게 너와 나의 눈높이다."라고 말하는 등의 상식을 벗어난 행동을 하였습니다. 이 동영상을 본 네티즌들은 '패륜 동영상'이라며 분노하였습니다. 더욱 심각한 것은 동영상 속의 학생들이 이러한 '패륜적 언행'을 재미로 하였다는 사실입니다.

우리 민족은 예로부터 '동방예의지국'이라는 칭송을 받을 만큼 마음가짐이나 행동에 이르기까지 바른 심성을 기르고 예의 갖추기를 삶의 근본으로 여기며 살아왔습니다. 그러나 우리 사회가 산업 사회를 거쳐 지식 정보화 사회로 나아감에 따라 물질적인 풍요로움, 가치관의 혼란과 비인간화 현상으로 여러 가지 사회적 문제점이 대두되고 있습니다. 더 나아가 현대 한국 사회는 인간적인 유대 관계가 허물어지고 있으며, 물건을 아껴 쓰는 마음이나 공공질서 의식이 점점 무너지면서 개인주의, 물질만능주의, 적당주의가 팽배하여 학생들이 바른 생활 습관을 형성하는 데 많은 어려움을 겪고 있습니다. 이러한 우리 사회의 현실이 앞의 학생들이 장난으로 한 언행을 '패륜아'로 몰고 가지는 않았는지 반성해 볼 필요가 있습니다.

2011년 9월 한국교원단체총연합회(한국교총)와 EBS가 공동으로 진행한 '초·중·고생들의 언어 사용 실태 조사'에서 나타난 학생들의 대화 내용은 요즈음 학생들의 언어 습관을 잘 드러내고 있습니다. 이 조사는 중학생 2명과 고등학생 2명을 대상으로 등교 시간부터 점심시간까지 학생 4명의 옷에 소형 녹음기를 넣어 실시하였습니다. 그 결과, 학생 1명당 평균 194.3회의 욕설을 내뱉었으며 1시간에 49번, 75초마다 한 번씩 욕을 한 것으로 나타났습니다.

욕설 종류도 무척 다양했습니다. '×나, ×까, ×됐다, ×발, ×발놈, ×발년' 등 성적(性的)인 요소를 포함하고 있는 욕설과 '병신, 새끼, 병신새끼, 돼지새끼, 잡새끼, 미친년' 등 상대방을 비하하는 욕설, '닥쳐, 뒤져, 처맞을래, 눈 깔아' 등 상대방을 위협하는 욕설도 많았습니다. 더욱 심각한 것은 학생들이 이러한 욕설을 아무렇지도 않게 하고 있다는 사실입니다.

말은 그 사람의 인격을 나타낸다고 합니다. 우리 아이들이 어려서부터 욕설을 습관적으로 행한다면 인격도 어려서부터 옳지 않은 방향으로 형성되지 않을까 염려하는 것은 매우 당연하다고 봅니다.

습관은 '제2의 천성(天性)'이며, '세 살 적 버릇 여든까지 간다.'는 속담에서 볼 수 있듯이 어렸을 때의 습관은 일생을 통하여 인격 형성의 기초가 되는 것입니다. 그러므로 초등학교의 생활습관 지도는 아동기에 큰 의미를 갖습니다. 또한 습관은 한 번 몸에 익숙해지면 마치 흐르는 물처럼 의식할 필요 없이 쉽게 행할 수 있어 자연스럽게 됩니다.

더 나아가 올바른 생활습관은 갑자기 길러지는 것이 아니며, 몇 마디의 훈화나 질책, 이론 지도로 이루어지는 것은 더더욱 아닙니다. 부모님의 어린 시절과 비교해서 달라진 의식 수준을 가진 초등학교 아동들에게 스스로 자기들의 그릇된 생활 태도를 느끼고 바로잡을 수 있는 기회를 제공해 주는 것이 무엇보다 중요합니다. 또한 실천 의지와 끈기가 모자란 아동들에게 기본 생활습관이 몸에 배도록 반복적이고 실천적인 지도가 필요합니다.

아동들이 바람직한 기본 생활습관을 형성하기 위해서는 무엇보다도 부모의 역할이 중요합니다. 왜냐하면 부모는 가정의 중추적인 역할자로서 아동이 건강한 신체, 심리적인 안정, 예의범절의 생활화, 기본 생활습관, 건전한 인간관계 등을 갖추는 데 많은 영향을 미치기 때문입니다.

더욱이 우리나라에서는 전통적으로 가정교육의 중요성을 강조하여 왔기에 개인의 행동 발달의 책임을 가정에 전담시켜 왔다고 볼 수 있습니다. 그러다 보니 한 개인의 반사회적 행위나 몰지각한 행동에 대한 책임이 본인뿐만 아니라 그가 속한 가족 또는 집안에까지 있다고 보아 그 가족이 사회의 지탄을 받곤 합니다. 이러한 가정에 대한 전통적인 사회적 평가로 인해 자식교육에 대한 부모의 역할을 어느 나라보다도 중요하게 여기고 있습니다.

02
아이들은 어떻게
망가지고 있을까요

민수는 4학년 남자아이로 또래 아이들 중에서 키가 큰 편이다. 운동을 좋아해서 밖에 나가 활동하기를 즐긴다. 그러나 민수는 무척이나 산만하여 웬만한 일에는 5분 이상 집중하는 적이 없고, 학교나 학원 수업시간에 수업과 상관없는 물건들을 가지고 자기가 하고 싶은 일들을 하면서 다른 친구들의 공부를 방해하기도 한다. 특히 민수는 순서를 정해서 차례를 기다려야 하는 일을 가장 싫어한다. 그러다 보니 줄을 서서 차례를 기다려야 하거나 규칙을 지켜 가며 활동해야 하는 경우에는 순서를 무시하고 성급하게 덤벼들다가 아이들과 자주 싸우기도 한다. 한번은 학원에서 어린이날 선물을 나누어 주는 데 민수가 마구잡이로 덤벼들다가 옆에 있던 친구가 다치기도 했다. (차례를 지키지 못하는 아이)

수선이는 5학년 남자아이다. 엄마와 아버지, 여동생, 할머니와 함께 살고 있는 평범한 가정의 아이다. 학교에 등교할 때는 엄마가 챙겨 주기 때문에 교과서와 준비물은 잘 갖추어 가는 편이다. 하지만 집에 오면 자기 책상 위에 불필요한 책이나 물건들을 늘어놓기 일쑤다. 또한 엄마가 학교 숙제나 학원 숙제 같은 할 일을 제시하면 바로 시작하지 못하고 부산스럽게 다른 일을 하느라 시간이 오래 걸린다. 이렇다 보니 학업 수준은 낮은 편이며, 특히 수학의 기초가 부진하다. (어수선하게 늘어놓고 할 일을 못하는 아이)

성범이는 2학년 남자아이이다. 부유한 가정에서 태어나 할아버지의 사랑을 독차지하면서 자라고 있다. 그런데 성범이는 자주 자신의 물건은 쓰지 않고 친구들을 윽박지르거나 겁을 주어서 친구들의 학용품을 마음대로 쓰기도 하고 때로는 돌려 주지 않고 망가뜨리기도 한다. 부모님은 이런 상황을 잘 모르고 성범이를 모범생으로 생각하고 있다. 친구들은 이런 성범이와 놀기를 꺼리고 피한다. (남의 물건을 자기 마음대로 쓰고 심지어 망가뜨리는 아이)

재준이는 자기주장을 잘 하지 못하는 4학년 남학생이다. 재준이는 다섯 살 때 부모님이 이혼하고 할머니, 고모와 함께 살다 아홉 살 때 아버지가 재혼을 하여 지금은 새어머니, 새로 태어난 두 동생과 함께 살고 있다. 이런 재준이를 불쌍하게 여긴 아버지, 고모, 할머니는 재준이에게 용돈을 과하게 주었고, 재준이는 그 돈으로 친구들과 맘껏 군것질을 하여 주위에는 항상 많은 친구가 모여 있다. 특히 싫어도 거절을 못하는 재준이의 성격 때문에 재준이 돈을 마치 제 돈처럼 쓰는 친구들도 있다. (돈을 아까워하지 않고 마구 쓰는 아이)

지훈이는 5학년 남자아이이다. 학교에서의 학습에는 문제가 없는데 5학년 아동 입에서 나오는 말이라고는 믿지 못할 만큼 친구들에게 마구 욕설을 퍼붓는다. 선생님이나 부모님이 지적을 하면 금방 고개를 숙이고 그러지 않겠다고 해 놓고는 뒤돌아서면 다시 친구들에게 욕을 하곤 해서 친구들과 다툼이 잦다. 특히 수업 시간에 발표를 할 때도 선생님의 존재를 무시하는 듯 욕을 한두 개씩 사용하여 아동들을 소란하게 만들고, 친구들의 반응에 즐거워 한다. (욕설을 아무렇지 않게 쓰는 아이)

영이는 4학년 여자 아이다. 어렸을 때 부모님이 맞벌이를 하는 관계로 할머니 댁에서 자랐다. 할머니는 이런 아영이가 가엾다고 생각해서 바라는 것은 무엇이든 다 해 주었다. 그래서인지 아영이는 친구들이 항상 자기가 요구한 대로 해 주기를 바라고 있으며, 친구가 양보를 해 주어야만 함께 논다. 차례를 지키는 일을 어려워하고 마음에 들지 않는 일이 생기거나 친구들이 잘못을 지적하면 학습활동 시간에도 소리를 지른다. (양보할 줄 모르는 아이)

예원이는 가정에서 부모님 말씀도 잘 듣고 학교나 학원에서 주어진 과제를 말없이 성실하게 해내는 2학년 여자아이다. 가정생활에서 짜증을 내거나 친구들과 수다를 떠는 경우도 매우 드물다. 그런데 편식이 심하여 식사 시간만 되면 엄마와 한판 실랑이가 벌어진다. 학교에서도 급식 시간에 자기가 싫어하는 음식이 나오는 날은 작은 목소리로 선생님에게 먹지 못한다고 말하면서 손으로 입을 가리고 입을 꽉 다물어 거부의사를 표현한다. 어린 시절에 음식을 골고루 먹어야만 잘 자랄 수 있다고 말을 해 주어도 편식 습관이 잘 고쳐지지 않는다. (편식이 심한 아이)

03
어떻게 하면 자녀의 바람직한
생활습관 형성을 도울 수 있을까요

부모라면 누구나 자신의 자녀에 대해 남들로부터 '그 녀석 뉘 집 자식이야? 참 잘 컸네.' '어쩜 너는 예의도 바르고 공부도 잘하니? 장차 훌륭한 사람이 될 거야.' 라는 말을 듣고 싶을 겁니다. 더 나아가 집에서나 학교에서 자신의 일을 알아서 척척 해결해 나가는 자녀라면 정말 부모노릇 할 맛이 날 겁니다. 이렇게 자녀가 자신의 일을 스스로 해결하면서 예의도 바른 온전한 인격체로 자라기 위해서는 좋은 생활습관을 몸에 익혀야 합니다. 먼저 바람직한 생활습관이 적용되어야 할 영역부터 살펴보겠습니다.

청 결

청결이란 이 닦기, 세수하기, 목욕하기, 손 씻기, 속옷 갈아입기, 손톱 발톱 깎기, 머리 손질하기 등과 같이 자기 몸에 대한 청결과 물건 정리, 집 안 청소, 집 주변의 청결, 나아가 생활 주변에서 발생하는 오염 방지나 자연 보존과 같은 환경 보존과 관련된 청결을 들 수 있습니다.

🥕 질 서

질서는 아동들로 하여금 집단생활을 할 때 공공규칙이 있음을 알게 하고, 이것은 반드시 지켜야 할 중요한 것임을 이해시킴으로써 자신의 행동으로 규범을 지키고, 더 나아가 주위 사람들과 협동해서 생활해 나갈 수 있도록 해 주는 생활습관입니다. 아동들이 지켜야 할 몇 가지 질서를 살펴보면 다음과 같습니다.

- 🖐 **차례 지키기〉** 줄 서서 차례 지키기, 복도, 계단, 교실 등에서 조용히 다니기, 실내외 놀이 활동할 때와 수돗가, 화장실 등에서 차례 지키기
- 🖐 **약속이나 규칙 지키기〉〉** 놀이 규칙 지키기, 친구와 성인과의 약속 지키기, 서로 양보하기
- 🖐 **교통 규칙 지키기〉〉** 교통 표지판 의미 알기, 횡단보도 건너기, 거리나 도로에서 놀지 않기, 차 안에서 안전벨트 매기, 차 안에서 돌아다니지 않기, 오른쪽으로 걷기

🥕 예 절

어린이들의 예절에 대한 마음가짐과 그 마음가짐에서 우러나오는 예절 행위는 어른들의 모방이나 의도적인 학습에 의해서 이루어질 수 있습니다. 무엇이나 잘 받아들이는 어린이들에게는 부모가 가정에서 좋은 본보기를 보이고 치밀하게 계획된 교육 속에서 의도적인 학습을

자녀와 쿨하게 소통하기

시킨다면 좋은 예절 습관을 형성할 수 있을 겁니다. 가정에서 익혀야 할 예절 습관을 살펴보면 다음과 같습니다.

- **가정생활에서의 예절》** 웃어른께 항상 인사하기, 부모님이 하시는 일을 도와 드리기, 웃어른께 높임말 쓰기, 옷을 벗어서 아무 데나 놓지 않기, 친구 집에 갈 때는 부모의 허락받기, 형제자매와 사이좋게 지내기, 형제자매간에 서로 양보하기, 형·언니는 동생을 사랑하고, 동생은 형·언니의 의견을 존중하기

- **집단생활에서의 예절》** 가족, 친척, 이웃, 선생님들에게 인사하기, 친구들과도 정답게 인사하기, 때와 장소에 따른 인사말 하기, '고맙습니다.' '미안합니다.' '괜찮습니다.'로 표현하기, 고운 말씨 쓰기, 식사 예절을 지키기, 친구 집에서 너무 오랫동안 놀지 않기, 다른 사람의 이야기를 끝까지 듣기, 장난감은 친구와 나누어 쓰기, 싸움을 걸어올 때 말로 해결하는 방법 익히기, 다른 사람의 의견을 무시하거나 마음대로 행동하지 않기, 한번 정한 규칙은 꼭 지키기, 다른 사람에게 방해되지 않게 말하기

절 제

절제는 일상생활을 하면서 자신의 생각과 행동을 알맞게 조절하는 것을 뜻합니다.

- **아껴 쓰기》** 물, 전기, 음식, 장난감, 시간 등을 아껴 쓰기, 가지고 있는

물건 사지 않기, 가지고 있는 물건 잘 간수하기

🖍 **아껴 쓰는 방법 알기〉〉** 물건의 바른 사용법을 알고 지키기, 물건을 소중히 다루기, 저축하기, 물건 구입 계획하기, 다시 쓸 수 있는 물건 찾아보기

🖍 **상황에 맞게 감정 표현하기〉〉** 우는 것, 화내는 것, 소리 지르는 것 조절하기, 갖고 싶은 것 조절하기, 먹고 싶은 것 조절하기

이외에도 가정 환경과 부모의 가치관에 따라 아동이 몸과 마음으로 익혀야 할 기본 생활습관은 많이 있을 것입니다. 그렇다면 이렇게 다양한 기본 생활습관을 아동에게 교육하기 위해서 부모는 어떠한 마음가짐과 태도를 가지고 있어야 할까요?

기본 생활습관 형성을 위해 아이들의 자율성을 키워 줍니다. 초등학교 시기의 아동은 자신의 생활 속에서 스스로 무엇인가를 해냄으로써 자율적이고 자주적인 생활습관을 형성하는 것이 바람직합니다. 명령과 지시에 맹목적으로 따르라는 요구나 칭찬 또는 상과 같은 외적 보상만으로 아이의 생활습관을 바꾸기는 쉽지 않습니다. 이들 모두 수동적인 생활 태도를 키우기 때문입니다. 따라서 부모는 아동 스스로 자신의 행동을 통제하고 자신의 문제를 해결할 수 있는 힘을 기를 수 있는 방법을 찾게 도와야 합니다.

부모가 모범을 보이고 실제 체험을 통해 기본 생활습관을 형성하게 합니다. 아동의 행동은 주위에 있는 어른들의

자녀와 쿨하게 소통하기

행동에 영향을 많이 받습니다. 따라서 아동의 몸과 마음에 바람직한 생활습관이 배이게 하려면 먼저 어른들이 좋은 본보기가 되어 행동의 모범을 보여 주어야 합니다. 또한 아동의 생활습관은 직접 체험을 통해서 효과적으로 형성될 수 있습니다. 그러므로 아동이 실제 생활 속에서 다양한 체험을 할 수 있는 기회를 충분히 마련해 주고, 그러한 체험을 친구 또는 부모와 함께 나누며 토론할 자리를 마련해 주는 것이 좋습니다.

반복해서 연습시키고 지속적으로 지도합니다. 기본 생활습관 형성은 일관성과 지속성을 가지고 체계적으로 지도해야 합니다. 생활습관은 하루아침에 정착되는 것이 아니라 오랜 시간을 두고 일관성 있게 반복함으로써 형성됩니다. 따라서 부모는 아동에게 바람직한 행동이 무엇인지 알게 할 뿐만 아니라 실제로 그런 행동을 반복하게 함으로써 아동이 의식하지 않고서도 습관적으로 그렇게 행동할 수 있게 지도해야 합니다. 이를 위해 아동에게 일관성을 가지고 매일 규칙적으로 반복 연습을 시킬 필요가 있습니다.

아이를 지도하다보면 좋아졌다 싶은 행동이 갑자기 나빠지는 경우도 있습니다. 그렇다고 쉽게 실망하거나 포기하지 말고 끈기를 가지고 꾸준히 지도해 나가면 결국 좋은 생활습관이 길러지게 될 것입니다. 그러므로 아동의 바람직한 생활습관을 지도하는 부모는 조급하게 서두르지 말고 지속적인 태도로 꾸준히 지도해 나가야 합니다.

칭찬과 격려를 아끼지 않습니다. 기본 생활습관 형성은 아동 스스로가 하고자 하는 의욕, 즉 동기 유발에 기초하여 이루어져야 합니다. 좋은 생활습관 형성은 타인의 강요에 의해 억지로 할 때보다 마음에서 우러나서 스스로 하고자 할 때 더욱 효과적입니다. 그러므로 좋은 생활습관이 잘 형성되도록 하려면 아동 스스로가 참여할 수 있도록 주위 환경을 조성하고 아동이 흥미롭게 생각할 수 있는 자료를 제공하거나 흥미롭게 느낄 수 있는 일부터 시작해야 합니다. 그리고 아동이 바람직한 행동을 보였을 때에는 그것이 사소한 일일지라도 즉시 아낌없는 칭찬과 격려를 해 주어야 합니다. 또한 때로는 칭찬하거나 격려를 할 때 그 행동으로 인한 결과를 함께 이야기해 주는 것도 필요합니다. 예를 들어, 식사 후에 이를 닦았을 때, 이를 닦는 행동을 칭찬할 뿐만 아니라 "이를 닦아서 충치를 예방하게 되었네."라는 말을 해 주면 좋을 것입니다.

아동의 일상생활에서 잘못된 행동이나 모자라는 행동을 꾸중하거나 벌하는 것이 아니라 아동의 행동을 잘 관찰하여 바람직한 행동을 찾아내고 그 행동에 대한 적절한 칭찬과 격려를 한다면 아동의 나쁜 습관은 사라지고 좋은 습관이 형성될 것입니다.

자녀의 연령과 발달 수준을 고려합니다. 기본 생활습관 형성은 자녀의 발달 상태나 습관 형성 시기를 충분히 고려하여 지도해야 합니다. 이것은 자녀의 다양한 발달 측면을 고려하면서 균형된 발달이 이루어지도록 지도해야 함을 의미합니다. 또한 자녀의 연령과 능력을 고려하여 가장 적절한 수준에서 출발하되 점차적으로 재조

자녀와 쿨하게 소통하기

정해야 한다는 뜻도 포함합니다. 이렇게 하기 위해서 부모는 자녀의 연령에 따른 발달 수준과 자녀의 신체적, 지적, 정서적, 사회적 능력을 잘 파악해야 합니다.

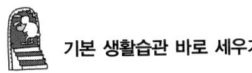

04

자, 그럼 자녀의
바람직한 기본 생활습관
형성을 돕는 방법을 알아봅시다

부모님의 노력과 관심이 자녀들의 바람직한 기본 생활습관 형성에 많은 영향을 미친다는 것은 두말할 필요도 없는 사실입니다. 하지만 노력과 관심만으로는 부족한 부분이 있습니다. 따라서 부모들은 자녀의 바람직한 기본 생활습관 형성을 위한 구체적이고 실행 가능한 방법을 알고 실천해야 합니다. 다음은 실제로 가정에서 활용해 볼 만한 구체적인 방법들입니다.

🥕 생활계획표 만들기

자녀 스스로 목표를 설정해서 생활계획표를 세우고 실천하는 일은 자녀의 자아존중감을 높이는 좋은 방법입니다. 생활계획표를 짤 때에는 가능한 한 세밀한 내용을 담는 것이 좋습니다. 예를 들면, '일어나서 아침 먹기'는 '흰 우유 마시기, 반찬 네 가지 이상 먹기'로, '학교 수업 열심히 듣기'는 '예습 과목 정하기, 수업 중에 졸지 않기, 노트 필기 엄마에게 보여 주기' 등으로 구체화하는 것이 필요합니다. 자녀가 스스로 생활계획표를 만들고 계획표에 따라 성실하게 생활하면 부모는 아낌없는 칭찬을 해 줍니다. 그리고 설정한 목표를 충분히 달성하면 새로운 목표가 담긴 생활계획표를 다시 작성함으로써 계속해서 업그레이드해 나갑니다.

🥕 칭찬 스티커를 사용하기

자녀 스스로 좋은 습관을 형성하게 도우려면 부모가 과도한 통제나 강요를 하지 말아야 합니다. 부모는 아이가 한 가지 일을 성취했을 때 성취감을 느끼고 자신감을 키울 수 있도록 독려하고 칭찬하며 아이의 주도성을 인정해 주는 것으로 충분합니다. 이런 과정에서 칭찬 스티커를 활용한다면 더욱 효과가 있을 것입니다. 이를테면, 아이가 생활계획표를 주도적으로 작성하고 이를 착실하게 실천에 옮긴다면 칭찬 스티커를 붙여 줍니다. 아이는 이러한 칭찬 스티커를 통해 생활의 작은 일에서 성취감을 경험할 수 있습니다.

🥕 릴레이 카드 활용하기

이 방법은 학교 선생님과 함께할 수 있는 방법입니다. 부모는 자녀의 학교 생활이 궁금하고 선생님은 아동의 가정 생활이 궁금합니다. 이럴 때 부모와 선생님의 대화의 통로로 징검다리 카드를 활용할 수 있습니

다. 이 카드는 아동의 학업성적이 아니라 일상 생활에 관련된 내용으로 인성교육에 초점을 맞추어야 합니다. 부모와 교사는 수시로 아동의 가정 생활과 학교 생활에 관한 정보를 교환함으로써 일관성 있게 아동의 기본 생활습관을 지도할 수 있습니다.

🥕 독서 자료 활용하기

보다 바람직한 기본 생활습관 형성을 위해서는 부모의 훈시에만 의존하는 것보다는 감성을 자극하여 동기를 부여해 주고 내면화가 이루어지도록 하는 것이 바람직합니다. 이렇게 하는 데 독서는 아주 훌륭한 도구입니다. 아동들은 동화를 읽을 때 착한 사람이 흥하고 악한 사람이 죗값을 받거나 새사람으로 교화되는 것을 기뻐합니다. 거친 행동을 하는 아이들도 동화를 들을 때는 온순해지고 나약한 어린이도 이야기 속에서는 용감해집니다. 따라서 동화나 성공한 위인들의 이야기가 담겨 있는 감화 자료를 활용하여 자녀들에게 자연스럽게 고운 심성을 심어 주고 올바르게 생활하는 법을 익히도록 하면 좋을 것입니다.

🥕 행동 형성법 활용하기

행동 형성은 행동수정의 가장 대표적인 방법으로 새로운 행동을 학습시킬 때 가장 효과적입니다. 행동 형성법의 절차는 1단계 목표행동의 구체화, 2단계 출발점 행동의 선택, 3단계 형성 단계의 결정, 4단계 적절한 진행 속도의 4단계로 이루어져 있습니다. 행동 형성법을 활용하여 편식하는 자녀를 지도하는 사례를 살펴보겠습니다.

1단계: 목표행동의 구체화》 첫 단계는 최종적으로 도달하기를 바라는 목표행동을 분명하고 구체적인 행동으로 규정하는 일입니다. 만일 채소나 과일을 먹기 싫어하는 아동인 경우 '식사 시간에 채소나 과일을 한 개 이상 입에 넣고 먹기'로 정합니다.

2단계: 출발점 행동의 선택》 출발점 행동의 선택은 목표행동을 향하여 서서히 접근할 수 있는 출발이 되는 행동을 찾고 확인하는 것입니다. 출발점 행동은 행동수정을 실시할 수 있는 시간에 강화자극을 받을 수 있도록 자주 일어나야 하고 목표행동과 비슷하여 결국에는 형성시키고자 하는 행동에 접근할 수 있어야 합니다. 예를 들어, 과일이나 채소를 편식하는 아동이 과일이나 채소 같은 음식을 손에 쥐는 행동을 보인다면 출발점 행동을 '식사 시간에 과일이나 채소를 손으로 잡기'로 정합니다.

3단계: 형성 단계의 결정》 형성 단계는 출발점 행동에서 목표행동으로 나아갈 수 있도록 단계를 작게 나누어 최종적으로 목표행동을 이룰 수 있게 하는 중간 단계입니다. 한 단계에서 다음 단계로 넘어갈 때는 그 단계의 행동이 자주 일어나서 거의 완전하게 형성된 다음에 강화를 통하여 다음 단계로 나아가야 합니다. 과일이나 채소를 편식하는 아동의 경우 '과일이나 채소를 잡고 입술에 닿게 하기 → 과일이나 채소를 입속에 넣었다 빼기 → 입속에 넣은 과일이나 채소를 양쪽 볼로 옮겨 보기 → 입속의 과일이나 채소에 잇자국 남기기 → 입속의 과일이나 채소를 어금니로 눌러 즙 짜고 뱉기 → 어금니로 눌러 과일이나 채소의 즙만 삼키고 뱉기 → 과일이나 채소를 먹기'로 나누어 실시할 수 있습니다.

4단계: 적절한 진행 속도》 행동 형성법은 상당한 인내심과 지구력을 요구하는 방법입니다. 다음은 행동 형성법의 진행 속도에 대한 몇 가지 일반적 지침입니다(이성진, 2004).

첫째, 한 단계에서 다음 단계로 너무 빨리 올라가지 말아야 한다.

둘째, 각 단계 간의 행동의 간격을 작게 하여 여러 단계로 나누어야 한다.

셋째, 만약 너무 빨리 단계를 옮겼거나 단계의 차이가 너무 커서 행동을 잃어버렸다면 다시 행동을 할 수 있는 앞 단계로 되돌아가야 한다.

넷째, 앞의 세 번째처럼 너무 빨리 단계를 옮겼을 때의 대응책도 필요하지만 너무 느리게 단계를 옮겨 가는 것도 '고착화'되는 문제가 발생한다. 따라서 한 단계에서 다음 단계로 넘어갈 때 너무 빠르거나 너무 느린 것은 좋지 않다.

참고문헌

조선일보 기사(2011. 10. 3). '싸운 것도 아닌데…… 학생 1명이 4시간 동안 385번 욕설'.
이성진(2004). **행동수정의 현장기법**. 서울: 교육과학사.
한국초등상담교육학회(2014). **한국형 초등학교 생활지도와 상담(2판)**. 서울: 학지사.

자녀와 쿨하게 소통하기

학교와 교사를
효과적으로 사용하기

6

01
학교 사용 설명서는
어디 없나요

　자녀를 학교에 보내는 부모의 마음은 얼마나 뿌듯합니까! 드디어 나도 학부모가 되었다는 감격에 학교 건물과 스쿨버스의 노랑색만 보아도 모든 것이 새롭게 보입니다. 운전을 하다가 스쿨존만 나와도 조심스럽게 브레이크에 발을 얹습니다. 모두가 내 자식이 다니는 학교 같기만 합니다. 그 많은 학생 중에 오직 내 자식만 보이는 것도 신기하기만 합니다.

　학부모가 된다는 것은 삶의 과정에 큰 축복이면서 동시에 기가 막힌 을(乙)이 되는 경험의 동의어이기도 합니다. 고위 공직자도, 유명 회사의 임직원도, 성공한 큰 부자도, 유명 배우도, 심지어 교사마저도 자녀의 담임교사와 학교 앞에서는 한없이 겸손해지고 때로는 비굴해지기까지 합니다. '자식이 인질'이라는 말이 실감이 납니다. '학교에 자식을 맡긴 죄(?)' 때문에 어쩔 수가 없지요. 하지만 자녀의 학교생활은 부모가 제2의 학생이 되어 자녀와 함께 성장하는 과정이기도 합니다. 이 과정을 잘 겪어 가면 부모와 자녀 모두 함께 성장하며 행복을 누릴 수 있습니다.

　자녀를 학교에 보내는 일이 이토록 중요한데도 정작 부모는 학교에 대해 무엇을 어떻게 준비해야 할지 몰라 당혹스런 적이 많습니다. 요즘 유행하는 말로 학교 사용 설명서가 없기 때문입니다. 헤어드라이어를 하나 사도 친절한 설명서가 따라오는데 자녀를 하루에 6시간씩, 자그마치 10년이 넘는 시간을 학교에 보내면서도 학교 사용 설명서 하나 없이 지낸다는 게 좀 이상하기는 합니다. 그래서 자녀의 성공적인 학교생활을 돕는 친절한 사용 설명서가 필요한 것입니다.

실상 우리나라 부모들은 거의 교육 전문가들입니다. 교육에 대한 관심과 열정은 미국 대통령 오바마가 부러워할 만큼 세계적인 수준입니다. 하지만 자녀를 학교에 보내는 일이 어떤 의미를 갖는지에 대한 깊은 성찰이 부족하다고 여겨질 때가 종종 있습니다. 특히 자녀를 학교에 보내면서 겪게 되는 다양한 형태의 어려움에 미숙하게 대처하는 부모들을 보면 그렇습니다. 학교 또는 교사와 갈등을 겪을 때 어찌할 바를 모르고 무조건 참거나 아니면 격하게 반응하는 부모들이 의외로 많습니다. 그러다 보니 학교는 늘 어려운 곳, 피하고 싶은 곳이 되어 버립니다. 예를 하나 들어 보지요. 자녀가 학교에 입학했는데 아이의 담임선생님이 좀 이상한 것 같습니다. 이럴 때 어떻게 하시겠습니까? 자녀가 학교에 가기 싫다고 전학을 보내 달라고 떼를 쓰면 어떻게 하시겠습니까? 이런 경우 어떻게 대처해야 좋을지 나름대로 대처할 방안을 가지고 있습니까? 아마 대부분의 부모는 그렇지 못할 것입니다. 그래서 아이가 마음에 들지 않는 담임선생님을 만나도, 학교 가기 싫다고 떼를 써도 그냥 속앓이를 하고 마는 게 대부분 부모의 현실입니다.

학부모 탓을 했습니다만, 사실 학부모들이 안심하고 학교를 활용할 수 있도록 돕는 학교 사용 설명서는 학교 측이 만들어 제공하는 것이 옳습니다. 그러면 학부모는 설명서에 나와 있는 대로 학교의 특성을 잘 이해하고 그에 따라 활용하면 그만이니까요. 이런 점에서 우리 학교들은 학부모에게 무관심한 게 사실입니다. 그렇다고 원망만 하고 있을 수는 없습니다. 세상에서 가장 소중한 우리 딸 아들이 오랜 시간을 보내는 학교에서 건강하게 적응하고 성장할 수 있도록 도와야 하니까요. 이제부터는 교사에게 초점을 맞춰 일종의 학교 사용 설명서를 만들어 보겠습니다.

02
학부모에게
학교와 교사는 어떤 대상일까요

맏이인 딸을 초등학교에 입학시킨 초보 엄마 김미정 씨는 담임교사를 대하는 것이 어렵다. 예전과는 달라진 학교 환경도 어색하기만 하고 자신감이 넘치는 같은 반 엄마들을 보면 기가 죽는다. 맞벌이를 하는 터라 자주 학교에 올 수 없다는 점도 마음에 걸린다. 다른 아이들과는 달리 유치원에서 겨우 자기 이름만 쓸 줄 아는 정도인 딸이 학업에 처지게 될까 봐 걱정이다. (자녀를 처음 입학시키는 초보 엄마)

자녀가 중학교에 입학한 진수 엄마는 3월 말, 담임교사 면담을 앞두고 걱정이 많다. 무엇을 준비해야 할지, 옷은 어떻게 입어야 할지 걱정이다. 선생님은 정기적인 면담이므로 부담 없이 오라고 하였다지만 무슨 말을 해야 할지, 우리 아들의 평소 가정생활과 학교생활에서 상담할 내용은 무엇인지 막연하기만 하다. 생각해 보니 자녀에게 공부만 열심히 하라고 다그쳤지 진로나 취미를 물어본 적이 없는 것 같아 미안하기만 하다. (무엇을 상담해야 할지 모르는 부모)

숫기가 없고 내성적인 초등학교 1학년 민정이의 엄마는 마음이 무겁다. 담임선생님이 민정이에게 책을 읽거나 발표할 기회를 주지 않는다는 것이다. 하루 종일 발표 한 번 제대로 못하고 집에 오는 일이 대부

자녀와 쿨하게 소통하기

분이다. 촌지를 주어야 하는걸까? 숫기가 없는 민정이가 학교생활에 잘 적응하도록 담임선생님을 학교 밖에서 따로 만나 민정이를 특별히 신경 써 달라고 부탁을 하고 싶지만 망설여진다. (심하게 내성적인 학생의 부모)

초등학교 2학년 정희 엄마는 선생님의 전화를 자주 받는다. 정희가 수업 시간에 돌아다니거나 쓸데없는 질문으로 수업 분위기를 흐뜨린다는 것이다. 오늘은 식당에서 정희가 친구들과 부딪혀 식판을 엎었다. 옷을 갈아입혀야 하니 학교에 옷을 가지고 오라는 전화다. 잠시 가게를 비우고 학교에 다녀와야 했다. 정희에게 관심을 더 가져 달라고 하는데 촌지를 달라는 소리로 들린다. (산만한 행동으로 자주 지적을 받는 학생의 부모)

초등학교 3학년 남자아이 정수 엄마는 짝인 종근이가 정수를 괴롭힌다는 말을 처음에는 대수롭지 않게 여기고 "친구들과 사이좋게 지내라."며 집으로 불러서 떡볶이도 해 먹였다. 하지만 얼굴에 상처를 입어 오거나 작은 일에도 짜증과 폭력을 행사하는 종근이의 문제를 담임선생님께 어떻게 상담해야 할지 걱정이다. 종근이 엄마도 한 번 만나서 부탁을 해 보았지만 타이르겠다는 말뿐, '애들 문제에 어른들이 끼어드는 격'이라는 말에 속이 많이 상했다. (친구에게 지속적으로 괴롭힘을 당하는 학생의 부모)

4학년 여자아이 지숙이가 학용품을 잃어 버렸다며 다시 사야 겠다는 말에 엄마는 처음에 꾸중을 하였다. 나중에 짝인 정민이가 지숙이의 학용품을 빌려 가서는 돌려주지 않는다는 것을 알았다. 심지어는 용돈도 빌려 주었다는 말을 들었을 때 일이 심각하다는 것을 알았지만 선생님과 어떻게 상담을 해야 할지 고민이다. 일단 짝을 바꾸어 달라고는 했지만 정민이 부모와는 또 어떻게 의논을 해야 할지 걱정이다. (학용품을 빼앗기는 학생의 부모)

초등학교 5학년 승하는 휴대전화에 집착을 보인다. 잠시도 휴대전화 없이는 생활할 수 없어서 수업 시간에도 자주 사용을 하다가 지적을 받는다. 물론 사전에 제출한 것은 지난번에 사용하던 제출용 휴대전화다. 맞벌이를 하는 승하의 부모는 얼마 전 이 상황을 알았지만 달리 지도할 방법이 없다고 한다. 그냥 놓아두라고 한다. 부모 입장에서는 자신의 아이에게 지나친 간섭을 한다고 생각한다. (휴대전화에 집착하는 학생의 부모)

6학년 남자아이 민수 엄마는 민수가 학교폭력의 가해자로서 친구에게 폭력을 가한 일로 '학교폭력대책위원회'가 열릴 예정이니 회의에 참석하라는 말을 듣고 깜짝 놀랐다. 평소 내성적인 민수는 집에서 한참 터울이 나는 동생과 싸움도 하지 않는 소심한 아이였기 때문이다. 학교폭력이 기록에 남는다는 말을 듣고서는 어떻게 대처해야 할지 막연하다. 일단은 함께 폭력을 행사하였다는 가해자 부모를 만나 보기로 했는데, 민수의 말을 들어 보면 오히려 민수도 피해자라고 한다. 학교 측에 강력하게 대응할 생각이다. (학교폭력의 가해자가 된 학생의 부모)

중학교 2학년 남학생 형식이는 지난 중간고사 기간에 선생님께 커닝을 했다는 오해를 받고 시험지를 빼앗겼다. 친구가 지우개를 빌려 달라고 하여 빌려 준 것뿐인데 담당 선생님께서 그것을 커닝을 한 것으로 오해하고 시험지를 찢었다는 것이다. 수학 선생님은 친구들 앞에서 1학년 때에 비해 갑자기 올라간 성적이 커닝의 결과라고 말하였다. 지난 겨울방학 동안 집중적으로 공부를 한 형식이로서는 억울하기 짝이 없다. 그래서 2교시가 끝난 뒤 선생님 허락 없이 집에 와 버렸다. (커닝을 했다고 오해받은 학생의 부모)

 중학교 3학년 여학생 민지는 지난 여름방학에 소위 노는 친구들과 함께 동해로 여행을 다녀온 뒤 학교에 자주 지각을 하고 무단 조퇴를 한다. 부모는 그 사실을 까맣게 몰랐다. 선생님은 민지를 노는 학생으로 취급하고 자주 면박을 준다고 한다. 고등학교 원서를 쓰려고 학교에 갔다가 선생님께 면박만 잔뜩 당하고 와서 분이 풀리지 않는다. (선생님께 노는 아이로 인식된 학생의 부모)

고등학교 1학년 여학생인 종희는 요즘 학교에 가기 싫다는 말만 되풀이한다. 심지어 전학을 보내 달라고 한다. 이유를 물어도 좀처럼 대답하지 않다가 중학교 때 단짝 친구였던 미라와 은지 등이 자신을 투명인간으로 취급하며 집단으로 따돌린다는 것을 알았다. 담임선생님께 이 일을 상의하였지만 오히려 그 일로 '부모에게 고자질하는 찌질이'라는 별명까지 얻게 되었다. 학교 상담실에 상의를 하였는데 상담 자원봉사자가 은지 엄마에게 이야기해서 은지 엄마가 화가 나 전화를 하였다. (선생님께 상담하였다가 더 큰 어려움에 봉착한 학생의 부모)

고등학교 2학년 남학생 진규는 학급 실장이다. 친구들에게 사소한 것까지 심부름을 시키는 일로 원성이 높다. 수업 중에 발표도 자신이 도맡아 하고 다른 친구들이 발표를 하는 것을 제재한다. 진규의 아버지는 이웃 학교의 교사다. 학교폭력에 관한 설문조사에서 이 일이 드러나게 되자 진규

아버지는 되려 전화로 폭언과 협박을 하였다. 진규 역시 뉘우치거나 전혀 잘못을 인정하지 않는다. (폭언과 협박을 하는 부모)

03
학교와 교사를
이렇게 사용해 보는 것은 어떨까요

유홍준은 『나의 문화 유산 답사기』에서 "아는 만큼 보인다."라고 말하면서 "알게 된 후 보이는 것은 그전과 전혀 다르다."라고 강조합니다. 많은 학부모가 학교에 대해 정확한 정보를 알지 못한 채 설익거나 왜곡된 정보에 노출되어 있다는 것은 안타까움을 넘어 위험한 일입니다. 그래서 학교 사용 설명서가 필요한 것입니다.

학교에는 더러 문제를 일으키는 교사도 있지만 대다수의 교사는 실력과 인성을 갖춘 국가에서 인정한 유자격 교사입니다. 따라서 충분히 대화할 수 있는 상대일 뿐 아니라 문제가 생겼을 때 이를 원만하게 해결할 수 있는 지성과 품성을 갖추고 있습니다. 우선 학부모는 이런 사실을 인정하고 교사들을 신뢰할 필요가 있습니다. 그럼에도 문제가 생기고 갈등이 줄어들지 않는다면 이 책에서 추천하는 원리와 방법들을 활용해 볼 수 있겠지요. 먼저, 학부모가 가져야 할 태도를 하나씩 살펴봅시다.

 정확한 진상 파악이 필요합니다. 자녀의 학교생활과 관련하여 자신이 가지고 있는 정보가 정확한 것인지 확인할 필요가 있습니다. 자녀가 들려주는 학교생활이나 친구 관계의 갈등 역시 정보가 왜곡될 수 있으며, 옆집 아줌마나 다른 학부모의 '카더라 통신'은 많은 덧칠과 가공이 포함된 것일 수 있기 때문입니다. 따라서 학교에 대해,

자녀의 학교생활에 대해, 교우 관계 등에 대해 정확한 정보를 확보해 두어야 합니다. 그래야 아이의 학교생활에 문제가 생겼을 때 적절하게 개입할 수 있습니다.

정기적으로 학교에 방문하여 선생님과 대화를 나눕니다. 자녀의 학습과 교우 관계, 기초 생활습관, 특기와 적성이 학교에서 어떤 방식으로 표출되는지 담임교사와 정기적으로 만나서 대화(상담)하는 것이 꼭 필요합니다. 아이가 가정에서 보이는 모습과 학교에서 보이는 모습이 전혀 다른 경우가 의외로 많습니다. 따라서 담임교사와 정보를 교환하고 때로는 도움을 받으면서 아이의 학교생활을 지도하는 것이 좋습니다. 특기 적성의 개발, 진로상담, 학업상담 등을 위해 상담교사나 특정 과목의 교사와 만나는 것도 유익한 일입니다.

학교를 방문하여 교사와 대화할 때 대화할 목록을 준비합니다. 특히 자녀 문제로 교사를 만날 경우 자녀와 자신이 원하는 것이 무엇인지 분명하게 인식하고 대화의 초점을 명확하게 할 필요가 있는데, 이를 위해 대화 목록을 준비해 두면 좋습니다. 단순히 화풀이나 자랑을 하려는 것이 아니라 문제를 해결하기 위한 대화라면 바람직한 해결책을 찾아가는 대화가 이어져야 합니다. 흔히 자녀의 문제행동 때문에 학교에 불려 가는 대부분의 학부모는 변명을 하거나 항의하기에 바빠서 정작 자녀 성장에 필요한 대책을 놓치고 마는데, 대화 목록을 준비해 두면 이런 잘못은 피할 수 있습니다.

교사에게 예의를 갖추고 그의 처지를 이해하려고 노력합니다. 교사를 만날 때는 내 자식을 가르치는 스승이라는 점을 염두에 두고 최대한 예의를 갖춰 정중하게 임해야 합니다. 사전에 방문할 시간과 장소를 약속하고, 행정실을 통해 방문증을 패용하며, 교실이나 정해진 공간에서 예의 바르게 상담을 합니다. 대화를 할 때에도 일방적으로 자기 주장을 앞세우지 말고 교사의 말을 충분히 듣는 자세를 취합니다. 교사의 입장에서 사태를 보면 전에는 전혀 생각지도 않았던 새로운 사실들이 드러날 수도 있고, 예상하지 않았던 해결의 실마리를 찾을 수도 있습니다. 학교폭력처럼 문제 상황이 심화되면 학부모는 학부모대로, 교사는 교사대로 자신을 방어하고 변명하는 데 골몰합니다. 그러다 보니, 엉뚱하게도 책임 소재로 불똥이 튀거나 감정싸움으로 번지기도 합니다. 당연히 교사는 학부모의 심정을 이해하고 공감하면서 갈등을 풀어 가야 하지만, 학부모 역시 교사의 처지를 이해하려는 역지사지의 태도가 필요합니다. 교사를 코너에 몰아붙이고 따지기 전에 문제 상황에 대한 교사의 생각과 의견을 끝까지 들을 수 있어야 합니다.

부모가 생각하는 해결책을 제시합니다. 문제 상황에 대한 교사의 입장을 충분히 듣고 난 후에는 학부모 자신이 생각하는 해결책을 내놓고 의논합니다. 학교나 교사가 제시하는 해결책이 부당하다면 왜 그런지 객관적인 증빙 자료나 합리적인 근거를 대며 반박하고 보다 나은 해결책을 찾기 위해 교사와 함께 노력해야 합니다. 이 과정에서 교사나 학교의 능력 밖에 있는 일을 요구하면 대화가 진전되기

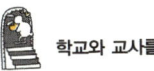

어렵습니다. 학교폭력을 예로 들면, '내 자녀를 원래 상태로 돌려놓으라.' 혹은 '상대방 학생이 우리 아이 눈에 띄지 않게 해 달라.' '상대방 학부모가 찾아와 무릎을 꿇고 빌기 전에는 용서할 수 없다.' 는 등 교사가 해결하기 어려운 요구를 하면 교사는 책임을 피하기 위하여 변명하고 방어를 하게 되며 문제 해결은 점점 멀어지게 됩니다. 학부모와 교사가 서로의 처지와 상황을 이해하고 무엇보다 마음으로 공감하는 것이 해결의 출발입니다.

해결책을 합의하고 실행합니다. 학부모와 교사가 서로가 처한 자리를 확인하고 협력적인 관계를 구축하면 문제 해결의 실마리가 풀리기 시작합니다. 학부모는 교사(학교)와 충분한 협의를 거쳐 자신이 받아들일 수 있는 해결책에 합의하고, 문제 상황과 관련하여 구체적으로 학교(또는 교사)가 할 일, 학부모가 할 일, 자녀가 할 일을 분명하게 구분합니다. 아울러 이 일들을 어떻게 실천해 갈 것인지 세부적인 방법에 대해서도 합의하고 실행으로 옮깁니다. 교사 역시 문제 해결의 한 파트너로서 학부모와 합의한 사항을 충실하게 지켜 나가야 합니다. 합의한 내용이 학교관리자의 결재를 얻어서 시행을 해야 하는 것이라면 어떤 절차와 과정이 필요한지 안내를 하고, 담임이나 상담교사 혹은 그 밖의 협조자들이 문제 해결 과정에 참여해야 한다면 그 범위와 시기에 대해 안내합니다. 때로는 필요한 교육 프로그램을 구성하여 적용할 수도 있습니다. 이런 과정을 통해 학부모와 교사는 해결 과정의 협조자로서 동맹을 형성하게 됩니다.

계통을 따라 올라가면서 문제를 호소합니다. 자녀와 관련된 문제 상황을 해결하기 위하여 앞의 절차를 따라 충실하게 임했음에도 불구하고 교사와 소통이 제대로 되지 않을 때는 다음 단계를 거칩니다. 학부모가 충분히 예의를 갖추고 합리적으로 대화를 하려고 해도 제대로 통하지 않는 교사가 있을 수 있기 때문입니다.

먼저, 공식적으로 학교를 관리하는 교감이나 교장 선생님을 만나서 자신의 고충을 이야기하고 그동안 담당교사와 벌였던 일련의 상황을 전달합니다. 가능하면 문서와 구두 두 가지 방법을 병행하도록 합니다. 교감이나 교장 선생님 수준에서 일이 원만하게 처리되지 않으면 어쩔 수 없이 학교 밖에서 해결책을 찾을 수밖에 없습니다. 그 첫 번째 방법은 민원을 제기하는 일입니다. 교육청, 교육과학부, 국민고충처리위원회 등 행정단위를 차례로 밟아 올라가며 해당 부서에 민원을 제기하는 것입니다. 두 번째 방법은 소송을 하는 것으로, 법원의 사법적 판단을 받아 해결책을 찾으려는 것입니다. 민원이든 소송이든 학교 밖에서 문제를 해결하려는 것은 결코 추천할 만한 일은 아닙니다. 다만, 학교 내에서 해결해 보려는 모든 교육적 노력이 수포로 돌아갔을 때 학부모가 의지할 수 있는 마지막 끈이라는 점에서 의미를 찾을 수 있을 것입니다.

자, 그럼 교사 사용법을
연습해 봅시다

다음과 같은 상황이 전개될 때 학부모가 어떻게 대처하면 좋을지 앞에 제시한 원리와 방법을 바탕으로 연습해 봅시다.

🥕 처음 담임교사를 만났을 때

담임교사를 만날 때 무엇을 어떻게 이야기할 것인지 대화 목록을 준비합니다. 자녀의 학교생활과 교우 관계 등에 대해 궁금한 점을 질문할 수도 있고, 선생님의 교육방침이나 교육방법에 대해서도 질문할 수 있습니다. 부모가 기대하는 바람직한 교육, 선생님이 기대하는 바람직한 부모의 교육 지원에 대해서도 언급할 수 있겠지요. 아울러 자녀의 신체적, 정서적, 행동적 특징과 가족력, 질병 등 교사가 알아야 정보를 제공하는 것도 중요합니다. 다만, 자기 자녀나 집안에 대하여 지나치게 자랑을 한다든가 자기 자녀에게만 특별한 배려를 요구하는 것은 바람직하지 않습니다.

🥕 담임에게 고마움을 표시하고 싶을 때

스승의 날이 다가올 때나 자녀가 학교에서 상을 받았을 때 혹은 다쳐서 담임교사로부터 특별한 돌봄을 받았을 때 등 고마움을 표시하고 싶을 때가 있습니다. 기본적으로 선물은 주는 이나 받는 이 모두에게 부담이 없어야 선물이 됩니다. 주는 이의 욕심과 받는 이의 기대 사이에 간격이 생기면 주지 아니 함만 못한 것이 선물입니다. 선물은 마음을 전하는 편지나 카드, 혹은 손수 만든 쿠키나 수건 등 정성이 들어간 것이 좋습니다. 선물의 가격도 한 끼 식사비 정도를 넘지 않아야 받는 이가 부담스러워 하지 않을 것입니다. 상품권이나 티켓도 현금과 같은 것이므로 바람직하지 않습니다. 현행법(공무원행동강령)에는 '직무수행을 위하여 제공되는 1인당 3만 원 이내의 간소한 음식물 또는 교통, 통신 등의 편의를 받을 수 있음' 이라고 규정되어 있어 교사가 받을 수 있는 선물의 한계를 명확하게 하고 있습니다. 정말 선생님이 고맙다면 학년을 마친 뒤 따로 선물을 해도 될 것입니다. 무엇보다 진심이 전달되고 받는 이를 배려하는 선물이 되어야 합니다.

🥕 훌륭한 교사를 만났을 때

훌륭한 교사는 매우 다양한 모습을 하고 있겠지만, 여기서는 부모의 마음에 쏙 드는 교사라고 정의합니다. 자녀가 만난 교사가 훌륭한 교사라고 판단될 때, 그 한 해는 자녀에게 신경을 좀 덜 써도 되는 해가 아

학교와 교사를 효과적으로 사용하기

163

니라 자녀의 가능성을 극대화하고 성장시키는 한 해가 될 수 있게 선생님과 더 많이 대화하고 협력할 필요가 있습니다. 그렇게 하려면 정기적으로 선생님을 만나 상담을 하고 대화를 하는 것이 좋습니다. 매월 상담하기가 어려우면 격월로 상담하여 적어도 1년에 6회 이상 만나는 것이 도움이 됩니다. 일반적으로 사립학교에서는 분기에 한 번 정도 학부모 면담(상담)을 하는 편입니다. 상담의 내용 역시 중요합니다. 구체적으로 자녀의 관심 영역에 대해 단기, 중기, 장기 계획을 세워 상담을 하면 크게 도움을 얻을 수 있는 한 해가 될 것입니다.

🥕 차별하는 교사를 만났을 때

아이가 선생님으로부터 차별을 당한다고 느끼는 순간 교사는 불신의 대상이 되고 교사의 가르침은 힘을 잃습니다. 따라서 차별의 실체를 정확하게 파악할 필요가 있습니다. 섣불리 자녀의 말만 듣고 차별이라고 단정하여 교사에게 항의와 불평을 하는 것은 바람직하지 않습니다. 왜냐하면 자녀가 전해 주는 정보가 굴절되거나 왜곡되었을 가능성이 있고, 차별을 한다는 지적은 자칫 교사에게 좋지 않은 감정을 불러일으켜 사태를 악화시킬 수 있기 때문입니다. 가장 좋은 방법은 편지나 상담을 통해 교사에게 솔직한 심정을 털어놓고 의논을 하는 것입니다. 교사들 역시 차별 대우가 반교육적이라는 사실을 잘 알고 있기 때문에 학부모로부터 호소가 들어오면 대화에 진지하게 임할 것입니다. 만일 교사가 아이를 차별 대우한 것이 사실이고, 차별의 이유가 외모, 피부색,

자녀와 쿨하게 소통하기

지능, 부모의 경제적 지위 등 아이의 선택과 무관한 선천적인 내용이라면 강력하게 시정을 요구해야 합니다. 하지만 무작정 왜 내 아이를 예뻐하지 않느냐는 식의 항의는 피차 기분을 상하게 하고 에너지만 소비할 따름입니다. 차별의 구체적인 내용은 교사와 상담을 통해 풀어 가는 것이 바람직합니다.

🥕 책임을 미루는 교사를 만났을 때

때로는 학부모가 보기에 책임을 미루는 교사를 만날 수도 있습니다. 자신이 한 말과 행동에 대한 인식과 통찰이 부족하거나 변명을 많이 하는 교사들이 여기에 속할 수 있습니다. 이러한 교사를 만나는 학생과 학부모는 교사를 상대로 언성을 높이고 짜증을 내기 쉽습니다. 그래서 "왜 선생님은 최선을 다하지 않습니까?" "선생님은 직무유기를 하는 것 아닙니까?" 하고 항변하게 되는데, 이렇게 교사의 태도나 품성을 지적하는 것은 좋은 방법이 아닙니다. 그보다는 자신이 바라는 바를 구체적이고 명확하게 제시하여 교사의 실행을 유도하는 편이 낫습니다. 그래도 해결이 되지 않으면 책임의 소재를 분명하게 하고 이를 감당해 줄 상급자(교장이나 교감)를 만나도록 합니다. 이 과정에서 학부모가 교사를 감정적으로 자극하지 않고 차분하게 대응하는 것이 무엇보다 중요합니다.

🥕 교사와의 성공적인 상담을 위한 절차

① 무엇을 상담할지 사전에 목록을 준비한다.

② 상담의 준비 과정에서 자녀의 의견을 듣고 반영한다.

③ 상담은 사전에 결정하고 시간과 장소를 숙지하여 조금 일찍 도착한다.

④ 너무 진한 화장이나 과한 치장(명품백 등)을 삼간다.

⑤ 행정실을 거쳐 외래방문증을 패용하고 실내화로 갈아 신는다.

⑥ 대화할 때는 서로를 존중하는 경어체를 사용한다.

⑦ 칭찬이나 긍정적인 소재로 대화를 시작한다.

⑧ 문제의 해결 과정에서 언성을 높이거나 감정적으로 대응하지 않는다.

⑨ 상대방이 해결하기 불가능한 요구를 하지 않는다.

⑩ 동의 없이 녹음이나 녹화를 하지 않는다.

⑪ 지나친 자랑이나 역성을 드는 태도를 보이지 않는다.

⑫ 말꼬리를 잡거나 상대방을 궁지로 몰아세우지 않는다.

⑬ 해결책은 확인 가능하고 구체적이어야 한다.

⑭ 학교와 집에서 각각 해야 할 목록을 작성한다.

⑮ 전화는 상담 과정에 감정적 개입이 일어날 수 있으므로 긴급한 경우에만 활용한다.

⑯ 상담 시간을 변경할 때는 반드시 사전에 양해를 구한다. 일방적 통보가 되어서는 안 된다.

⑰ 상담의 내용은 비밀을 보장하고 신뢰 관계를 형성한다.

자녀와 쿨하게 소통하기

⑱ 문제가 진척되거나 해결되었으면 그 과정에 관한 정보를 공유한다.

⑲ 최종적인 문제 해결을 함께 선언한다.

⑳ 상담의 목표는 자녀(학생)의 복지가 되어야 한다. 상담 과정은 화풀이나 앙갚음 혹은 특별 배려 등이 아닌 학생의 성장과 발달을 돕는 과정이어야 한다.

참고문헌

토니 험프리스 저, 안기순 역(2009). **선생님의 심리학**. 서울: 다산북스.
윌리엄 에어스 저, 홍한별 역(2012). **가르친다는 것**. 서울: 양철북.
http://pssyyt.tistory.com/699

등교 거부에
의연하게 대처하기

01

아이가 학교에 가기 싫다니,
참 답답하시지요

학교를 가지 않으려는 행동 또는 학교에 가더라도 그곳에 있는 것을 매우 힘들어하는 행동을 등교 거부라고 합니다. 등교 거부는 남아와 여아에게 공통으로 나타나는데, 대개 유치원에 다니는 만 5~6세의 유아와 초등학교 중학년쯤인 만 10~11세경에 가장 많이 발생한다고 합니다. 때로는 아동기 후반이나 청소년기에 갑자기 발생할 수도 있습니다. 등교를 거부하는 아이들은 왜 그리 학교 가기를 싫어할까요? 혹시, 부모님 가정에서도 아침마다 학교 가는 문제로 아이와 전쟁을 하고 계시지는 않는지요? 친구들과 잘 사귀면서 열심히 공부하라고 보내는 학교에 아이는 가지 않겠다고 하고, 부모는 가야만 한다고 어르고, 구슬리고, 협박을 하지요. 그래도 아이는 못 가겠다고 울고불고, 정말 부모나 아이나 한 치의 물러섬도 없는 등교 전쟁은 양쪽 모두에게 너무나 많은 에너지를 소모시키고 지치게 합니다. 아이는 학교가 너무나 괴롭고, 부모는 그런 아이가 걱정스럽지만 아이와 날마다 싸우는 일 또한 너무 힘이 듭니다. 그렇다면 아이들은 무엇 때문에 등교를 거부할까요? 먼저 개인적인 요인을 찾아보겠습니다.

첫째, 미해결된 분리불안을 들 수 있습니다. 이는 출산 후 엄마의 빠른 직장 복귀로 인해서 엄마와 애착이 불안정하게 형성되었거나, 유아가 유치원에 가 있는 동안 엄마와 떨어져 있는 것이 힘들 때 나타나는 불안정서가 원인인 경우입니다. 유아 때 해결되지 못한 분리불안이 남아 있다면 초등학교에 입학할 때에도 이러한 증상이 나타날 수 있습니다. 분리불안의 문제가 제대로 해결되지 못한다면 초등학교는 물론이요, 이후의 발달 단계에서도 부적응 행동이 나타날 가능성이 큽니다.

둘째, 일반화된 불안을 들 수 있습니다. 일상생활에 큰 지장을 주지 않는 정도의 소소한 걱정은 누구에게서나 볼 수 있는 정상적인 정서 상태입니다만, 사소한 일에 대해서 자신이 통제할 수 없을 정도의 과도한 걱정을 보이면 문제가 되는데, 이것을 일반화된 불안이라고 합니다. 자기가 학교 간 사이에 아픈 엄마 병이 더 심해지지 않을까, 차를 타고 나간 가족이 사고를 당하는 것은 아닐까, 오늘 칠판 앞에 나가서 문제를 풀지 못해 망신당하는 것은 아닐까, 친구에게 잘못한 일이 있는데 그것 때문에 싸우고 절교당하지는 않을까 등 남들은 대수롭지 않게 넘기는 일에 대해서 민감하고 과도하게 불안해하는 경우입니다.

셋째, 아동기의 우울증을 들 수 있습니다. 아동의 우울한 감정은 아동의 일상생활, 친구 관계, 학교생활, 학업을 비롯한 전반적인 상황에서 방해요인으로 작용합니다. 아동의 우울증은 우울한 감정을 말로 표현하지 않기 때문에 쉽게 발견되지 않습니다. 하지만 평소에는 친구들과 신나게 놀던 일도 시큰둥해 한다든가, 즐겁게 참여하던 수업 시간에 활기가 없다든가 변덕스럽고, 또래와 평소보다 잘 다투며, 책임을 전가하는 등의 모습을 보인다면 우울증을 의심해야 합니다.

자녀와 쿨하게 소통하기

과잉행동을 보이는 아이들은 수업 시간에 말이 많고, 교사에게 일일이 말대꾸하며, 친구들 말에 끼어들고, 수업 시간에 돌아다니는 등의 행동으로 또래는 물론 교사로부터도 환영받지 못합니다. 이런 행동은 결국 학교생활에 어려움을 줄 수밖에 없고 교사로부터는 꾸중이나 벌을 받으며, 친구들로부터는 따돌림을 당할 수 있는 요인이 되어, 심하면 아이가 학교 자체를 거부하는 행동으로 이어질 수 있습니다.

등교 거부 행동에는 환경도 영향을 미칩니다. 먼저, 새 학기 증후군을 들 수 있는데, 새 학기 증후군은 방학을 마치거나 학년이 바뀔 때 일시적으로 나타나는 등교 거부 현상입니다. 이는 새롭게 시작된 새 학기의 적응문제, 새로 만난 친구들과의 어색한 관계, 새로운 학과 공부, 새로운 선생님에 대한 낯설고 두려운 상황이 모두 부담이 되어 나타나는 것입니다. 새 학기 증후군은 어느 정도 시간이 지나면 사라집니다. 이외에 전학으로 인한 낯선 환경이 등교 거부 현상으로 나타나는 수도 있습니다.

학업 및 또래 관계 스트레스 역시 아이들에게는 커다란 등교 거부 요인이 되고 있습니다. 우리나라처럼 거의 모든 교육이 대학 입시와 맞물려 있는 교육 상황은 학생들에게 학업 스트레스를 과중하게 부여할 수밖에 없습니다. 예전에는 고등학교에서 대학 입시준비를 했지만 지금처럼 유치원 과정에서부터 대학 입시를 준비하는 사교육을 생각해 보면 아이들이 학업에서 받는 스트레스의 정도를 가늠할 수 있습니다. 또래 관계 또한 등교 거부의 중대한 원인이 됩니다. 부모와의 애착과 분리가 안정적으로 이루어지지 못한 아이들의 경우 또래 관계 형성이 어려울 수 있고, 이로 인한 스트레스와 욕구 불만이 학교를 기피하게 하는 원인으로 작용할 가능성이 높습니다.

마지막으로 생활상의 중대한 변화를 들 수 있습니다. 부모의 이혼, 친밀한 사람이나 애완동물의 죽음, 친밀한 사람들의 사고나 질병, 전학, 동생의 출생, 교통사고, 학교폭력 등 아이가 견디기 힘든 일들이 발생했을 때 삶에 대한 의욕이 떨어지고 등교 거부 행동이 나타날 수 있습니다.

그렇다면 등교 거부를 하는 아이들은 어떤 특징을 나타낼까요? 등교를 거부하는 아이들은 일반적으로 심한 불안감, 공격성, 충동적 행동, 주의산만, 감정 혼란 등의 신체적·심리적인 증상을 보이기도 하고 스트레스로 인한 알레르기 반응을 보이는 경우도 있습니다. 좀 더 자세히 살펴볼까요?

첫째, 식욕 부진이나 통제되지 않는 과도한 식욕을 들 수 있습니다. 전반적으로 불안에 취약한 아이들은 새로운 상황이나 어떤 긴장되는 상황이 발생할 때, 음식에 대한 거부증을 보이기도 합니다. 또, 청소년 후기에 자신의 외모가 너무 뚱뚱하거나 마르거나 못생겼다고 여겨서 또래 관계에 영향이 있다고 판단하면 심한 '신경성 식욕 부진증' 또는 '신경성 폭식증'을 보일 수도 있습니다.

둘째, 불면증을 들 수 있습니다. 등교 거부 현상을 보이는 아동 중에 학교생활에 대한 과도한 불안과 걱정으로 잠을 자지 못하거나 잠자리에서 일찍 일어나는 불면증에 시달리는 경우가 있습니다. 등교에 대한 불안 때문에 아예 잠을 못 자거나, 일찍 일어나거나, 자다가 자주 깨는 증상을 보이는 거지요.

셋째, 틱장애, 손톱 물어뜯기, 손가락 빨기, 발모(정수리, 귀 옆의 머리카락이나 눈썹을 뽑는 일) 증상을 보입니다. 이러한 증상은 불안 증상의 대표적인 예입니다. 학교생활에서 오는 긴장이나 불안과 같은 스트레스가 일시적으로 이런 증상을 나타나게 합니다.

넷째, 야뇨증과 배변 실수, 빈뇨 증상을 들 수 있습니다. 이 증상들은 낮시간 동안 긴장하며 학교생활을 하기 때문에 나타납니다. 야뇨증과 배변 실수는 좀 더 어린 시기에 나타나는데, 밤에 악몽에 시달리거나 학교에서 있었던 일들을 잠꼬대를 통해 표현하면서 소변을 실수하는 경우를 말합니다. 평소에 대소변을 잘 가리던 아이가 학교에서 배변 실수를 하기도 합니다. 좀 더 나이가 든 청소년의 경우 야뇨증이나 배변 실수보다는 빈뇨 증상이 더 많이 나타납니다.

다섯째, 신체 관련 증상입니다. 신체 관련 증상은 대부분 두통, 과민성 대장 증상인 복통, 목의 이물감 호소, 변비 등으로 나타납니다. 전날 특별한 일이나 문제가 없었는데도 갑자기 아침에 호소하는 이런 증상은 등교 거부를 보이는 아동들에게서 가장 흔하게 나타나는데, 병원에 가면 아무 문제가 없다는 말을 듣습니다. 이런 증상은 학교에 가지 말라는 부모의 말을 듣거나 주말이나 휴일이 되면 멀쩡해집니다.

 여섯째, 집중력 저하와 공격성, 감정조절의 문제입니다. 등교문제로 스트레스를 경험하는 아이들은 전과 비교하여 이런 증상이 심하게 나타납니다. 이런 증상은 등교시간이 다가옴에 따라 부모와 신경전을 벌이면서 증가되었다가 '등교하지 않아도 좋다.' 는 부모의 말이 떨어지면 바로 감소되는데, 다음 날 같은 행동을 다시 반복하게 됩니다. 심한 경우에는 짜증을 내거나 큰 소리로 울기도 하고 방문을 걸어 잠그고 자해 행동을 하기도 합니다. 평소에는 그냥 넘기던 일에 예민하게 반응하는 것은 물론이고요.

자녀와 쿨하게 소통하기

02
아이들은
왜 등교를 거부할까요

6학년 1학기 때는 학교에 잘 다니던 민영이가 2학기가 되면 서부터는 풀이 잔뜩 죽어서 학교가 재미없다고 한다. 학급 아이들이 별 이유 없이 때렸다는데 처음에는 혼자 어떻게 해 보려고 아무에게도 말하지 않다가 때리는 행동이 지속되자 학교폭력을 당하고 있는 자신이 너무 한심하고 학교에 다니는 것이 너무 무섭다고 도움을 청했다. (학교폭력에 시달려서 등교 거부)

초등학교 1학년인 은서는 남자 친구들이 놀린다고 학교에 가지 않겠단다. 성격이 예민해서 친구들이 무심코 던지는 말에 한마디 대꾸도 못하고 차곡차곡 상처로 쌓아 놓는 아이인데……. 선생님께 알아보니 전에 그런 일이 있어서 남자 친구들에게 주의를 준 뒤로는 그러지 않았다고 한다. 그런데도 은서는 자꾸 남자 친구들이 그러는 것만 같다고 하면서 그때 생각을 일부러 꺼내어 짜증을 내고 있다. (예민한 성격으로 인해서 등교 거부)

초등학교 3학년인 동이는 아주 뚱뚱하고 말도 없는 편이다. 엄마인 내가 봐도 뚱뚱하고 못생겼다. 동이는 학교에서 자기를 좋아하는 여자 친구가 아무도 없다고 남자아이들이 왕따라고 놀린다는 말을 가끔 한다. 그래서 짝을 바꾸는 날은 학교에 가기 싫다고 아침부터 운다. 좋아하는 친구랑 앉으라는 날은 자기랑 짝하고 싶어 하는 친구가 없어서, 선생님이 정해 주는 날은 짝이 된 친구가 눈을 흘기고 돌아앉는데 그걸 보고 다른 친구들이 동이 짝에게 안됐다며 혀를 끌끌 찬다고 한다. 다른 문제 같으면 전학이라도 가보겠는데 생김이나 성격이 문제라 어떻게 해야 할지 막막하고 속상해 죽겠다. 학교가 작아서 동이의 소문이 전교에 다 퍼졌는데 다른 학년 아이들도 동이를 우습게 보는 것 같아 참 속상하다. (생김새와 성격 문제로 왕따를 당해서 등교 거부)

6학년인 민지는 친구들 때문에 힘들어한다. 민지네 반에는 마음에 드는 친구가 없고 친해지고 싶은 친구는 모두 다 둘씩 짝이 되어서 민지가 끼어들 수가 없단다. 그래서 쉬는 시간이 되면 혼자 있는 것이 너무 자존심 상해서 책 보는 척, 잠자는 척, 뭔가 하는 척을 하면서 시간을 보낸다고 한다. 그래서 그런지 민지의 성격이 점점 소심해지고 있다. 민지는 매일 학교에서 왕따놀이를 하는 느낌이라고 하는데 왕따당하며 혼자 지내는 민지를 생각하니 눈물이 앞을 가린다. (왕따를 당해서 등교 거부)

혜원이 방을 청소하다가 일기장을 보게 되었는데 아이가 친구를 잘못 사귀고 있는 것 같다. 중학교 입학식 날에는 6학년 때 좋아하던 친구 중 몇 명이 같은 반이 되었다고 좋아했는데 어느 날부터인가 혜원이가 좋아하던 친구가 자기를 멀리하면서 뒷담화는 기본이고 다른 친구들에게 혜원이가 죽었으면 좋겠다는 말까지 했단다. 그래서 그 친구를 멀리하고 다른 친구를 사귀었더니 이번엔 배신자라고 하면서, 노래방비나 간식비를 대 주면 친구가 되어 준다기에 몇 번은 돈을 대 주었다는데 더 이상은 어떻게 할 수가 없다고 고민하는 내용이었다. (괴롭힘을 당해서 등교 거부)

딸 은비는 유치원에 다닐 때부터 유치원에 가는 걸 무서워했다. 그래도 시간이 지나면서 차츰 적응을 해서 그냥 끝까지 아무 소리없이 잘 다녔는데 초등학교에 입학하고 나서부터는 아침마다 학교 가는 일로 실랑이를 벌인다. 이유를 캐물으면, 그냥 학교에 가는 게 무섭고 싫다고만 한다. 유치원 때보다 심각해졌으니 정말 걱정이다. (학교가 무섭고 싫어서 등교 거부)

여덟 살인 아들 민혁이는 검도면 검도! 태권도면 태권도! 만능 재주꾼이다. 하지만 교문 앞에만 서면 얼음으로 돌변한다. 학교에 들어가지 못하는 민혁이는 남들이 다 좋아하는 친구도, 선생님도 필요가 없단다. 교실까지 내 손을 잡고 들어가는 민혁이, 내가 곁에 없으면 수업을 못하는 민혁이. 내가 보이지 않으면 교실 탈출은 기본, 수업은 제멋대로! 온몸으로 등교 거부를 외치는 민혁이, 세상에서 제일 싫은 게 학교라고 하는 민혁이는 오늘도 엄마 마음을 이렇게 아프게만 한다. (분리불안을 느껴서 등교 거부)

4학년 아들 동구는 배가 아프다면서 학교 가기 싫다는 날이 많다. 머리는 좋은데 나약하고 자신감이 없어서 친구를 못 사귄다. 지금까지 집으로 친구를 데리고 온 적도 없고 친구 집에 놀러 가는 일도 없었다. 생일날조차도 친구를 데려오지 못한다. 언젠가 아프다는 동구 때문에 선생님께 전화를 하니 동구가 너무 자신감도 없고 친구들과 놀지 못해서 동구를 위한 특별 프로그램을 진행하고 있다고 하셨다. 나약하고 자신감이 없어서 친구를 사귀지 못하는 것이 배 아픔으로 위장되는 것은 아닌지 걱정이다. (사회성이 없어서 등교 거부)

==직장을 옮겨 다니느라고 이사를 열 번 이상== 하다 보니 초등학교 2학년이 된 지 한 달밖에 안 된 아들 민석이가 유치원을 네 번, 초등학교는 두 번이나 옮겼다. 아침에 학교 갈 준비를 다 해 놓고도 학교에 가기 싫다고 집을 나서지 않는다. 한참을 실랑이를 하다가 마지못해서 지각을 간신히 면하는 시간에야 학교로 간다. 전학을 자주 다니는 것도 학교 가기 싫어하는 원인이 될까? 민석이는 학교생활을 전혀 즐거워하지 않는 것만 같다. (전학으로 낯선 환경에 자주 노출되어서 등교 거부)

==초등학교에 입학하자마자== 현수는 날더러 매일 아빠에게 학교에 데려다 달라고 운다. 아빠가 데려다 줄 때는 교실에 잘 들어가는데 엄마가 데려다 줄 때는 교실로 들어가는 척하다가 나를 따라오는 게 문제다. 달래서 들여보내면 다시 나와서 고집부리기를 수차례, 그러다가 아예 엄마가 교실에 가서 수업을 지켜본다. 그냥 엄마랑 있고 싶다는 게 이유다. 선생님 말씀으로는 아빠가 데려다 줄 때는 수업을 잘 한다고 하는데, 왜 아빠보고만 데려다 달라고 하고 아빠에게는 쓰지 않는 떼까지 쓰는 것인지 이해가 안 된다. 아빠는 회사 출근 때문에 엄마가 데려다 줘야만 하는데, 이제 지치고 화가 치밀어서 미치겠다. (엄마와 분리불안을 느껴서 등교 거부)

==4학년 아들 우현이가 어느 날== 두통을 핑계로 쉬고 싶다고 했다. 처음엔 진짜로 믿고 쉬라고 했는데 횟수가 반복되면서 남들이 모두 좋아하는 금요일에만 그런다는 것을 알았다. 이유는 금요일만 4교시에 수학이 들었는데 선생님이 꼭 그 시간에는 수학 문제를 푸는 순서대로 급식을 먹이는 바람에 수학을 못하는 우현이는 언제나 꼴찌가 된단다. 배가 고파서 문제가 더 안

풀어지는데 먼저 줄 선 친구들을 보면 창피하고 자존심이 상해서 머릿속이 하얘진다고 한다. 우현이가 공부를 못하는 것도 속상한데 그것 때문에 점심을 꼴찌로 먹는다니 나도 자존심 상하고 선생님이 정말 밉다. 그런다고 우현이가 수학을 더 잘할 것 같지는 않은데 담임선생님께 말씀 드려도 되는 건지 모르겠다. (친구들과 비교당하는 것이 두려워서 등교 거부)

 2학년인 개구쟁이 수영이는 선생님이 자기만 미워해서 학교가기 싫다고 한다. 짝과 같이 장난을 쳐도 자기만 혼낸다나. 수영이는 짝과 싸워도 선생님이 무서워서 고자질을 못하는데 짝은 수영이가 조금만 잘못해도 선생님께 바로 고자질을 해서 수영이 혼자서만 잔소리를 잔뜩 듣고 벌을 받는다고 한다. (선생님이 자기만 미워한다고 느껴서 등교 거부)

공부하기 싫어하는 6학년 딸 아름이와 시험 보는 날 아침에 다툼이 있었다. 늦게 일어나기에 시험 보는 날이니 얼른 일어나라고 했더니 학교는 왜 가야 하고, 공부는 왜 해야 하는 것이며, 시험은 왜 봐야 하는 거냐고 울면서 마구 소리를 지른다. 5학년이 되면서부터 시험 보는 날마다 이런 일을 치른다. 공부를 아주 못하지는 않는데 공부도 싫고, 시험도 싫단다. 시험 보는 날 아침이면 울면서 싸우고 학교 가는 아름이 때문에 속이 편하지가 않다. (공부와 시험에 관심이 없어서 등교 거부)

아직 2학년밖에 안 된 현수가 공부에 흥미를 잃은 듯하다. 내가 공부 가르쳐 줄 때 잘 못하면 구박하고 때려서 그런가 보다. 언제부턴가는 선생님도 싫어한다. 내가 문제 하나 틀릴 때마다 야단치고 때려서 그런지 선생님과 공부할 때도 못하면 얻어맞을 것만 같아서 조마조마하고 머리가 아프다는 말을 자주 한다. 이런 현수 때문에 나는 잠이 안 온다. 왜 아이를 때리면서 가르쳤는지 후회가 막급이다. (엄마의 꾸중 때문에 공부와 학교에 흥미를 잃어서 등교 거부)

03
등교 거부,
어떻게 예방할 수 있을까요

아이들의 등교 거부 현상은 무엇보다도 부모가 일찍 알아차리는 것이 중요합니다. 그러기 위해서는 평소에 자녀들의 행동을 관찰하고 대화를 통하여 심리 상태를 파악해 두어야 합니다. 만일 심각한 상황이 되면 심리치료, 인지행동치료, 약물치료와 같은 전문적인 치료를 받아야 합니다. 따라서 심각한 상황이 되기 전에 등교 거부의 증상을 알아차려서 지혜롭게 대처할 필요가 있습니다. 이제 등교 거부를 사전에 예방하는 방법과 약한 등교 거부 증상에 부모가 대처할 수 있는 방법을 알아봅시다. 등교 거부 행동은 대부분 오랫동안 지속된 스트레스 상황에서 발생하기 때문에 부모가 관여한다고 하루아침에 개선되지 않습니다. 반복적인 실패를 경험하더라도 지속적인 관심과 노력으로 아이의 손을 놓는 일이 없어야 합니다.

일상생활을 활용합니다. 먼저, 책이나 영화, 연극 공연을 이용해 봅니다. 요즈음에는 유치원이나 학교에 가기 싫어하는 아이들을 위한 동화 자료가 많이 나와 있습니다. 동화 속에는 학교에는 왜 가야 하는지, 학교에 가면 어떤 즐거움이 기다리고 있는지, 어떤 점이 좋은지를 알 수 있게 하는 내용이 들어 있습니다. 좀 더 큰 아이들이나 청소년에게는 자기가 관심 있어 하는 분야에서 성공한 사람들의 이야기가 담긴 책이 큰 도움이 됩니다. 연극 공연이나 뮤지컬, 영화가 주는 감동 속에서도 아이들은 꿈을 찾는 방법과 공부해야 하는 이유, 자신의 목표를 이루기 위해 해야 하는 일들을 발견할 수 있습니다.

그리고 기분 좋고 건강한 아침 시간을 만들어 줍니다. 아침 시간에 행복하고 경쾌한 기분이 들게 하는 음악이나 동요를 들려주어 정서를 밝게 하면 하루를 기분 좋게 시작할 수 있습니다. 심호흡이나 근육이완법도 불안하고 두려움에 찬 아이들의 마음을 진정시켜 줍니다. 가슴 가득 숨을 들이마셨다가 다시 내쉬기, 기지개 켜기, 목 운동, 허리 운동, 팔다리 운동 등의 가벼운 운동을 하고 나면 긴장감과 불안감을 풀 수 있어서 정서적 안정감을 찾게 되어 등교하기가 한결 가벼워지는 것입니다.

아침에 최상의 컨디션을 만들어 주는 것도 중요합니다. 저녁에 과식을 하거나 늦게 잠을 자게 되면 아침에 일찍 일어나기도 어렵고 즐거운 마음으로 등교하기도 어렵습니다. 하지만 가볍게 먹고, 평소보다 일찍 잠이 들면 건강한 상태로 일찍 일어나 즐거운 마음으로 학교에 갈 수 있습니다. 아침 일찍 일어났으니 아침밥도 든든히 먹을 수 있고, 예쁘고 멋진 옷까지 챙겨 입을 수 있으니 금상첨화입니다.

엄마와 함께 간식을 만들어서 친구들과 나누어 먹게 하는 방법도 좋습니다. 빵, 샌드위치, 초콜릿, 과자 등을 엄마와 함께 만들고 학교에 가져가서 선생님도 드리고 친구들과 나누어 먹게 하면 사회성이 키워질 수도 있고 학교에 가는 것이 즐거워질 수도 있습니다. 사회성이 부족한 아이나 왕따를 당하고 있는 아이들의 경우라면 더욱 좋겠지요.

토큰이나 점수 모으기 방법을 통해 부모가 바라는 방향으로 아이의 행동을 수정할 수 있습니다. 이 방법은 아이들이 바람직한 행동을 스스로 하려는 의욕을 불러일으킬 수 있는 효과적인 방법입니다. 토큰이나 점수를 모으기 전에 아이와 먼저 계약을 맺어야 합니다. 우선은 가장 먼저 고치고 싶은 행동을 한 가지 골라서 어떻게 행동할 때 점수를 얻는지, 한 번에 얻는 점수는 얼마인지, 점수를 모으면 어떤 방법으로 보상을 해 줄 것인지를 결정합니다. 일정한 점수를 얻은 뒤 받게 되는 보상은 되도록이면 아이가 바라는 것으로 정해 주어 스스로 행동 수정에 동기를 부여할 수 있도록 하는 것이 좋습니다. 보상을 받을 시기는 처음에는 자주 주되, 차츰 행동이 긍정적으로 변해 가면서 기간을 늦출 수도 있습니다.

 사회적 유능감을 키워 줍니다. 사회적 유능감을 키우려면 어릴 때부터 사회적인 상호작용을 할 수 있는 상황을 자주 만들어 주면 좋습니다. 사회성이 부족해서 남에게 말도 잘 붙이지 못하고 소극적으로 행동하는 아이들에게 식당에서 음식 주문하기, 문방구나 마트에서 물건 사 오기, 다른 사람에게 길이나 건물 위치 물어보기, 이웃집에 심부름하기, 전화로 생활 정보를 묻거나 음식 주문하기, 친척이나 친구에게 전화하기 등 타인과 직접적이거나 간접적으로 접촉해 볼 수 있는 기회를 일부러 만들어 줍니다. 다만, 아이의 저항을 줄이기 위하여 크게 부담스럽지 않은 작은 일부터 시작하는 것이 좋습니다.

학교에서 친하게 놀던 친구를 집이나 놀이터에서도 함께 놀 수 있도록 해 주는 것도 한 방법입니다. 학교에서 놀던 친구와 집이나 동네 놀이터에서도 사이좋게 놀 수 있는 사이로 발전하면 낯가림이 있거나 수줍어하는 아이들은 의지할 수 있는 친구 덕분에 학교생활을 좀 더 안정적으로 할 수 있습니다. 이것이 지렛대가 되어 다른 친구들을 사귈 수도 있고, 점차 학교에서 발생하는 여러 가지 문제 상황에도 좀 더 효율적으로 대처하는 힘을 얻을 수 있습니다.

바깥 활동으로 활기를 불어넣어 줍니다. 소심하고 에너지 수준이 낮아서 실내 생활을 많이 하는 아이들일수록 등교 거부 가능성이 높습니다. 운동 부족에서 오는 체력 저하는 물론이고 활동성이 적어서 아이가 성취할 수 있는 일들도 적어질 수밖에 없습니다. 그렇다면 아이가 좋아하는 바깥 활동을 하도록 하여 내적 에너지를 발산하고 활성화시켜서 평소의 불안감과 소심함을 개선할 필요가 있습니다. 바깥 활동은 아이가 좋아하는 것으로 선정하는 것이 좋습니다. 아이 친구 가족과 함께하는 스포츠 활동 같은 것이 좋은 예가 될 수 있습니다.

자녀의 친구를 집으로 초대하여 특별한 모임을 만들어 줍니다. 꼭 생일이 아니어도 자녀가 좋아하는 친구들과 집에서 활동할 수 있는 모임을 만들어 주라는 것입니다. 엄마와 자녀, 친구들이 함께할 수 있는 활동으로는 간식 만들어 먹기, 게임 하기, 또는 엄마가 잘하는 분야(춤, 동화구연, 종이접기, 지점토로 만들기 등)를 가르쳐 주기 등이 있습니다.

부모의 사회관계망을 이용합니다. 부모의 사회성이 낮다면 아이도 그럴 가능성이 높습니다. 아이 친구의 사회성 발달을 위하여 부모는 오래된 친구, 친척, 이웃, 아이의 부모와 모임을 자주 가지면서 사람이 서로 모여서 활동하는 것이 얼마나 즐겁고 신나는 일인지 경험하게 해 줍니다. 집으로 사람들을 초대하여 음식을 나누어 먹고 게임을 하며 노래방에도 가면서 사람들과 교류하고 그 속에서 즐거움을 느끼도록 해 주는 것입니다.

특기를 길러서 자존감을 높여 줍니다. 친구들에게 좋은 인상, 멋진 인상을 줄 수 있는 아이만의 특기를 길러 주는 것도 좋습니다. 아이가 노래, 춤, 악기 연주, 개그 등 특별히 잘하는 분야를 가지고 있으면 학급에서 인기 있는 친구가 되는 일은 쉽습니다. 아이가 소질을 보이는 재능이 있다면 일찌감치 키워 주는 것이 좋습니다. 다만, 이때에도 억지로 강요해서는 안 됩니다.

다른 사람들 앞에 설 수 있는 기회를 자주 만들어 줍니다. 사회성이 크게 떨어지지 않더라도 남 앞에서 말 한마디조차 하지 못하는 아이들은 꽤 많습니다. 친척이 와도 선뜻 그 앞에 가지 못하고, 말을 꺼내기를 무척 어려워하는 그런 아이들 말이죠. 이런 아이들은 학기 초에 자기소개하는 일도 아주 두려워합니다. 그런 아이들에게는 가족 앞이나 친밀한 사람들 앞에서 무언가 발표할 수 있는 기회를 만들어 주는 것이 좋습니다. 말이든, 노래든, 춤이든 간단한 운동이든 다른 사람에게 자주 보여 주면서 서서히 용기를 갖게 해 주는 것이지요.

 아이의 심리를 살피고 배려합니다. 먼저, 아이의 욕구 불만을 살펴야 합니다. 요즈음은 엄마, 아이 할 것 없이 모두가 바쁘게 살아갑니다. 엄마와 놀고 싶어도, 엄마랑 같이 있고 싶어도 직장 때문에, 학원 때문에 엄마와 함께하기가 어렵습니다. 어쩌다 엄마와 함께하는 시간도 노는 게 아니라 숙제를 하거나 시험에 대비하여 공부를 합니다. 그러면서 엄마는 잘한 것에 대한 칭찬보다는 못한 것에 대한 잔소리를 더 하게 되지요. 이로 인해 아이는 엄마에 대한 애정 욕구가 해결되지 않은 채 불만이 쌓이게 되고, 결국 학교에 가야 하는 아침이 되면 엄마에게 칭얼대고 등교를 거부하는 일이 생깁니다. 엄마가 아무리 바쁘더라도 일정한 시간을 마련하여 아이의 불만과 응석을 받아 주고 온전한 사랑을 주면 아이는 편안한 마음으로 엄마와 떨어질 수 있습니다. 아이에게 엄마와 함께하는 즐거운 경험은 학교를 향한 행복한 발걸음을 만들어 주는 원동력입니다.

다음으로 살필 일은 아이의 우울증과 불안한 심리 문제입니다. 아이들은 우울하다는 말 대신 무표정하고 기가 죽어 있으며 약한 활동성으로 심리 상태를 표출합니다. 부진한 성적, 자신의 능력에 대한 걱정, 친구들이나 교사와의 관계에 대한 불안이 아이를 우울하게 하는 거지요. 이렇게 불안하고 우울하면 성적도 떨어지고 괜한 짜증을 부립니다. 이런 증상이 보이면 곧 나아지겠거니 하고 내버려 두지 말고 곧바로 아이를 살피고 상황을 개선하기 위해 노력해야 합니다.

학년이나 학기가 바뀔 때는 평소보다 더 애정 어린 관심과 격려가 필요합니다. 어른들 중에도 직장을 새롭게 옮기는 일을 두려워하는 경우가 많은데 소심한 아이들의 경우라면 오죽하겠습니까? 따라서 새 학기나 새 학년이 되는 시기에는 바쁜 일을 잠시 미루더라도 아이가 새로운 환경에 적응할 수 있도록 배려해야 합니다. 새 학기나 새 학년에 대한 스트레스가 있다면 무조건 긍정적으로 받아 주는 것은 물론이고 바깥놀이, 외식, 운동 등 아이가 좋아하는 활동을 하게 하여 씩씩하고 밝은 마음으로 새 학기, 새 학년에 적응하도록 도와야 합니다.

초등학교에 입학하는 아이의 마음에 밝은 기대감을 심어 줍니다. 초등학교에 입학하는 일은 아이에게나 부모에게나 매우 큰 사건입니다. 즐겁고 행복해하며 호기심에 가득 찬 아이라면 걱정할 것이 없지만 엄마와 떨어질까 봐, 친구들과 잘 지내지 못할까 봐, 유치원 때보다 무서운 선생님을 만날까 봐 걱정을 하고 있는 아이라면 반드시 두려움을 없애 주어야 합니다. 그와 동시에 학교나 선생님에 대한 긍정적인 생각을 심어 주어야 하는데, 대부분의 부모는 아이들이 잘못된 행동을 할 때 별 생각 없이 "너 그렇게 하면 초등학교 들어가서 선생님한테 많이 혼난다. 초등학교 선생님이 얼마나 무서운지 알아?"라고 말합니다. 엄마들은 유치원을 갓 졸업한 아이들에게 이런 말들이 얼마나 위협적이고 학교와 선생님에 대해 두려움을 갖게 하는지 모르는 듯합니다. 학교에 가면 재미있고 신나는 일들이 많고, '선생님은 엄마처럼 학교에서 아이를 잘 돌봐 주는 사람'이라는 인식을 심어 준다면 아이는 밝은 마음으로 입학을 할 것입니다.

 부모로서 자신의 양육 태도를 살펴봅니다. 아이와 함께 학교에 대한 관심을 키워 갑니다. 입학을 하거나 전학을 하는 경우, 아이와 함께 미리 다니게 될 학교에 대해 알아보는 일은 학교에 가고 싶은 의욕을 북돋을 수 있습니다. 학교 주변을 시작으로 학교 운동장, 여러 가지 시설, 교실들을 가 보게 하여 학교가 친숙하게 느껴지도록 하는 것입니다. 요즈음은 인터넷의 발달로 학교 홈페이지를 방문할 수 있으니 아이와 함께 학교 현황, 교사 현황 등을 탐색해 보고 학생들의 사진 자료도 꼼꼼히 살피면서 아이가 가게 될 학교에 관심을 가지는 것이 좋습니다.

혹시 아이가 학교에서 고통을 당할까 봐 두려우신가요? 아이에게 무슨 일이 생길까 전전긍긍하고 아이가 선생님께 직접 전해도 되는 일을 엄마가 일일이 교사에게 전화해서 해결에 앞장서는 것은 아니겠지요? 엄마는 학교와 집에서 엄마가 해야 할 역할이 다름을 인식하고 아이의 학교생활에 너무 간섭하지 말아야 합니다. 혹시 아이가 일시적으로 고통을 당하더라도 스스로 해결 방법을 터득하게 해야 합니다. 이렇게 아이 스스로 문제를 해결할 수 있는 자율성을 키워 준다면 아이는 엄마 품을 떠난 학교에서도 당당하게 생활하는 힘을 기를 수 있습니다.

아이가 등교를 거부할 때는 아이의 마음을 이해해 주되, 학교에 가야 한다는 사실은 단호하고 일관성 있는 태도로 전하세요. 아이가 정신적 고통과 아픔을 호소한다고 등교 거부를 허락하면 아이는 다음에도 어떻게든 등교 거부를 하려고 여러 가지 방법으로 떼를 쓰게 될 것입니다. 한 번 학교에 가지 않으면 생기게 될 문제들, 이를테면 학습이 뒤처지고 친구 관계가 어색해질 텐데 그런 것은 어떻게 할 것인지 아이 스스로 생각하고 답하게 함으로써 학교는 꼭 가야 한다는 마음을 먹게 합니다.

04

자, 그럼 등교 거부에
대처하는 법을 알아봅시다

부모님의 자녀가 실제로 학교에 가지 않겠다고 합니다. 어떻게 해야
할까요? 상황에 따라 자녀의 등교 거부에 대처하는 법을 알아봅시다.

🥕 신체 증상 다루기

등교를 거부하는 아이들은 대부분 병원에 가도 별다른 이상이 발견
되지 않습니다. 그래도 아이가 아프다고 호소하면 바로 병원으로 가서
확실하게 이상이 없다는 것을 아이에게 확인시키고 늦더라도 학교에
보내야 합니다. 신체적으로 이상이 없다는 것이 확인되면 아이도 불안
감을 없앨 수 있습니다. 이 과정에서 부모는 아이를 야단치지 않도록
주의합니다. 그리고 담임교사와 보건교사에게 아이의 상황을 설명하
여 학교에서 아이가 아프다고 말하더라도 약을 주거나 보건실에서 쉬
도록 하는 일을 막아 줍니다. 물론 아이가 통증을 심하게 호소한다면
이야기는 달라지겠지요.

🥕 정서적인 고통 다루기

　심리적으로 취약한 아이들은 칠판 앞에서 문제 풀다가 틀릴까 봐, 학교에서 친구들이 놀릴까 봐, 선생님이 자신이 모르는 문제를 발표시킬까 봐 등 아직 일어나지 않은 일로 전전긍긍하며 불안해합니다. 그렇다고 부모가 야단을 치거나 놀리거나 거부하는 반응을 보이면 아이들은 더 위축이 됩니다. 아이가 이런 반응을 보일 때 부모는 아이의 불안을 이해하고 충분히 그럴 수 있다는 자세로 편안하게 받아들일 필요가 있습니다. 그리고 담임교사에게 전화하여 아이의 상황을 알리고 도움을 청하도록 합니다. 가능한 한 아이가 불안을 피하는 것이 아니라 이를 잘 극복하고 견디며 적응해 갈 수 있는 역량을 키우는 쪽으로 방향을 잡는 것이 좋습니다.

🥕 등교 거부로 얻는 이득 제거하기

　학교에 가지 않았더니 누릴 수 있는 혜택(게임하기, TV 보기, 맛있는 것 먹기, 밤늦게까지 놀기 등)이 많다는 것을 알게 되면 아이의 등교 거부 행동은 늘어 갈 것입니다. 따라서 등교 거부로 인해서 엉뚱하게 누리는 혜택을 철저하게 차단해야 합니다. 그리고 등교 거부로 인해 하지 못했던 일을 꼼꼼하게 챙기게 하여 등교 거부로 얻는 이득이 전혀 없다는 점을 깨닫게 해야 합니다. 예를 들면, 등교 거부로 인해 하지 못한 공부를 학교 시간표대로 하기, 학원에 꼭 가기, 그 날 선생님이 학교에서 내

준 숙제하기, 일어나고 잠자기 등을 등교하는 날과 똑같이 하게 하는 것입니다. 학교에 가지 않음으로써 얻게 되는 편한 것, 유리한 것이 없도록 함은 물론이고 등교를 거부함으로써 발생하게 되는 모든 일을 스스로 처리하게 하는 것입니다. 단, 부모는 이런 상황에서 아이에게 화를 내거나 비난하지 않는 것이 좋습니다.

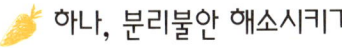 ## 하나, 분리불안 해소시키기

엄마와 떨어지는 것이 불안한 아이들은 엄마와의 안정적인 애착 형성이 무엇보다 중요하기 때문에 억지로라도 떼어서 등교시키려고 하면 오히려 더 불안해하고 난폭한 경향을 보입니다. 다음과 같은 방법으로 엄마가 언제나 자신의 곁에 있음을 확인시켜 주고 안정시킬 수 있는 방향으로 가야 합니다.

- 아이를 교실에 들여다 놓고 복도에 서서 아이를 보아 주기
- 쉬는 시간에 아이 보러 오기
- 수업을 마쳤을 때 데리러 오기
- 휴대전화로 쉬는 시간에 엄마와 통화하기
- 하교 후에 특별한 시간을 마련하여 아이의 성취를 칭찬하고 사랑으로 보상해 주기

아이가 적응함에 따라 아이를 지켜보거나 데리러 오는 횟수와 시간을 점차 줄여 나가도록 합니다.

🥕 사회적 기술 가르치기

또래 관계에 문제를 보인다면 우선 사회적 상호작용 기술을 익힐 수 있도록 남들과 어울릴 수 있는 기회를 만들어 줍니다. 집단 활동도 중요한데 또래 관계에 문제를 보이는 아이들은 대개 혼자 하는 활동을 많이 하므로 가능하면 아이가 좋아하는 친구나 집단과 함께하는 활동에 참여시켜서 점진적으로 사회성을 키워 가도록 돕습니다. 또한 구체적 사회적 기술인, 기분 좋게 인사하는 방법, 대화하는 방법, 궁금한 것 묻고 필요한 정보를 주고받는 방법, 친구들의 놀이에 끼워 달라고 요청하는 방법, 친하고 싶은 친구에게 다가가는 방법 등을 시범을 보이면서 가르쳐 줍니다. 그리고 자녀와 비슷한 문제를 가진 또래 친구들과 더불어 문제를 공유하고 해결할 수 있는 장을 만들어 줍니다.

🥕 담임선생님에게 협조 구하기

자녀가 교사나 학교에 두려움을 가지고 있다면 반드시 담임교사에게 다음과 같이 협조해 줄 것을 부탁하여야 합니다.

🥕 **분리불안 증상을 보이는 아이** 〉〉 아이가 학교와 학급에 적응할 때까지 부모가 교실에 자주 드나들 수 있게 하기, 아이가 쉬는 시간에 부모에게 전화할 수 있게 하기

🥕 **일반적인 불안을 보이는 아이** 〉〉 아이가 상황을 이해하고 공감해 주기,

공식적인 자리에 억지로 세우지 않기, 아이들 앞에서 꾸중이나 체벌하지 않기, 등교 거부 행동을 한다는 사실을 다른 아이들에게 알리지 않기, 아이가 잘 하지 못하는 것을 발표시키거나 시범을 보이게 하지 않기, 아이가 실패감이나 굴욕감을 느낄 만한 일을 하지 않게 하기. 단, 이 부분은 부모가 일방적으로 요구하지 말고 담임교사와 잘 의논하여 정하도록 하는 게 좋습니다.

 전문가에게 의뢰하기

이 밖에도 심한 언어장애, 주의력결핍, 우울과 불안, 또래 관계, 학습, 학교폭력, 따돌림 등으로 인해 등교를 거부한다고 판단되면 전문가에게 의뢰하여 집중적인 상담이나 치료를 받게 하는 것이 좋습니다.

참고문헌

첼리쎄라, 루스 자코비 공저, 조주연 역(2007). 학부모의 성공적인 대화법. 서울: 시그마프레스.
최명선, 정유진, 송현정 공저(2012). 등교 거부 아이 달래기. 경기: 이담북스.
즐거운 공부, 행복한 학습 만들기.

즐거운 공부,
행복한 학습 만들기

01
공부가 즐겁고
행복할 수 있을까요

'일등만 기억하는 더러운 세상'은 몇 년 전 모 방송국 개그 프로그램에서 술에 취한 역할을 맡은 개그맨이 한 말입니다. 이 말은 우리에게 많은 생각을 하게 합니다. 일류만을 추구하는 현재의 한국 사회를 꼬집는 것 같기도 하고, 일등만이 아니라 사회 전반을 이끌어 가고 있는 다수 사람들의 중요성을 강조하는 듯합니다. 이런 일등만을 기억하는 세상에 필수적으로 따라오는 단어는 '경쟁'입니다. 경쟁이라는 단어는 현재 한국 사회의 모든 분야와 연령대에서 화두가 되어 있습니다. 경쟁 사회에서 이기기 위해서는, 아니 살아남기 위해서는 최고가 되어야 하고, 최고가 되기 위해서는 끊임없는 노력과 희생이 필요합니다. 우리 아이들도 예외가 아닙니다. 학교나 학원에서 일등을 해야만 살아남을 수 있다고 생각합니다. 물론 아이들 스스로 이런 생각을 하는 건 아니겠지요. 아이들보다 먼저 세상을 살아 본 부모의 영향을 받았겠지요. 부모는 자신의 학창시절과 현재의 삶을 돌이켜 보면서 자녀의 현재 학업 성적이 미래의 삶을 결정한다고 생각하는 듯합니다. '현재의 학업 성적이 곧 미래 삶의 척도'라는 부모의 인식이 오늘날 아이들에게 선행학습을 강요하고, 학교가 끝나면 쉴 틈도 없이 아이들을 학원으로 내몰게 된 것은 아닐까요.

공자는 "배우고 때에 맞추어 익히니 즐겁지 아니한가."라는 말씀을 통하여 배우고 익히는 것이 즐거운 일임을 강조하였습니다. 여기에서 배우고 익히는 것을 학습이라고 하는데요, 우리는 앞의 글을 통해서 옛 선조들이 학습을 즐거운 활동으로 생각했다는 것을 알 수 있습니다. 초등 4~6학년 학생 467명을 대상으로 새 학기 고민에 대해 설문조사를 실시한 결과 48.3%(223명)가 '공부 및 성적'이라고 답을 했다는 모 일간지의 기사를 보면 요즈음 우리 아이들은 학습을 즐거운 활동으로 여기지 않는 것 같습니다. 이러한 원인은 어디에서 찾아볼 수 있을까요?

첫째, 과도한 사교육에서 찾아볼 수 있습니다. 현재 우리 아이들은 보통 1~2개, 많게는 3~5개의 학원을 다닙니다. 이외에도 가정에서 이루어지는 과외 및 학습지를 통한 사교육을 생각해 보면 아이들은 사교육의 홍수에서 헤매고 있다고 해도 과장된 표현이 아닐 것입니다. 더욱 심각한 것은 사교육을 받는 아이들 대부분이 자신의 의지와 상관없이 부모의 강요 때문에 그렇게 하고 있다는 점입니다. 이러한 현상은 아동들이 학습을 하고자 하는 동기를 빼앗아 갈 뿐만 아니라 능동적인 학습을 하지 못하게 하는 결과를 가져옵니다. 그리하여 부모에 의해 계획된 삶에 수동적으로 따르는 것이 습관화된 아동은 커서도 자신의 삶을 책임지지 못하고 자신의 잠재능력이 무엇인지, 어떤 것을 잘 할 수 있는지 답을 찾지 못한 채 사회에 나와 방황하는 시기를 맞게 될 것입니다. 실제로 학원 위주의 타율적인 교육에 익숙한 학생들이 자율성이 주어지는 대학에 들어가 제대로 적응하지 못하고 심각한 어려움을 겪는 경우가 종종 있습니다. 대학을 졸업하고 난 이후에는 상황이 더 심각해질 수 있습니다. 사회 구성원으로서의 역할을 준비해야 하는 중요한 시기에 자신의 정체성에 대해 혼란을 겪을 뿐 아니라 삶에 대한 자신감마저 상실하게 되니까요. 현재 많은 학생이 이런 어려움을 겪고 있다는 사실을 간과해서는 곤란합니다.

한국 교육의 현실 속에서 자녀의 행복한 미래를 위해 학원을 보내려는 부모와 사교육 때문에 자신의 행복을 빼앗겼다고 생각하는 자녀 사이에 갈등이 생기는 것은 당연한 일입니다. 그렇다면 부모와 자녀가 더불어 즐겁고 행복하도록 자녀가 학습할 수 있게 돕는 방법은 없는 것일까요?

02
공부가 힘든 아이들,
어디에 문제가 있는 걸까요

부모와 자녀가 함께 즐겁고 행복한 공부를 하기 위한 방법을 살펴보기 전에 부모나 자녀들이 학교나 학원 그리고 가정에서 학습을 하는 과정에 어떠한 어려움을 겪고 있는지 사례를 살펴봅시다.

철민이는 5학년 남자아이다. 부모님이 함께 자영업을 하시는데 밤늦게까지 일을 하고 집에 들어오신다. 더욱이 2학년 남동생이 있어 방과 후에는 철민이가 부모님 대신 동생을 돌보아야 한다. 가정환경이 이렇다 보니 학원을 다니는 것도 어렵다. 특히 엄마는 학기 초 담임선생님과의 상담 시간을 통해서 철민이가 수업 시간에 이루어지는 기본적인 학습은 잘 따라하지만 가정학습으로 제시된 숙제를 하지 않기 때문에 복습과 심화학습이 나타나지 않는다. 그렇기 때문에 좀 더 성적이 오르지 않고 있다는 말씀을 들었다. 내년이면 6학년이 되는데 부모님은 철민이의 학업 성적 때문에 고민이 많다. (숙제를 하지 않아 성적이 오르지 않는 아이)

종철이는 6학년 남자아이다. 학습 태도도 양호하고 학원도 잘 다니는 편이다. 성적도 사회나 영어 교과를 제외하고는 모두 양호한 편이다. 하지만 6학년이 되고 교과 내용 중에 외워야 하는 부분이 증가하게 됨으로써 학습에 많은 어려움을 겪게 되었다. 특히 영어에서는 단어 외우는 것을 아주 힘들어 한다. 사회 교과도 고학년이 될수록 학습해야 하는 양이 많아지면서 공부하는 시간에 비해 성적이 잘 나오지 않는다. 부모님은 이런 종국이가 걱정스럽다. 더욱이 중학생이 되면 암기해야 할 학습량이 더 많아질 것인데 지금보다 성적이 더 떨어질 것 같아 고민이다. 종철이 자신도 학년이 올라갈수록 외워야 할 내용이 많아지는 것에 대하여 많은 걱정을 하고 있다. (암기 요령을 몰라 학습능률이 향상되지 않는 아이)

현수는 3학년 남자아이로 밝고 웃음이 많으며 사교적이어서 친구들과 잘 어울려 노는 편이다. 특히 친절하고 배려를 잘 해 주는 같은 반 여자 친구와 놀 때가 가장 재미있다고 말한다. 이렇듯 활발한 성격에 표현력도 왕성한 현수지만, 학교나 학원 수업 시간이나 집에서 숙제를 하는 것과 같이 학습과 관련된 활동에는 스스로 참여하지 않고 매우 수동적이다. 이렇다 보니 학교에서 교사가 일러 주고 권하는 것만 마지못해 행동에 옮기고, 스스로 공부를 해야겠다는 의지는 전혀 보이지 않는다. (공부하려는 동기가 없는 아이)

동호는 초등학교 4학년 남자아이로 운동을 좋아하고 붙임성이 좋다. 친구들과도 잘 지내는 편이며 담임선생님을 어려워하지 않아 축구를 하고 싶다거나 점심시간에 인기가요를 듣고 싶으면 담임교사가 귀찮을 정도로 조른다. 현재 태권도 학원과 보습 학원을 다니고 있으며 틈틈이 집에서 주요 과목 문제집을 풀고 있다. 운동을 좋아해서 점심시간에는 매일 축구를 하러 나가고 학원 가기 전에 학교 운동장에서 축구를 하기도 한다. 하지만 학습에 대한 흥미가 매우 부족하여 학교나 집에서 공부만 시작하면 멍하니 허공을 바라보며 딴 생각을 하는 경우가 많다. 또한 학교나 학원에서 내주는 숙제를 하지 않는 경우가 많아 엄마와 신경전을 벌이기 일쑤다. 이렇다 보니 교과 전반에 걸쳐 성적이 좋지 않다. (관심이 다른 데 있는 아이)

은영이는 5학년 여자아이다. 대부분의 교과 성적은 우수한 편이며 학교나 학원 수업 시간에도 적극적으로 참여하나, 수학 점수는 70점을 받을 정도로 어려워한다. 그래서 엄마는 은영이의 수학 성적을 끌어올리기 위하여 수학을 전문적으로 가르치는 학원을 다니게 했지만 성적은 나아지지 않는다. 오히려 학원에서 선행학습 위주로 학습을 하다보니 중심 개념이나 원리에 대한 이해가 부족한 채로 새로운 내용을 접하게 되면서, 오히려 성적이 떨어지고 흥미와 자신감마저 잃게 되어 학습 의욕이 떨어지게 되었다. (선행학습이 독이 된 아이)

영서는 2학년 남자아이로 외동아들이다. 읽기, 쓰기, 셈하기가 다른 아이에 비해 저조하여 학습에 어려움이 많다. 숙제를 해 오지 않고 수업시간에 멍하게 앉아 있기도 하며, 씻는 것을 싫어하여 친구들로부터 따돌림을 당하기도 한다. 영서는 다른 아이에 비해 언어발달이 1년 정도 늦었다. 영서 엄마는 이런 영서가 자신감을 갖는 것이 중요하다고 생각하여 학습을 중요하게 여기지 않았다. 하지만 학교에 들어간 후 기초학습이 부족하다보니 아이가 국어와 수학을 싫어하며 성적도 저조하다. 더 나아가 자신감도 떨어지게 되어 아이가 많이 위축되어 있다. (학습결손과 학습부진으로 학교생활에 어려움이 많은 아이)

인수는 2학년 남자아이다. 매우 귀엽게 생겼으며 두뇌가 명석한 편이어서 학습에 대한 이해가 빠르나 공부 시간에 교사나 엄마의 눈치를 보아 가며 딴짓을 많이 하기 때문에 성적은 중위권 정도다. 엄마가 잠시 눈을 돌린 사이 자신이 좋아하는 작은 장난감들을 만지작거리기도 하고 필통 속의 물건들을 조합하여 장난감처럼 가지고 놀다가 꾸중을 듣기도 한다. 학교나 학원 수업 시간에도 과제를 해결하는 과정에서 다른 아이들에 비해 산만하고 집중하는 시간이 짧다. (집중이 어려운 아이)

규림이는 초등학교 5학년 여자아이로 학기 초 실시한 기초학력평가에서 수학 과목의 기초학습부진아 명단에 오르게 된다. 4학년 때 학교 성적이 좋지 않아 친구들로부터 놀림을 받은 일이 있었는데 이로 인하여 부모님은 전학을 시킬 생각도 하였다. 특히 규림이는 학년이 바뀌거나 새로운 교실이나 학원 등과 같은 낯선 장소, 새로운 선생님이나 친구들과의 만남 등과 같은 상황에서 심하게 불안감을 느껴 가만히 있질 못하고 왔다 갔다 하며 말을 많이 한다. 교과 중 수학 성적이 가장 부진하고 새로운 것을 배우게 될 때 자신은 할 수 없다고 하면서 도전도 해 보지 않으려고 한다. 규림이는 이런 불안 증상 때문에 또래들과 깊이 있는 관계를 맺지 못하며, 이러한 행동으로 인해 친한 친구가 없다. 자신감이 부족하다보니 자신은 공부를 잘 할 수 없다는 이야기를 부모님께 종종 한다. (불안감으로 위축되어 있는 아이)

수영이는 5학년 여자아이이다. 평소에는 공부를 열심히 해 성적이 좋은 편이나, 시험 때만 되면 불안해하고 몸이 아파 제대로 시험을 보지 못하는 경우가 자주 있다. 수영이는 시험을 앞두고 공부는 해야 하는데 집중은 안 되고, '시험을 못 보면 어떻게 하나?' 하는 생각에 불안하고 초조해한다. 그리고 시험 보는 날에는 어김없이 몸이 아파 제대로 시험을 볼 수 없다고 한다. 엄마는 이런 수영이에게 너무 예민해서 그런 것이니 평소에 좀 더 열심히 공부하고 시험 기간에는 잠을 잘 자서 몸이 피곤하지 않도록 하여 시험 때 아프지 않도록 노력해 보라고 말하기도 하였다. 하지만 시험 기간만 되면 우울해하고, 가족에게 사소한 일에도 자주 짜증을 내는 수영이의 모습이 나아지지 않아 부모님은 걱정이다. (시험 기간에만 아픈 아이)

자녀와 쿨하게 소통하기

03
어떻게 하면 자녀들이
즐겁게 공부하게 될까요

자녀가 즐거운 마음으로 학교나 가정에서 스스로 학습하는 모습을 보게 되면 부모는 행복할 것입니다. 그렇다면 부모가 어떻게 해야 아이들이 스스로 즐겁게 학습하도록 만들 수 있을까요? 이러한 부모의 고민을 해결해 줄 수 있는 방법을 찾아봅시다.

 자녀들이 자발적인 학습 동기를 갖게 돕습니다. 사람이 어떠한 행동을 하는 것은 그 행동을 하게 하는 원인이 있기 때문입니다. 공부 역시 공부를 해야만 하는 이유가 있을 때 확실한 동기 부여가 되어 더욱 공부에 전념할 수 있습니다. 동기란 무엇인가를 하고 싶도록 하는 마음을 말하며, 유발은 마음을 이끌어 내는 것을 말합니다. 결국 학습 동기 유발이란 공부하고 싶은 마음이 들도록 하는 것입니다. 학습 동기가 생기지 않고서는 결코 공부를 잘할 수 없습니다. 공부는 하고 싶어야 하는 것이지 억지로 할 수 있는 것이 아니기 때문입니다. 따라서 학습 동기가 확실하면 좋은 공부 습관을 만드는 데 반은 성공한 셈입니다.

학습 동기는 일단 학습 분위기를 만들고, 공부에 관심을 갖게 하며, 할 수 있다는 자신감을 갖는 데서 생깁니다. 또한 학습 동기는 학습 의욕을 불러일으켜 학습활동의 효과를 높이고, 지속적인 학습 의욕을 가지게 합니다. 학습 동기는 학생들의 자기주도학습에도 큰 영향을 미칩니다. 동기가 충분한 학생들은 자기주도학습, 즉 스스로 목표를 세우고 나름대로 치밀한 계획을 세워 공부를 합니다. 따라서 자기주도학습을 위해서도 학습 동기를 유발하는 일은 매우 중요합니다. 학습 동기를 유발하는 방법에는 비전 세우기, 공부 목표 설정하기, 자기효능감 높이기, 집중력 높이기, 성취감 높이기 등이 있습니다.

 자녀가 즐겁게 공부할 수 있는 환경을 만들어 줍니다. 학습 환경에는 물리적인 환경과 심리적인 환경이 있습니다. 물리적인 환경은 자녀의 학습이 이루어지는 장소의 물리적 여건과 시간적 여건을 말합니다. 공부에 집중할 수 있는 공부방이 있는지, 공부방의 규모가 큰지, 주변이 조용한 곳인지, 통풍은 잘 되는지, 공부할 자료와 참고서가 충분한지, 공부할 시간이 충분히 확보되는지 등 공부를 할 수 있는 여러 가지 환경 여건을 물리적 환경이라고 할 수 있습니다. 심리적 환경은 자녀가 공부하려는 마음이 들 수 있도록 도와줄 수 있는 주변의 심리적 지원 환경을 말합니다. 심리적 환경을 만들어 주기 위해서는 가정에서 안정적인 분위기를 조성하여야 하며, 이를 위하여 가족 구성원의 협력과 노력이 필요합니다. 또한 부모와 자녀 또는 자녀들 상호 간에 인간적인 유대관계를 형성하여 서로 마음을 터놓고 대화를 나눌 수 있는 신뢰하고 존중하며 긍정적인 가정환경을 가꾸도록 하여야 합니다.

자녀가 자기관리 능력을 기를 수 있도록 도와주어야 합니다. 부모는 목표를 세워 이를 실천하는 목표 관리, 공부를 저절로 하게 만드는 학습 환경 관리, 자투리 시간을 활용하게 하는 시간 관리, 자신만의 공부 방법을 찾아가는 학습 태도 관리 전략에 대해 잘 알고 자녀를 지도할 수 있어야 합니다. 그러나 이러한 자녀 지도 과정에서 부모가 꼭 유념해야 할 점은 학습의 주도권이 점진적으로 부모에게서 자녀에게로 넘어가야 한다는 것입니다. 부모의 개입은 초반에만 이루어지는 것이 바람직하며, 지나치게 깊숙이 개입하는 것은 오히려 부작용을 낳을 수 있다는 점을 명심해야 합니다.

 자녀를 믿고 기다려 주는 부모가 되어야 합니다. 자녀가 학습과정에서 자기주도성을 갖기 위해서는 자녀 스스로 온전하게 학습에 참여하여 계획하고 관리하며 평가하고 반성할 수 있어야 합니다. 자기주도적 학습은 외부로부터 일체의 도움을 받지 않는 게 아니라 자신의 학습 과정에 대한 주도성을 체험함으로써 궁극적으로 자기주도학습 능력을 신장하는 것입니다. 즉, 학습자가 다양한 학습 전략을 활용하다가 이런저런 시행착오를 겪으면서 서서히 자기 나름의 학습 스타일을 갖추어 가는 것입니다. 그런데 이것은 하루아침에 되는 일이 아닙니다. 따라서 부모는 초조해하지 말고 참을성 있게 기다려 줄 수 있어야 합니다. 시간의 숙성을 통해 자기주도학습 능력을 키운 자녀는 학습에 대하여 자신감을 갖게 되고 스스로 한 선택과 결정에 책임을 지는 능력도 갖추게 됩니다. 이 과정에서 부모의 성급한 개입은 전혀 도움이 되지 않습니다. 따라서 아이의 학습에 관심을 갖고 지원하되 아이 스스로 자기 스타일에 맞는 공부 습관을 형성해 가도록 기다려 주는 것이 좋습니다.

04

자, 그럼 자녀가 행복하게 공부
할 수 있게 돕는 방법을 알아봅시다

🥕 집중력 향상시키기

자녀의 집중력을 향상시켜 주기 위한 첫 번째 단계는 아이의 주의력을 모으는 것입니다. 하지만 아이들 스스로가 공부에 방해되는 것들을 찾아 없애는 것은 힘들 수 있습니다. 그러므로 공부에 집중하는 데 방해되는 것들을 아이와 함께 찾고, 그것들을 어떻게 제거할 것인가에 대해 함께 생각해 봅니다. 자녀들의 생각을 충분히 들으면서 방해요인을 하나씩 제거하는 과정을 거칩니다. 이렇게 부모와 함께하는 과정을 통해 아이들은 부모가 자신을 존중하고 믿는다는 신뢰감과 잘 할 수 있다는 기대감을 갖게 되기 때문에 더 열심히 하려고 할 것입니다.

두 번째 단계는 아이의 현재 정서 상태가 어떠한지를 점검해 보는 것입니다. 왜냐하면 불안이나 우울 같은 불안정한 정서 상태가 아이의 집중력을 떨어뜨릴 수 있기 때문입니다. 기분이 좋거나 안정된 정서를 가진 아이들이 학교에서도 잘 적응하고, 수업에서도 집중력을 보이는 것은 당연합니다. 따라서 부모는 자녀가 수업이나 과제에 몰입하지 못하는 이유가 무엇인지 알아야 합니다. 자녀에게 학교 문제, 친구 문제, 자신감 문제 등 집중에 방해가 되는 요인이 있는지 점검하여 같이 해결해 나가도록 노력합니다.

자녀와 쿨하게 소통하기

세 번째 단계는 아이가 주로 공부하는 장소에 대하여 점검하는 것입니다. 공부하는 장소에 아이를 자극하고 유혹하는 물건(게임기, 휴대전화 등)이 있다면 집중력을 발휘하기가 어렵습니다. 따라서 책상 위를 정돈한다든지, 컴퓨터나 장난감 등은 공부방이 아닌 다른 곳에 배치해 둔다든지, 공부할 때는 휴대전화를 무음으로 하거나 보이지 않는 곳에 두는 방법을 활용할 수 있습니다.

네 번째 단계는 자녀의 집중력을 키울 수 있는 구체적 방법을 적용하는 것입니다. 다음 방법들이 도움이 될 것입니다.

응시법

응시법은 최면요법을 응용한 것으로 눈앞의 물건을 시력을 가지고 부순다는 느낌으로 잠시 동안 임의의 한 점을 정해 응시하는 것을 말합니다. 이렇게 사물에 시선을 몰입하면 의식이 극히 좁은 범위로 서서히 조여들어 정신을 통일할 수 있습니다. 즉, 시야를 극도로 좁은 부분에 한정시킴으로써 심적인 에너지를 높여 집중력을 증가시키는 방법입니다. 이러한 응시법의 하나로 정점 응시법이 있습니다. 이 방법은 우선 흰 배경에 직경 3센티미터 정도의 검은 원을 그려서 벽에 붙여 놓고, 책상에 바른 자세로 앉아 눈을 가만히 감고 온몸의 힘을 서서히 뺀 후 눈을 뜨고 5초 정도 원을 바라본 후 눈을 감습니다. 그러면 검은 점의 영상이 떠오르는데, 이런 식으로 처음에는 5초 동안 바라보다가 서서히 10초, 20초, 30초로 시간을 늘려 갑니다.

다음은 코끝 응시법입니다. 이 방법은 실내에 응시할 것이 없을 때 하는 방법으로 우선 마음을 안정시키고 눈을 반쯤 떠서 자기의 코끝을 5초 동안 내려다봅니다. 그리고 눈을 감고 금방 보았던 코끝의 모습을 상상하면서, 처음에는 5~6회 반복하다가 차츰 10회, 20회, 30회⋯⋯로 늘립니다. 응시 시간도 10초, 20초, 30초⋯⋯로 늘리도록 합니다.

수리 계산법

1~9 중에서 한 수를 골라 그 숫자에 적당한 수를 더해 가는 방법입니다. 일정한 숫자 이상이 되면 다시 거꾸로 세어 내려오면 됩니다. 예를 들면, 5에서 시작하여 7씩 차례대로 더해 가다가 12, 19, 26, 33, 40,⋯⋯, 500이 되면 7씩 줄이면서 493, 486, 479, 472, 465,⋯⋯ 식으로 세는 것입니다. 이렇게 수를 반복하면 집중력이 길러집니다. 또는 적당한 수에서 일정한 수를 마음속으로 빼 가며 세는 방법을 사용할 수 있습니다. 예를 들어, 100에서 2씩 거꾸로 세는 것입니다. 높은 학년의 아이는 4씩 거꾸로 세고, 낮은 학년의 아이는 1씩 거꾸로 세어 보도록 하는 것도 좋습니다.

글자 찾기

아무 책이나 한 쪽을 펴 놓고 그 안에서 특정 글자를 찾게 하는 방법입니다. 예를 들어, '를' 자가 몇 번이나 나오는지 찾는 게임입니다. 얼마나 시간이 걸리는지 보는 것이 아니라 얼마나 정확하게 찾는지 보는 것으로, 아동이 정확하게 다 찾으면 보상을 주어 흥미를 갖도록 합니다. 처음에는 활자가 큰 책으로 하다가 나중에는 작은 활자로 된 책을 이용하는 게 좋습니다. 이때 빨리 찾아야 한다는 말을 해 주면 아이가 높은 집중력을 보이게 되는데 시간이 날 때마다 한 번씩 해 보면 많은 도움이 됩니다.

스스로 시간 관리하게 하기

시간은 신이 모든 사람에게 똑같이 준 최고의 선물입니다. 그러나 시간은 한 번 흘러가면 영원히 돌아오지 않는 것이기에 시간 관리는 아주 중요합니다. 어떤 사람은 정말 필요한 일에 2분을 쓰고, 어떤 사람은 필요한 서류가 어디 있는지 찾거나 쓸데없는 걱정에 2시간을 쓰기도 합니다. 시간은 그것을 어떻게 효율적으로 사용하는지에 따라 부족하기도 하고 넉넉하기도 합니다. 시간 관리란 자기를 관리하는 기술의 하나로, 효율적으로 일을 처리할 수 있도록 시간을 계획하고 실천하며 평가하고 조정하는 것을 말합니다. 아동이 생활계획표에 따라 시작하는 시점과 끝내는 시점을 정해 놓으면 꾸물대지 않고 곧바로 공부를 시작할 수 있고, 정해진 시간 내에 과제를 완성해야 하므로 집중력도 좋아집니다. 또한 정해진 휴식 시간에 휴식을 취하면 더 알차고 마음 편하게 쉴 수 있습니다. 무엇보다도 부모의 잔소리를 듣지 않아도 되므로 스트레스를 덜 받아 좋습니다. 따라서 시간 관리를 스스로 잘하는 것은 인생을 고달프게 사는 게 아니라 풍요롭게 사는 것임을 자녀에게 알려 줍니다.

시간 관리는 규칙적인 생활에서 시작됩니다. 규칙적인 생활을 하려면 아침에 일찍 일어나는 것부터 시작해야 합니다. 시간에 쫓겨 밥도 먹지 못하고 허둥대며 학교에 가는 자녀는 황금 시간대인 1~2교시 수업을 망치게 됩니다. 자녀가 생활계획표에 따라 정해진 시간에 정해진 과제를 해 나가기 위해서는 가족의 도움이 필요합니다. 저녁 식사 시간을 아이의 시간 계획에 따라 맞춘다거나 계획되지 않은 일은 되도록 집안에서 일어나지 않도록 배려해 주어야 합니다.

자녀가 시간을 절약할 수 있는 자신만의 전략을 세우게 하는 것도 중요합니다. 시간을 잘 활용하기 위해서는 먼저 시간 절약의 요령을 잘 알아야 합니다. 시간 관리 전략을 다른 말로 우선순위 전략이라고 하는데, 이것은 일의 중요도를 따져 보고 중요한 것부터 해 나가는 것을 의미합니다. 또한 일의 결과보다는 시작을 중요하게 생각하도록 합니다. 시작하는 것을 두려워하지 말고, '시작이 반이다.' 라는 말을 믿고 우선 시작부터 하는 습관을 들이도록 격려해 줍니다. 시간이 오래 걸리는 과제가 있다면 그 날 즉시 조금이라도 시작하게 하고, 큰 과제는 작은 단위로 나눈 후에 작은 것부터 시작하게 합니다. 이렇게 일단 시작을 해 놓으면 완성을 하고 싶은 동기가 부여되어 과제 수행 속도가 빨라질 수 있습니다. 과제를 시작하지 않고 뒤로 미루는 행동을 벗어나려면 자기 합리화를 경계해야 합니다. '지금 하는 것보다 나중에 하면 더 능률이 오르니까' '하고 싶을 때 해야 능률도 오르거든' 등 미루는 행동에 대해서 스스로 합리화하는 습관을 버리도록 합니다.

자투리 시간을 활용할 수 있도록 합니다. 우리의 일상생활에는 자투리 시간이 많이 있습니다. 예를 들면, 잠에서 깨고 난 후, 잠들기 전, 식사 직후, 등하굣길 등 조각난 시간들을 합하면 우리가 평소에 상당히 많은 시간을 무의미하게 보내고 있다는 사실을 알 수 있습니다. 친구와 만날 때는 도서관이나 서점에서 약속을 해서 기다리는 동안 책을 읽는

다든지, 또는 등하교할 때도 단어장이나 공식집을 들고 다니는 등의 자투리 시간을 활용하는 방법을 통해 무심코 버리는 시간을 줄일 수 있습니다.

특히 학교에서 쉬는 시간 10분은 중요한 자투리 시간입니다. 대부분의 학생이 이 시간을 활용할 줄 모르는데, 쉬는 시간 10분 중 처음의 2분과 마지막 2분을 잘 활용하면 큰 효과를 볼 수 있습니다. 먼저 쉬는 시간이 시작되자마자 2분 동안 금방 배운 것을 복습하면 집에 가서 한 시간을 복습하는 것과 같은 효과를 볼 수 있습니다. 수업이 시작되기 2분 전에는 책과 공책을 펴고 다음 시간에 배울 내용을 한 번 훑어보면 충분히 예습의 역할을 합니다.

🥕 자녀의 학습 동기 알아보기

공부하고 싶은 마음이 들도록 하는 것이 학습 동기입니다. 만일 부모가 자녀의 학습 동기 수준을 알 수 있다면 자녀의 학습을 돕는 데 많은 도움이 될 것입니다. 다음은 간단한 검사로 자녀의 학습 동기 수준을 알아볼 수 있는 검사지입니다.

다음의 질문에 '예'나 '아니요' 중 해당하는 곳에 표시해 보세요.

항목	예	아니요
1. 나는 공부가 즐겁다.		
2. 나는 숙제를 하다가 모르는 문제가 생기면 혼자 힘으로 문제를 해결한다.		
3. 나는 새로운 것을 배울 수 있다면 성적보다는 공부하는 과정에 만족한다.		
4. 나는 공부를 하다가 호기심이 생기면 그 문제를 해결하고 넘어가야 한다.		
5. 내가 공부에 흥미를 느끼고 있는지를 중요하게 생각한다.		
6. 나는 접해 보지 못한 새로운 문제에 도전하는 것을 즐거워한다.		
7. 나는 단순하고 쉬운 문제보다 복잡하고 어려운 문제를 푸는 과정에서 흥미를 느낀다.		
8. 나는 스스로 공부 계획을 세우고 실천하는 과정이 좋다.		
9. 나는 새로운 것을 배우는 동안 실수하는 것이 두렵지 않다.		
10. 나는 공부하는 동안 집중을 잘한다.		
계		

- **'예'가 6개 이상인 아동》** 자신의 마음가짐 속에서 학습 동기가 충분히 형성된 아동입니다. 현 상태를 유지하면서 효과적인 공부 방법을 찾는다면 자신의 실력을 최대한 발휘할 수 있습니다.

- **'예'가 3~5개인 아동》** 기본적으로 공부에 대한 거부감이 없으며 현재 공부를 하는 목표가 어느 정도 있는 아동입니다. 하지만 이 목표를 구체화하고, 실천 방안을 명확하게 정리하면 공부에 대한 목표가 더 강화될

자녀와 쿨하게 소통하기

것입니다.

 **'예'가 2개 이하인 아동》** 주변 상황 때문에 억지로 공부하거나 단지 칭찬이나 상을 받기 위해 공부하고 있는 아동일 가능성이 있습니다. 자기가 공부를 하는 이유에 대해 곰곰이 생각해 보고, 앞으로 어떻게 공부하고 싶은지 부모님과 충분한 이야기를 나누어야 할 아동입니다.

참고문헌

박효정 외 공저(2011). **내 공부의 내비게이션 자기주도학습**. 서울: 한국교육개발원.
머니투데이 기사(2012. 03. 07.) 새 학기 초등생 "가장 큰 고민은⋯".
진혜전 외(1998). 학습 동기 촉진 및 기술 훈련 프로그램. **청소년 집단상담 프로그램 자료집**,
  pp. 87-136.
서울특별시교육연수원(2011). 학부모와 학생이 함께하는 자기주도학습 프로그램 연수 교재.

형제간의 갈등, 깔끔하게 풀어 주고
사이좋은 형제로 키우기

9

01
애들 싸움 때문에
머리가 아프다고요

성격과 개성이 서로 다른 형제(여기서 형제는 형제, 남매, 자매를 모두 포함하기로 합니다)들이 한 집에서 서로의 성격과 개성을 존중해 주며 부모가 바라는 대로 사이좋게 지내 준다면 얼마나 좋을까요? 어떤 형제들은 갈등을 겪지 않고 서로 도우며 사이좋게 잘 지내는데, 어떤 형제들은 다투려고 태어난 것처럼 별일 아닌 것으로 쉴 틈 없이 욕하며 다투고 싸웁니다. 또 어떤 형제는 세상에 둘도 없는 사이처럼 친밀감과 애틋함을 보여 부모를 행복하게 하다가도 언제 그랬냐는 듯이 순식간에 원수처럼 치열하게 싸우기도 합니다. 싸움 때문에 부모에게 혼이 나고 벌을 서며 형제 사이가 나빠지는데도 그런 괴로움은 금방 잊고 싸움을 되풀이합니다. 이렇게 싸움을 그치지 않는 형제들을 보며 부모는 생각합니다. '가장 가깝고 친해야 할 형제들이 왜 저렇게 날마다 으르렁거리는 거지? 형제가 서로를 위해 주는 일이 그렇게도 힘들까?' '어떻게 해야 하지?' 라고 말이죠.

형제들이 싸우는 이유는 매우 많습니다. 형제가 기분을 나쁘게 했을 때, 앙갚음할 일이 생겼을 때, 방이나 장난감을 독차지하려고 할 때 등 일상에서 벌어지는 크고 작은 일들이 다 싸우는 이유가 됩니다. 그러나 형제 싸움에 대한 연구들은 '다른 형제들보다 자기가 부모의 사랑과 관심을 더 받고 싶어서'가 가장 큰 이유라고 합니다. 결국 애정 싸움이라는 건데요, 이렇게 보면 아이들 싸움도 부모의 행동에서 비롯된다는 해석이 가능합니다. 그러면 부모는 형제들 사이에 갈등과 싸움이 일어날 때 어떤 행동을 할까요? 그냥 몇 마디 말로 끝내시나요? 아니면 자녀들과 같은 방식으로 소리를 지르거나 욕설과 폭력을 써 가면서 말리시나요? 자녀들에게 아예 맡겨 두시나요? 아니면 어느 한쪽 자녀의 편을 들어 주시나요? 참 쉽지 않은 일입니다. 형제들의 갈등을 줄이고 사이 좋은 관계를 만들려면, 부모는 우선 형제의 갈등을 바라보는 시각을 달리하고 갈등에 영향을 주는 요인이 무엇인지 알아본 뒤 상황에 맞게 적절히 대처할 필요가 있습니다.

부모가 형제의 갈등을 어떻게 바라보는가 하는 것은 갈등을 해결하는 과정에서 매우 중요한 작용을 합니다. 형제는 같이 보내는 시간이 많고 같은 공간과 같은 물건, 같은 부모를 공유하며 사회화 과정을 배워 가는 특수한 관계이기 때문에 그 사이에 갈등과 싸움이 발생하는 것은 당연하고 자연스러운 일입니다. 형제와 갈등하고 싸우는 일은 아이의 사회적인 성장에 꼭 필요한 요소라는 거지요. 그러니까 가정은 아이의 사회화가 일어나는 최초의 장이며, 형제는 사회화를 자극하고 학습하게 하는 최초의 타인인 셈입니다. 그러므로 형제간의 갈등과 싸움을 긍정적으로 바라볼 필요가 있습니다. 이 갈등과 싸움을 풀어 가는 과정이 바로 우리 아이들이 성장하는 과정이기도 하니까요. 따라서 형제의 갈등이 시기, 질투, 방해, 경쟁, 대립, 분노, 폭력 등 부정적인 모습으로 표출된다고 해서 나쁘게만 바라볼 필요는 없습니다. 중요한 것은 이런 갈등과 싸움을 현명하게 풀어 가는 방법을 형제가 배우는 데 있으니까요.

자녀와 쿨하게 소통하기

형제 관계에 갈등을 가져오는 요인은 매우 다양합니다. 그중에서도 가장 큰 요인은 앞에서 말한 것처럼 부모의 사랑과 관심인데요, 부모가 자기보다 다른 형제를 더 사랑한다고 느끼면 갈등이 시작됩니다. 형제는 가정 안의 자원과 공간뿐 아니라 그 모든 것의 근원인 부모를 공유합니다. 이런 환경이 불가불 형제들로 하여금 부모의 관심과 사랑을 더 많이 받고, 더 많은 자원과 공간을 차지하게끔 경쟁하는 구도를 만들어 놓습니다. 이때 부모가 형제를 대하는 방식이 달라서 서로 간에 차별 대우를 받는다고 느끼면 갈등이 유발됩니다.

형제 갈등에 대한 부모의 반응 역시 형제 갈등을 일으키는 또 다른 중요 요인입니다. 갈등하는 형제를 달래는 방법, 잘잘못을 따지는 방법, 갈등 개입 여부, 개입의 강도, 개입하는 상황 등에 따라서 형제가 갈등을 해결하는 방식과 결과도 달라집니다. 성, 연령, 기질 등 형제가 지닌 개인 특성도 그렇고요. 그리고 부모의 심리 상태나 가족 안의 정서적 분위기도 형제 관계와 무관하지 않습니다. 이를테면 부모 사이의 갈등은 십중팔구 어린 자녀들 사이의 갈등으로 이어집니다. 부모의 이혼이나 재혼도 형제 관계에 한몫을 하는데요, 없어진 부모, 새로 생긴 부모와 형제, 달라진 환경 등이 아이들 사이의 갈등을 초래할 수 있습니다. 그리고 지금은 형제가 많지 않은 시대라서 형제간의 위계 질서를 그다지 중요하게 생각하지는 않지만 이 역시 무시할 수 없는 변수입니다.

02
아이들은 왜 싸울까요

1학년인 지형이는 형과 둘이 있을 때는 장난이나 숙제를 잘 하다가도 부모 중 한 사람만 있을 때는 형에게 난폭한 모습을 자주 보인다. 형이 무엇 때문에 화가 났는지 물어보면 이유를 대지 못하고 형을 째려보고, 소리치며, 온갖 욕설을 퍼붓다가 분이 풀리지 않으면 형에게 물건을 던지거나 때리기까지 한다. 형은 지형이도 잘 돌보고 우리 말도 잘 듣는데 지형이는 형보다 좋은 물건을 가지려고 하고, 더 맛있는 것을 먹으려고 하면서 형에게 터무니없는 떼를 쓰니 어떻게 지도해야 할지 막막하다. (화난 이유를 말하지 못하는 싸움)

4학년인 작은딸 지현이와 중학교 1학년인 큰딸 가연이는 서로가 잘못한 일을 매일 이른다. 지현이는 가연이가 심심하면 툭툭 치고, 자기가 해도 될 일을 시키며, 오래 전에 잘못한 일을 끄집어 내서는 집요하게 괴롭힌다고 이르고, 가연이는 지현이가 평소에 자기에게 싸가지 없이 굴고, 말도 안 듣고, 심지어는 자기 옷을 입거나 신발까지 신고 다니며 자기 물건을 허락 없이 만지는데다가 자기와 싸운 일을 늘 고자질해서 자기만 혼난다고 이른다. 퇴근하자마자 번갈아 가면서 이르는지라 짜증이 나서 차분하게 지도하지 못하고 소리를 지르며 야단을 치게 된다. (서로의 갈등을 부모에게 고자질 하는 자매)

6학년인 아들 윤서는 세 살 어린 여동생 진희가 못난이 짓을 하거나 크게 잘못하는 일이 없는데도 심하게 야단을 친다. 윤서는 진희가 밥이나 과자를 먹으며 흘릴 때, 쓰레기통에 쓰레기를 넣다가 흘릴 때, 목욕을 하거나 발을 닦고 나오며 물을 흘릴 때, 문을 덜 닫는 등 뭔가를 부족하게 했을 때 심하게 잔소리를 해서 진희를 울리거나 때린다. (완벽을 요구하는 싸움)

3분 차이로 태어난 쌍둥이 형제가 사이좋게 지내지 못한다. 형인 용승이는 몸집이 작으며 성격이 차분하고 조용해서 누가 뭘 물어도 간신히 답을 할 정도이고 할 말이 없으면 배시시 웃는 것이 전부이지만 착하고 집안일도 잘 돕는다. 하지만 동생 용수는 매우 남자답고 씩씩해서 누구와도 잘 어울리며 사회성이 매우 좋다. 그러나 용승이보다는 공부가 시원치 않고 집안일도 잘 돕지 않는다. 그런데 동생인 용수가 형인 용승이를 답답하다, 말을 하지 않는다, 물어도 대답이 없다, 자기와 잘 놀아 주지 않는다는 등 여러 가지 이유를 대면서 무시할 뿐만 아니라 마음에 들지 않을 때는 "네가 무슨 형이야?"라고 하며 심한 욕설까지 한다. 이 아이들을 어떻게 해야 할지 모르겠다. (자신감이 없는 쌍둥이 형을 무시해서 생기는 싸움)

6학년인 아들 지석이는 날씬하고 예쁘며 공부도 잘하고 사회성까지 좋아서 누구에게나 인기가 많은 여동생과 어린아이처럼 다툰다. 지석이는 또래보다 키가 크고 뚱뚱하며 얼굴이 매우 큰 편인데다가 여성 성향이 강해서 종이접기, 요리하기, 그림 그리기 등을 좋아하고 남자들이 하는 일에는 관심이 없다. 그래서 그런지 친구는 물론이고 여동생으로부터도 환영받지 못하고 어디서나 겉돈다. 그런 스트레스를 집에서 동생에게 푸는지 늘 동생과 싸우는데 동생은 그런 지석이를 무시해서 집안은 매일 싸우는 소리로 가득하다. (특성이 다르다고 무시해서 생기는 싸움)

 열두 살인 큰아들 성규는 동생이 조금만 잘못해도 공격적인 모습으로 꺼지라며 죽인다는 말을 해 댄다. 동생 성수가 없으면 좋겠다면서 성수만 예뻐한다고 억지를 부린다. 공평하게 하려고 무진장 애를 썼는데 성규는 피해의식이 있는지 말도 안 되는 소리를 한다. 그러면서 성규는 화가 나면 자기 방에 들어가서 물건을 밖으로 던지고 오랫동안 나오지 않는다. 아빠에게는 꼼짝 못하면서 엄마가 혼을 낼 때는 침도 뱉고 동생을 때릴 때는 눈이 무섭게 변한다. 어떻게 해야 할까. (편애한다는 느낌으로 인한 싸움)

4학년인 딸 동이와 6학년인 아들 은석이는 소소한 문제로도 심하게 싸운다. 아이들은 아빠가 술을 먹고 엄마와 싸우는 모습을 많이 봐서 그런지 아무리 중재를 해도 한 치의 양보도 없이 치열하게 싸워서 걱정이다. 동이는 어리니까 은석이의 힘에 밀려서 싸움을 그칠 만도 한데 은석이보다 더 심하게 물불을 가리지 않고 싸운다. 아빠는 술을 먹으면 동이를 심하게 야단치고 때리기까지 하는데 뼈를 다쳐서 병원에도 몇 번이나 다녀왔다. 이런 이유 때문에 동이가 은석이보다 더 난폭한 모습을 보이는가 싶기도 하다. 동이는 얼굴에 늘 불만이 가득하며 남들과도 긍정적으로 지내지 못하고 화난 모습을 보인다. (가정에서 배운 폭력을 따라하는 싸움)

초등학교 1학년인 딸 유정이는 자기와 아주 다르고 많이 부족한 오빠가 초등학교에 입학하면서부터 오빠를 미워하고 때렸다. 유정이

226

는 워낙 활발하고 혼자서도 잘 놀며 스스로 자기 일을 잘 하지만 오빠는 돌보지 않으면 안 될 정도로 많이 부족한데 말이다. 그래서 유정이를 혼자서 지내도록 할 때가 많았는데 그래서 그런지 요즈음은 신경질을 자주 내고 오빠를 때리기도 하면서 오빠가 없어지면 좋겠다고 떼를 쓴다. 오빠는 성격과 행동이 남달라서 돌봐줄 일이 태산 같은데 유정이가 이러니 어떻게 해야 할지 난감하기만 하다. (형제의 특성을 이해하지 못해서 생기는 갈등)

 <mark>초등학교 1학년인 큰아들 산이</mark>는 여섯 살인 작은아들 강이와 잘 지내지 못한다. 강이를 가진 줄 몰랐을 때 아무 생각 없이 아플 때 약을 먹었고 임신 사실을 알고부터는 매일 불안해했다. 강이는 태어나면서부터 아주 까탈스러워서 우리의 손길을 많이 탔지만 자라면서는 큰 탈이 없었고 산이와 비슷한 성격으로 잘 자랐다. 산이는 우리가 강이를 돌보는 동안 주로 혼자서 놀았는데 강이가 커 가면서 형제가 많이 다투었다. 산이는 강이에게 질 것 같으면 놀이 규칙을 바꾸거나 놀잇감을 집어 던지고 삐쳐서는 강이를 마구 때린다. 그러다 둘 다 격하게 싸우는 일이 자주 발생한다. (질투 때문에 생기는 갈등)

<mark>초등학교 1학년인 다희와 3학년인 다정이,</mark> 두 딸은 어릴 때부터 동네에 소문난 싸움쟁이들이다. 둘은 어려서부터 장난감, 옷, 신발, 모자 때문에 싸워서 하루도 조용한 날이 없었다. 특히 동생 다희는 유난히 다정이가 가진 것과 같은 것을 갖고 싶어 해서 가능하면 똑같이 사 주었다. 그러나 무엇보다도 심각한 것은 다정이가 뭔가를 배운다고 할 때 다희도 꼭 배우겠다고 떼를 쓰는 것이다. 문제될 것이 없으면 같이 시켜 주는데 할 시기가 안 되는 일로도 떼를 쓰니 문제다. 얼마 전에 큰아이가 바이올린을 한다기에 허락

했더니 작은아이도 한다고 떼를 썼다. 아직 바이올린을 배울 수 있는 나이도 아니고 경제적으로도 어려워서 나중에 하라고 했더니 막무가내로 떼를 써서 때려줄 수도 없고, 참 힘들다. (경쟁심으로 인한 갈등)

4학년인 아들 윤성이는 6학년인 누나 윤희와 별일 아닌 것을 가지고 툭하면 싸운다. 윤희가 가만히 있는데도 시비를 걸고는 제가 먼저 윤희를 때린다. 맞은 윤희가 윤성이를 때리면 제가 먼저 잘못을 해 놓고도 끝까지 덤비다가 윤희에게 심하게 맞아 코피를 흘리기도 한다. 두 살이나 어린 윤성이가 왜 그리 윤희를 괴롭히는지 알 수가 없다. (손위를 무시해서 생기는 싸움)

초등학교 1학년인 딸 은지는 세 살 위인 오빠와 사이가 좋지 않다. 은지는 자기가 현관문을 제대로 닫지 않고 나가고, 가지고 논 장난감을 치우지 않는 일, 할머니 댁에서 놀 때 할머니 말을 듣지 않는 일 등 아주 소소하고 일상적인 일들을 가지고 오빠가 대장처럼 야단치고 때린다고 우리에게 고자질을 한다. 그러면서 자기가 누나로 태어났으면 그런 일이 없을 거라고 한다. 은지의 이야기가 사실이라면 은지가 잘못한 것이 분명히 맞지만 오빠의 잔소리를 수긍하지 못하고 미워하며 고자질하는 것을 보면 뭔가 많이 억울한가 본데 어떻게 도와야 할지 모르겠다. (간섭을 못 참아서 생기는 싸움)

두 살 터울로 각각 초등학교 5학년, 중학교 1학년인 아들들이 컴퓨터 게임에 빠져서 날마다 서로 컴퓨터를 차지하겠다고 싸운다. 먼저 차지한 녀석에게 뒤에 온 녀석은, "혼자서만 컴퓨터 하느냐." "왜 그리 오래 하느냐." "빨리 자리를 내놔라."라고 악을 쓰고, 먼저 차지한 녀석은, "시작한 지 얼마 안 되었는데 왜 야단이냐?" "이게 네 것이냐?" "그럼 네가 먼저 차지하든가!" 라고 소리치면서 날마다 전쟁이다. 이럴 때마다 그만 싸우라고 소리를 버럭 지르곤 한다. 아이들은 큰 소리에 잠시 주춤하지만 이내 같은 모습을 보인다. 아이들을 함부로 때려 줄 수도 없고 그만 컴퓨터를 내다 버리고만 싶다. (물건 소유 때문에 생기는 싸움)

03
어떻게 해야 사이좋은 형제를
만들 수 있을까요

형제는 부모로부터 피와 살을 함께 나눈 이 세상 무엇과도 바꿀 수 없는 소중한 존재입니다. 그렇게 소중한 존재인 형제지만 이들은 서로가 왜 소중한 존재인지 모르는 듯합니다. 툭하면 싸우고 고자질하며 하루를 보내는 아이들의 모습은 부모 마음마저도 어둡게 합니다. 사이좋게 지내야 할 형제들의 지속되는 싸움, 어떻게 다루어야 할까요? 지금부터 우리 부모님이 가정에서 형제의 싸움을 줄이고 더욱 사이좋은 형제를 만들기 위하여 쉽게 접근할 수 있는 방법 몇 가지를 소개 합니다. 먼저 일반적으로 할 수 있는 방법을 간략하게 살펴보고 뒤에서 좀 더 구체적인 방법을 살펴보겠습니다.

평소에 형제의 소중함을 일깨워 줍니다. 형제는 늘 함께 있어서 서로의 소중함을 잘 모릅니다. 따라서 형제가 있으면 어떤 점이 좋은지 알 수 있는 활동을 경험하게 해 봅니다. 그중 하나가 형제를 떼어 놓는 방법입니다. 예를 들어, 친척 집에 보내거나 학교 또는 종교단체에서 실시하는 체험학습에 참여하게 하여 며칠 동안 서로 볼 수 없는 상황을 마련합니다. 그리고 형제가 없어서 불편하거나 좋지 않았던 점, 형제가 있어서 좋고 도움이 되는 점 등을 생각해 보게 합니다. 또 형제가 함께해야 할 수 있는 놀이나 일거리를 주는 것도 형제의 소중함을 느끼게 하는 기회가 됩니다.

==형제를 비교하거나 편애하지 않아야 합니다.== 대부분의 부모는 자녀를 편애한다고 생각하지 않을 것입니다. 그러나 무의식적으로 또는 어쩔 수 없이 부모 역시 편애를 하는 경우가 생깁니다. 아이들은 그런 부모를 이해하지 못하고, 부모의 편애나 불공평한 대우를 큰 고통으로 받아들입니다. 그렇지 않아도 스스로 자신과 형제의 차이를 느끼며 속으로 비교하고 경쟁하느라 힘이 드는데 부모까지 편애한다고 느끼면 그 마음이 어떨까요? 아마 처음에는 부모에게 인정받고 싶어서 형제와 경쟁하는 일에 몰두하겠지만, 그게 뜻대로 되지 않으면 열등감에 사로잡힐 것입니다. 그래서 깊은 상처를 입으면서도 형제를 시샘하고 질투하며 싸움을 걸게 됩니다. 따라서 부모는 아이들 각자의 개성과 특성, 능력을 있는 그대로 존중해 주어야 합니다. 부모의 취향에 맞는 아이를 더 좋아한다거나 아이들을 비교하고 평가하면서 경쟁을 부추기는 일은 절대 하지 말아야겠지요.

==개입을 할 때는 타이밍이 중요합니다.== 연구 결과에 따르면, 부모가 자녀들의 갈등에 개입할 경우 자녀가 훨씬 더 빨리 긍정적인 문제해결 기술을 습득한다고 합니다. 그러나 자녀들에게 갈등 상황이 생기자마자 즉각적으로 개입하는 일은 삼가야 합니다. 갈등 상황에 즉각 개입을 하면 자녀들 스스로 갈등 상황을 헤쳐 나갈 방법을 배우지 못하고 부모에게 의존하는 태도를 형성하면서 형제 관계가 개선되지 않습니다. 단, 부모가 개입해야 할 상황이 전개되면 타이밍을

놓치지 말아야 합니다. 아이가 다치는 일이 발생할 때, 파괴적인 행동이 일어날 때, 당사자끼리는 해결할 수 없는 막다른 상황에 도달했을 때가 바로 개입해야 할 타이밍입니다.

자신과 특성이 다른 형제를 있는 그대로 받아들이게 합니다. 형제의 기질이나 신체 특징은 부모에게서 받은 유전 형질과 각자가 겪는 환경의 영향으로 전혀 다른 양상을 보일 수 있습니다. 따라서 부모는 형제에게 각각의 특성이 다르기 때문에 부모가 그들을 도와주는 방법이 다를 수 있다는 점을 인식시킬 필요가 있습니다. 예를 들면, 어떤 자녀는 과제물 지도에, 어떤 자녀는 친구를 사귀는 방법에, 어떤 자녀는 분노를 적절히 표현하는 방법에 부모의 도움이 필요하므로 부모가 서로 다른 방법으로 도움을 주는 것이 좋다는 사실을 알려 주는 것입니다. 이렇게 각각의 특성에 맞는 배려를 받으며 자라는 형제들은 자신들의 특성이 서로 다르다는 점, 그리고 특성이 다르기 때문에 다른 종류의 배려를 받아야 한다는 사실을 당연하게 받아들이게 됩니다. 다름과 차이를 인정하고 존중하는 태도를 일찌감치 배우는 것이지요.

분노를 적절히 표현하게 돕습니다. 자녀들은 화가 나면 상대방의 기분 따위는 전혀 생각하지 않고 상대가 듣기 싫어하는 별명을 부르거나 잔인한 말을 하거나 폭력을 휘둘러서 형제 관계를 망가뜨리기도 합니다. 형제간의 갈등으로 인해 분노가 생기고 이를 표현하는 것은 자연스러운 일이지만, 분노를 적절하게 표현해야만 자기가 왜 화가 났는지, 상대방이 무엇을 잘못했는지 알릴 수 있습니다. 화가 났다고 상대에게 함부로 행동을 해서는 얻을 게 없다는 거지요. 따라서 상대방의 인격을 무시하지 않으면서도 자신의 기분을 적절한 방법으로 표현하는 방법을 배울 필요가 있습니다. 그렇게 해야 자신의 분노를 표현하면서도 형제 관계를 망가뜨리지 않을 수 있습니다.

 평소에 형제의 긍정적인 모습을 칭찬합니다. 대개 부모는 아이들이 싸우거나 말썽을 일으키면 즉각적으로 야단을 치거나 꾸중을 하면서도 사이좋게 지내는 모습은 그냥 넘깁니다. 사이좋게 지내는 모습이 주목받지 못하는 건데요, 이렇게 해서는 아이들에게 형제끼리 사이좋게 지내는 게 좋은 것이라는 인식을 심어 주기가 어렵습니다. 칭찬은 마음의 양식이라는 말이 있습니다. 칭찬을 받으면 기분이 좋아지고 그래서 칭찬받을 일을 자꾸 더 하게 됩니다. 따라서 아이들이 사이좋게 지낼 때마다 아낌없이 칭찬해 주도록 합니다. 이렇게 하면 야단칠 일은 줄어들고 칭찬할 일은 자꾸 늘어날 것입니다.

형제간의 위계질서를 분명하게 세웁니다. 부모에게 형제는 같은 자식입니다만, 형제 사이에는 출생 순위에 차이가 있습니다. 따라서 부모는 출생 순위에 맞게 자녀들을 챙겨 줄 필요가 있습니다. 쉽게 말해 특별한 일이 없으면 형을 먼저 챙기라는 말입니다. 빵을 줄 때도 형을 먼저 주고, 안아 줄 때도 형을 먼저 안아 주라는 말이지요. 그런데 만일 부모가 이 순서를 무시하고 동생을 먼저 챙기면 문제가 발생합니다. 형 입장에서 보면 늘 자기가 차지하던 부모의 사랑을 동생에게 빼앗긴 셈이 되어 동생을 시샘하고 원망하는 마음이 쌓이게 됩니다. 동생은 형을 무시하는 마음을 키우게 되고요. 따라서 형제간의 위계질서를 분명하게 세우는 일은 처음부터 갈등의 씨앗을 제거하는 좋은 방법입니다.

가족끼리 긍정적인 활동을 하는 시간을 많이 가집니다.

가족이 함께하는 시간을 많이 갖게 되면 웃고 떠들며 재미있는 시간을 보내면서 화목해집니다. 이렇게 놀면서 긍정적인 체험을 많이 하면 다툼이 일어나는 상황에서도 형제들은 쉽게 화해하고 금방 친해질 수 있습니다. 가족이 함께할 수 있는 활동은 산책, 동물원 구경, 간식 먹기, 스포츠 경기장 가기, 영화 보기, 쇼핑하기, 배드민턴, 오목 두기 등 무수히 많습니다. 가족 활동을 하기 전에 가족회의를 통해서 형제들이 의논하여 좋아하는 활동을 정하게 하는 것도 바람직합니다.

04
자, 그럼 사이좋은 형제 만드는 법을 연습해 봅시다

사이좋은 형제들을 만들기 위해 위에서 제시한 일반적인 방법에서 자세히 다루지 못한 부분을 좀 더 보충해 보겠습니다.

🥕 부모가 형제를 비교하지 않고 말하는 습관이 중요합니다

비교하지 않기 위해서는 부모에게 단 한 명의 자녀만 있다고 여기면서 말하는 태도가 필요합니다. 자녀가 단 한 명뿐이라면 비교하는 말을 할 수가 없겠지요. 다음에서 비교하지 않고 대화하는 예를 들어 보겠습니다. 이 대화법의 핵심은, 바꾸기를 바라는 자녀의 좋지 않은 행동에 초점을 맞추거나 자녀의 마음에 공감하는 내용으로 대화를 이끌어 가는 것입니다.

상황 1》 자녀가 숙제장을 보여 주는데 엄마는 글씨가 영 마음에 들지 않습니다.

엄마: 생각보다 숙제를 빨리 끝냈구나. 다음엔 글씨에 좀 더 신경써 봐. 숙제장이 훨씬 깨끗해 보일 거야("언니 글씨 쓰는 것 못 봤어? 넌 같은 형젠데 어째서 언니 반만큼도 못 쓰니?" 대신).

상황 2〉〉 놀고 난 뒤 장난감을 치우는 장면에서 형이 동생보다 느리고 제대로 정리하지 못합니다.

아빠: 형제가 같이 치우면 훨씬 빠르게 정리할 수 있고 다른 놀이할 시간이 더 많아지겠지? 둘이서 열심히 치워 보렴("동생은 저렇게 정리를 잘하는데 형이 되어 가지고 하는 꼴이라니. 참, 자~알 한다."라는 말 대신).

상황 3〉〉 엄마와 같이 있는 상황에서 형제가 놀이공원에 가자고 합니다.

형제: 엄마 오늘 일요일인데 놀이공원에 가면 안 돼요?

엄마: 오늘은 시간이 없어서 안 되겠어.

동생: 아~, 오늘 꼭 가고 싶었는데……. 그럼 시간 나면 꼭 가요.

형: (화난 목소리로) 왜 안 돼요? 다른 집은 잘도 가는데 우리 집은 왜 안 되느냐고요?

엄마: 네가 놀이공원에 정말 많이 가고 싶었나 보구나("형이 돼 가지고, 동생은 참고 다음에 가자는데 너는 동생만도 못하게 성질이나 부리고 그게 뭐니."라는 말 대신).

🥕 효과적으로 분노를 표현하는 방법을 알려 줍니다

초등학교 저학년 학생은 자신의 감정을 정확하게 말로 표현하기 힘듭니다. 상대방에게 분노, 실망감, 좌절, 원망, 배신감 등은 느껴지는데 표현하는 방법을 잘 모르니 소리를 지르고 욕설을 하다가 폭력까지 행하게 되는 것입니다.

형제가 이런 모습을 보일 때는 나–전달법(I-Message)을 이용하여 속상하고 불편한 마음을 편하게 전달할 수 있도록 도와주어야 합니다. 나–전달법은 '나'를 주어로 하여 상대방의 행동에 대한 생각이나 감정을 말로 표현하는 방식으로, '너'를 주어로 하여 상대방의 행동을 표현하는 대화 방식인 너–전달법(You-Message)과 대조됩니다. 너–전달법의 예를 들어 보면, "넌 왜 일을 빨리 못 해?" "너 때문에 내가 미치겠어, 너 때문에 되는 일이 하나도 없다고."라는 방식인데요, 이 대화법은 상대에게 문제가 있다고 표현함으로써 상대방으로 하여금 바람직한 대화가 아닌 변명, 반감, 저항, 공격성을 보이게 하여 상호 관계를 파괴하는 방식입니다.

반면 나–전달법은 "해야 할 일은 많은데 일이 자꾸 늦어져 걱정이야."라고 말하는 것처럼 상대방에게 나의 입장과 감정을 전달함으로써 상대가 나의 느낌을 수용하게 하는 대화법입니다.

나–전달법을 사용할 때는 다음의 원리를 지키도록 합니다. 첫째, 문제가 되는 상대방의 행동과 상황을 구체적으로 말할 것, 둘째, 평가, 판단, 비난하지 않고 있었던 사실만을 말할 것, 셋째, 상대방의 행동이 자신에게 미치는 영향을 구체적으로 표현하되 그러한 영향 때문에 생겨난 감정을 솔직하게 표현할 것. 예를 들면, "그 물건은 특별히 내가 정말 아끼는 건데 망가져서 너무 속상해." "네가 억울한 내 마음을 몰라줘서 많이 서운했어." "나도 학교에 다녀오면 배가 많이 고픈데 오빠가 간식을 다 먹어 버리니까 오빠가 내 생각을 하지 않는 것 같아서 미웠어."라는 식으로 표현하게 하면 갈등 상황에서 싸움을 줄일 수 있습니다.

🥕 건전한 경쟁심을 키워 줍니다

형제자매 간에 어느 정도의 경쟁심이 있는 것은 너무나 당연한 일입니다. 다만, 경쟁이 건전하지 못한 방법으로 치닫는다면 문제가 됩니다. 형제를 어떻게 해서라도 이기려고 하면 관계에 금이 가 버리고 소중한 형제애를 잃게 되지요. 따라서 부모는 형제가 다른 형제를 무시하지 않고 존중하면서 자신도 사랑받을 수 있는 방법을 지도하는 것이 중요합니다. 그러기 위해서는 형제가 잘하고 못하고를 떠나서 하나의 인간으로서 그 자체로 소중하고 특별한 존재라는 점을 인식시킬 필요가 있습니다.

자녀들은 자기가 부모에게 더 특별한 사람임을 증명하기 위해 상대방을 비난하면서 자신을 높이려는 경향이 있습니다. 그런 장면을 보게 되면 그 즉시 잘못을 깨우쳐 줍니다. 부드럽되 엄격하게 잘못을 지적해 주면서 형제를 존중하면서도 스스로를 특별하게 여기도록 하게 합니다. 예를 들어 봅니다.

상황 1》 자기가 공부 잘한다고 공부 못하는 동생을 무시하는 형

민식: 나 이번에 우리 반에서 일등인데, 넌 꼴찌지?
홍이: 아냐, 형은 잘 알지도 못하면서.

자녀와 쿨하게 소통하기

엄마: 민식아, 홍이가 열심히 하지 않아서 그렇다는 것은 너도 알잖아. 다음 시험에서 홍이가 시험 잘 보도록 네가 공부할 때 홍이도 같이하라고 해 보자. 홍이가 지금은 이래도 공부 좀 하면 훨씬 잘할 수 있어. 형이 그래서 좋은 거지 뭐.

상황 2)》 동생이 자기보다 배드민턴을 못한다고 무시하는 형

경민: 거 봐, 이번에도 내가 이겼지? 넌 백날 해 봐야 날 따라오지 못해.
경철: 형은 나보다 키도 크고 나이도 많고, 배드민턴 연습도 더 많이 했잖아.
아빠: 경민아, 너보다 어린 동생이랑 경쟁하는 것은 잘못이야. 경철이와 입장을 바꿔서 생각해 봐라. 나이 어린 동생이랑은 시합보다는 같이 즐겁게 논다고 생각하면 좋겠구나. 네가 더 잘하니까 경철이에게 가르쳐 주면 경철이도 너를 자랑스러워 할 거야.

이렇게 자녀들과 나누는 대화에서 부모가 먼저 긍정적이고 배려하는 말을 함으로써 자녀들의 불건전한 경쟁심을 막아 주어야 합니다.

🥕공감하는 방법을 알려 줍니다

형제의 마음을 공감하면 그만큼 갈등과 다툼이 줄어듭니다. 따라서 아이들에게 일찌감치 다른 사람의 마음을 공감하고 공감적으로 대화하는 방법을 가르치는 것이 좋습니다. 이렇게 하려면 아이들과 대화할

때 부모가 공감적으로 대화하는 모범을 보여야 하겠지요. 다음 예문을 통해 공감적으로 대화하는 방법을 알아봅시다.

평소 대화

은지: 엄마, 오빠는 내가 안 그랬는데 내가 현관문을 안 닫고 나왔다고 억지 부리고 막 때려.

엄마: 왜 싸우고 그래. '오빠, 잘못했어.' 하면 될 걸.

은지: 내가 그러지도 않은 걸 어떻게 잘못했다고 해!

엄마: 너는 전에도 현관문을 안 닫고 나간 적이 있었잖아! 오빠에게 꼬박꼬박 대들면 못써!

은지: (울면서) 엄만 맨날 오빠 편만 들어! 엄마도 밉고 오빠도 미워!

(울면서 방문을 쾅 닫고 들어간다.)

엄마가 은지의 마음을 공감하는 내용으로 바꾸어 보면 대화는 다음처럼 달라질 수 있습니다. 공감을 해 주면 자녀의 말이 어떻게 달라질지 예상하며 읽어 보세요.

공감가는 대화

은지: 엄마, 오빠는 내가 안 그랬는데 내가 현관문을 안 닫고 나왔다고 억지 부리고 막 때려.

엄마: 저런! 네가 하지도 않은 일로 오빠한테 맞아서 많이 속상했구나.

은지: 응, 이번만이 아니고 다른 날도 만날 그래.

엄마: 그랬어? 오늘만이 아니라 다른 때도 그런 일이 있었단 말이야?

자녀와 쿨하게 소통하기

은지: 응, 엄마 같으면 화가 안 나겠어? (울면서) 할머니 집에서도 나보고 말 안 듣는다고 때려. 오빠는 엄마가 없으면 자기가 대장인 줄 알어!

엄마: 그래? 오빠가 할머니 집에서도, 또 엄마 없을 때도? 휴~, 네가 정말 힘들었겠구나.

은지: 응, 내가 누나라면 좋겠어. 내가 누나라면 동생한테 양보도 하고 잘 돌봐 줄 텐데.

엄마: 은지가 누나라면 더 좋았을 거라고 생각하는구나. 엄마가 너를 먼저 낳을 걸 그랬네. 그렇지만 그렇게 힘든데도 지금까지 잘 참았구나. 기특하기도 하지.

은지: (멋쩍게 웃으며) 사실은요, 할머니 집에서 제가 오빠를 많이 놀렸어요. ······그리고 오빠 방에서 놀다가 장난감 안 치운 적도 있고요.

엄마: 으응, 그런 적이 있었구나. (은지가 벌떡 일어선다.) 어디 가?

은지: 제가 잘못한 거 오빠한테 사과해야지요.

평소 대화에서 엄마가 엄마의 입장에서만 이야기하자 은지는 억울함을 표현합니다. 그래도 엄마는 은지의 마음을 읽어 주지 않고 전에 잘못한 일까지 들추어 비난합니다. 이에 은지도 지지 않고 오빠뿐만 아니라 엄마까지 밉다고 합니다. 속상해하는 마음을 공감해 주지 못하는 대화는 형제뿐 아니라 다른 사람과의 관계마저도 나빠지게 하지요. 반대로 공감하는 대화에서는 엄마가 억울하고 속상한 마음을 읽어 주니 은지는 마음을 풀고 평소에 잘못한 일마저도 아무렇지 않게 실토합니다. 설사 잘못한 점을 알고 있다고 해도 끄집어 내지 않고 그대로 믿고 받아 주는 부모의 따스함은 자녀를 행복하고 정직하게 만듭니다. 부모는 평소에 공감적인 대화를 습관화하여 자녀가 배울 수 있도록 하는 것이 좋습니다.

🥕 다음과 같은 요령으로 갈등 상황에 개입합니다

🔰 타임아웃을 줍니다. 타임아웃이란 문제를 일으킨 상황에서 더 큰 문제를 일으키지 못하도록 별도의 공간을 마련하여 일정 시간 동안(5분 정도) 문제를 냉정하게 바라보며 반성하는 기회를 주는 것입니다.

🔰 타임아웃이 끝나면 자녀들에게 각자 잘못한 점이 무엇인지 스스로 말하게 하되 말하지 못하면 부모가 직접 언급을 해야 합니다. 이때 누가 먼저 갈등을 일으켰는지, 얼마나 잘못했는지를 따지거나 판결을 내려서 체벌하는 일은 하지 말아야 합니다. 그리고 평소에 누가 더 잘못을 하는지 뻔히 알더라도 한 편의 자녀를 두둔하거나 "안 봐도 비디오야."라는 등의 추측성 말과 "지겨워, 날마다 쌈박질이나 하고 너희 때문에 못살겠다. 내가 집을 나가야지." "저놈의 웬수, 누굴 닮아 매일 쌈박질이야." "에이, 이럴 줄 알았으면 하나만 낳는 건데."라는 등 자녀의 자존감을 떨어뜨리는 표현도 삼갑니다. 부모는 가능한 한 감정을 싣지 않은 상태에서 발생한 문제와 그 결과가 어떠한지만 이야기합니다.

🔰 이야기하는 과정에서 자녀가 불손한 태도를 보이거나 부모의 말을 무시하는 등의 부정적인 모습을 보이면 잠시 이야기를 멈추거나 타임아웃을 더 시킵니다.

🔰 잘못한 것에 대해서 사과하는 과정을 거칩니다. 형제의 다툼에서 잘잘못

자녀와 쿨하게 소통하기

을 가리기가 어렵다고 해도 서로에게 상처를 준 일은 사과를 하는 것이 좋습니다. 서로 잘못한 것이 없다고 우기면 타임아웃을 더 주어서라도 사과하도록 합니다.

 사과하는 과정을 거친 뒤에는 앞으로 같은 일이 반복될 경우에 어떻게 할지 스스로 약속을 정하게 하고 꼭 지켜 나가게 합니다.

참고문헌

이진우(2005). (어린이를 변화시키는) **49가지 칭찬동화**. 서울: 동화사.
에토 마키 저, 박순규 역(2012). (아이의 자신감과 재능을 키우는) **101가지 칭찬의 말**. 서울: 스카이.
박성희(2005). **꾸중을 꾸중답게 칭찬을 칭찬답게**. 서울: 학지사.
토드 카트멜 저, 정문욱 역(2009). 자녀 간 다툼, 이렇게 해결하세요. 경기: 스텝스톤.
최명선, 송현정 공저(2012). **형제자매 갈등 대처하기**. 경기: 이담북스.

친구들에게
인기 있는 사회성 키우기

01
아이가 혼자 있기를
좋아한다고요

"우리 아이가 공주병인가요?"

"아이가 저하고만 있으려 하고 다른 사람에게는 가려고 하지도 않으니 어떻게 해야 할지 모르겠어요."

"우리 반 아이 중 친구가 없는 아이가 있어요. 집에서는 잘 지낸다고 하는데 학교에서는 친구를 사귀지 못하는 이유가 무엇일까요?"

"우리 아이가 왕따인 것 같아요. 어쩌면 좋죠?"

자신이 돌보거나 키우는 아이가 친구들과 어울리지 못하고 혼자 겉도는 것 같다며 염려하는 담임교사나 부모가 많아지고 있습니다. 아이가 알아서 친구를 사귀고 또래들과 잘 어울리면 좋으련만 그렇지 않다는 것입니다. 이런 아이들은 친구에게 다가가기보다 친구가 먼저 다가와 손을 내밀어 주기를 기다리고 있을 가능성이 높습니다. 아마도 한 자녀 가정이 늘어나는 추세와 연관되어 있는 것 같은데, 아이의 사회성을 키우기 위해 부모가 살펴야 할 요인이 참 많습니다.

먼저, 타고난 기질이 사회성 발달에 영향을 줄 수 있습니다. 가만히 있지 않고 부산하게 움직이는 아이들은 활달한 기질을, 친구들과 어울리지 않고 조용히 혼자 노는 아이는 조용한 기질을 타고났을 확률이 높습니다. 선천적으로 타고난 기질이 아이의 행동에 영향을 미치는 겁니다. 그런데 이 타고난 기질은 쉽게 변하는 것이 아닙니다. 따라서 부모는 자녀의 기질이 어떠한지를 파악하고 아이의 행동 특성에 따라 적절한 도움을 주어야 합니다. 흔히 하루 종일 뛰어노는 아이는 부산하고 산만한 ADHD 아이로, 조용하고 얌전한 아이는 사회성이 결여된 아이로 생각하는 경우가 많은데, 꼭 그런 것은 아니므로 주의가 필요합니다.

부모의 양육 방법도 아이의 사회성 발달에 큰 영향을 줍니다. 유아기 아동과 부모를 대상으로 한 연구로 유명한 바움린드는 다음과 같은 세 가지 유형의 부모 양육 방법을 발견했습니다.

첫째, 권위주의적 양육 방법입니다. 부모가 아동에게 많은 규칙을 부과하고 행동을 제한하며 엄격한 복종을 기대하는 방식입니다. 규칙을 따라야 하는 이유를 아동에게 설명하는 경우가 거의 없으며, 규칙을 따르게 하기 위하여 처벌과 강압적인 방법을 주로 사용합니다. 권위주의적 부모는 아동들의 느낌이나 생각에 민감하지 못하며 아동들이 부모의 말을 법처럼 받아들이고 부모의 권위를 존중하기를 기대합니다.

둘째, 권위 있는 양육 방법입니다. 부모가 아동에게 상당한 자유를 허용하지만 행동을 제한할 때는 아동이 반드시 따르도록 요구하되 그 이유를 설명하고 융통성 있는 방법을 적용하는 방식입니다. 권위 있는 부모들은 아동의 요구와 의견에 관심을 기울이고, 많은 경우 가족 결정에 아동을 참여시킵니다.

셋째, 허용적 양육 방법입니다. 따뜻하나 방임적인 유형의 양육 방법으로 부모가 아동에게 요구하는 것이 거의 없으며 아동이 자유롭게 자신의 감정과 충동을 표현하도록 허용합니다. 아동의 활동을 면밀히 감시하지 않으며 아동의 행동을 엄하게 통제하는 경우도 거의 없습니다.

이상의 세 가지 양육 태도 중 권위 있는 부모를 둔 자녀의 사회성이 가장 잘 발달하는 것으로 나타났습니다. 이들은 성격이 활달할 뿐만 아니라 사회적으로 책임감 있고 독립적이며 성취 지향적이고 성인과 또래에 협조적이었습니다. 이들은 청년기가 되어서도 자신감이 높고 사회적으로 유능하며 문제 행동을 보이지 않았습니다(최경숙, 2006).

형제자매의 관계도 사회성 발달에 중요한 영향을 미칩니다. 형제자매가 많은 가정에서 성장한 아이와 한두 명의 형제자매와 자란 아이는 성장 과정에서 경험한 관계가 다르기 때문에 이후 학교와 사회에서 만나는 사람들과의 관계도 다르게 나타날 가능성이 높습니다. 더구나 외동으로 자란 아이는 형제자매와 자연스럽게 관계를 맺을 기회를 갖지 못했기 때문에 사회성을 발달시키기 위해 더 많은 노력을 기울여야 합니다.

형제 순위에 따라서도 관계 형성이 달라질 수 있습니다. 맏이들은 동생들 위에 군림하고 영향력을 행사하던 습관이 있기 때문에 친구들과의 관계에서도 자기 뜻대로 하려고 고집을 부리려는 경향이 있습니다. 반면 동생들은 형이나 언니에게 양보하고 타협하는 것을 일찍부터 익혀서 친구들과의 관계에서도 협조를 잘하고 타협적인 태도를 보이는 경향이 있습니다. 최초의 사회인 가정에서 경험한 관계가 사회성 발달에 영향을 주는 것이 확실하므로 아이의 사회성이 어떻게 발달하고 있는지 부모는 유심히 살펴보고 도움을 주어야 합니다.

그러나 아이가 친구와 어울리지 않는 것이 무조건 문제가 된다고 보는 것도 바람직하지 않습니다. 초등학교 5학년인 영수가 부모와 함께 상담을 받기 위해 찾아온 적이 있습니다. 영수 어머니는 "담임선생님이 영수가 학교에서 친구들과 어울리지 못하고 늘 혼자만 있어서 걱정이라며 사회성이 부족한 것 같으니 상담을 해 보는 것이 어떻겠느냐"고 권유하였다고 합니다. 그래서 어머니는 영수에게 무슨 큰 문제가 있는 것은 아닌가 하는 우려를 가지고 Wee센터를 방문하였습니다. 심리검사와 상담을 해 본 결과 호기심이 많고 논리적이며 분석적인 성향인 영수는 친구들과 어울려 노는 것을 별로 재미없고 의미도 없다고 생각하고 있었습니다.

영수는 친구가 꼭 여러 명 있어야 하는 것인지 반문하면서 자신은 친구보다 자동차에 관심이 많다고 하였습니다. 그래서 아빠가 자동차 수리를 위해 카센터에 갈 때 따라가는 것이 제일 재미있고 신난다고 합니다. 문장완성검사라는 심리검사에서도 자동차에 대해 흥미를 보이는 문장을 많이 만들었습니다. 영수는 자동차에 대해서는 모르는 것이 없는 것 같았습니다. 멀리 있는 차의 종류가 무엇인지, 트럭에는 어떤 것들이 있고 큰 트럭의 마력은 어떻게 되는지, 자동차들의 장단점은 무엇인지, 승용차의 승차감은 어떻고 최고 속도는 얼마인지, 국내 차는 물론이고 외제 차에 대해서도 모르는 것이 없었습니다. 상담을 통해 나중에 어떤 일을 하고 싶으냐는 질문에 영수는 자동차를 만드는 사람이 되고 싶다고 대답하였습니다. 우리가 영화에서 보던 하늘을 나는 차를 영수가 만들어 주지 않을까 하는 기대감이 들 정도였습니다. 만일 영수가 친구가 없어서 외롭고 힘들어하며 친구가 있었으면 좋겠다고 한다면 우리는 영수의 친구 사귀기를 도와주어야 할 것입니다. 하지만 영수의 경우처럼 친구는 한두 명만 있어도 괜찮다고 생각하며 지금 불편함이 없다고 한다면 그건 문제되지 않을 수 있습니다. 영수는 친구와의 관계에 문제가 있는 것이 아니라 관심의 초점을 다른 데 두고 있을 따름입니다.

02
무엇 때문에
친구를 사귀지 못할까요

초등학교 1학년인 철수는 자꾸 없는 말을 지어내곤 한다. 태권도 학원을 다닌 지 3일 만에 자신이 1단이라고도 하고, 친구의 물건을 가지고 온 후 거짓말을 하기도 한다. 간혹 문구점에서도 물건을 그냥 집어 오기도 하며, 어디서 난 것이냐고 하면 친구나 아는 형이 주었다고 하면서 계속 말을 바꾸기도 하고, 엄마가 확인하려 하면 엄마를 잡고 울고불고 난리를 치곤 한다. 처음에는 아빠가 아이에게 거짓말을 하면 혼낸다고 겁을 주기도 하고, 엄마가 화가 나 아이를 때린 후 주인에게 돌려 주고 사과를 하고 돌아오기도 하였다. 친구들이 철수의 거짓말을 알고 뻥쟁이라고 놀리거나 따돌림을 받을까 봐 걱정이 된다. (신뢰감을 주지 못하는 경우)

인수는 아무도 못 말리는 고집쟁이다. 한 번 고집을 피우면 누구도 달랠 수가 없다. 인수가 집착하며 관심을 가지는 것은 '자동차' 다. 자동차의 종류, 차의 장단점, 차 엔진의 마력 등을 줄줄 외우며 친구들이나 가족에게 자동차 이야기만 하고 있어 엄마는 무슨 문제가 있는 것은 아닌지 걱정이 된다. 밥을 먹으면서도 자동차 이야기만 하고 다른 이야기로 화제를 돌려 보려고 하면 눈도 안 마주치고, 친구들과 자리를 만들어 놀라고 해도 혼자 자동차만 가지고 노는 인수를 보면 자기만의 세계에 빠져 사는 것 같다. (자기 세계에 갇힌 경우)

자녀와 쿨하게 소통하기

초등학교에 다니는 창수는 또래와 어울리지 않고 자꾸 혼 자서만 있으려고 한다. 학교에서도 친구들과 어울리지 않고 혼자 지내는 시간이 많다. 친구들과 어울리게 하려고 학원을 보내 보고, 엄마들과 모임도 만들어 보려고 하지만 창수는 엄마 곁에만 꼭 붙어 있으려고 한다. 엄마는 창수가 걱정스러워서 아이를 자꾸 떨어뜨리려 하고 집에서 놀 때는 비디오를 틀어 주는 일이 많다. 학교생활에 왕따를 당하지 않을까 늘 염려가 된다. (또래와 어울리지 않으려는 경우)

민정이 엄마는 오늘도 민정이를 놀이방에 떼어 놓고 오는데 애를 먹었다. 민정이가 놀이방에 가는 것을 너무 싫어하기 때문이다. 처음에는 낯선 곳이라 그러다 말겠지 했는데 날이 갈수록 더 떼를 쓰며 놀이방에 안 들어가겠다고 한다. 빨리 출근을 해야 하기 때문에 울고 있는 민정이를 그냥 놀이방에 두고 나오는 마음이 영 좋지가 않다. 큰아이는 놀이방에 보내는 것이 어렵지 않았는데 왜 민정만 유난한지 모르겠다. (엄마와 떨어지는 것을 불안해하는 경우)

효주 엄마는 오랜만에 동창 모임이 있어서 다섯 살 된 딸아이를 데리고 나갔다. 다른 친구들도 또래 아이들을 데리고 왔다. 다행이다 싶어 효주를 친구들과 놀게 하였는데 잠시 후 효주는 울면서 엄마한테 쫓아왔다. 친구들하고 놀지 왜 그러냐고 했더니 아이들이 자기랑 놀아 주지 않는다는 것이다. 이유를 물어보니 모르겠다고 한다. 할 수 없이 다른 친구들을 불러서 물어보니 효주가 자기네가 하자는 대로 하지 않고 자꾸 싫다는 얘기만 해서 그냥 자기네끼리 재미있게 놀고 있었다는 것이다. 효주 엄마가 친구들하고 잘 놀아 보

라고 달래 보았지만 막무가내로 집에 가자고 보채기만 한다. (고집을 피우는 경우)

인성이 엄마는 시부모님만 오시면 민망하다. 인성이가 할 아버지, 할머니 근처에도 가지 않으려고 하기 때문이다. 할아버지, 할머니는 인성이가 보고 싶어서 찾아오시는 건데 인성이가 너무 표나게 꺼리기 때문에 어떻게 해야 좋을지 모르겠다. 오시기 전에 미리 교육을 시키기도 하고 가신 다음에 화를 내 보기도 하지만 인성이의 태도는 변하지 않는다. 특별한 이유도 말하지 않고 있어 그저 답답할 뿐이다. (사람을 피하는 경우)

은주 담임선생님의 전화를 받고 은주 엄마는 기가 막혔다. 집에서는 아무 문제도 없이 잘 지내는 은주가 학교에서는 전혀 말을 하지 않고 지낸다는 것이다. 그럴 리가 없다고 하자 담임선생님이 그동안 은주가 보인 태도를 말해 주는데 도저히 믿을 수가 없었다. 친구들과 말도 하지 않고 밥도 같이 안 먹을 뿐 아니라 함께 해야 하는 모둠 활동에도 협조하지 않아 친구들이 불편해한다는 것이다. 담임선생님이 불러서 상담을 해 보았지만 역시 은주는 아무 말도 안 하고 있다며 집에서 이야기를 좀 나눠 보라고 한다. 집에서 동생들과 잘 노는 은주가 왜 그러는지 정말 모르겠다. (선택적 함묵증을 보이는 경우)

철민이는 다른 아이들에 비해 일 년 먼저 학교에 입학하였다. 하지만 그것이 문제가 될 줄은 몰랐다. 철민이 친구들은 어리게 행동하고 답답하게 구는 철민이를 데리고 놀아 주지 않았다. 학년이 올라가도 친구들과 사귀기가 계속 어려웠다. 급기야는 왕따를 당하고 친구들과 점점 동떨어진 생활을 하게 되었다. 뒤늦게 이 사실을 알게 된 철민이 아버지는 철민이를 전학

자녀와 쿨하게 소통하기

보내 보았지만 상황은 마찬가지였다. (놀이 기능이 미숙한 경우)

상규는 외동이다. 어려서는 친구들과 노는 것이 어렵지 않았는데 학년이 올라갈수록 친구 사귀기가 어렵다. 상규 엄마는 상규의 친구 관계를 위해 일부러 학부모회까지 참여해서 적극적으로 학교 일에 협조도 하고 다른 엄마들과 어울리기도 하였지만 상규에게는 별 도움이 되지 않는다. 다른 엄마들한테 부탁해서 아이들에게 상규와 좀 놀아 주라고 해 보았지만 친구들이 노력을 해도 금방 상규에게 질리고 만다. 상규는 자기 고집이 세고 자기 뜻대로 되지 않으면 친구들에게 화를 내기 때문에 친구들이 대하기가 너무 어렵다는 이야기가 들려왔다. 상규 엄마는 어떻게 해야 상규를 도와줄 수 있을지 고민이다. (고집이 센 경우)

영아는 친구들과는 별 어려움 없이 잘 지내는데 선생님들과의 관계가 불편하다. 선생님들 앞에서는 말도 제대로 하지 못하고, 늘 입을 다물고 있다. 심지어는 다른 아이가 떠든 것을 자기가 떠든 것으로 오해를 받고 벌을 받는데 아무 말도 못하고 그 벌을 그냥 받았다고 한다. 영아 엄마가 하도 답답해서 말을 하지 왜 그랬냐고 했더니 무서워서 어떻게 말을 하냐고 한다. 영아는 무서운 아버지 앞에서도 말을 잘 하지 못한다. 그래서 그런 것은 아닌가 하여 걱정이다. (어른을 무서워하는 경우)

수호는 친구들 앞에서 장기자랑하는 것이 제일 싫다. 다른 아이들은 아무렇지도 않게 나와서 친구들을 즐겁게 해 주는데 수호는 앞에만 나오면 떨리고 식은땀이 나면서 머릿속이 하얘진다. 친구들이 소리 지르며 빨리 노래를 부르라고 한다든지, 춤을 추라고 하면 더욱 떨려서 어떻게 해야 할지 모른다. 친구들에게 계속 놀림을 받을까 봐 뭔가 하고 들어오고 싶은데 아무것도 못하고 그냥 들어오기 일쑤다. 수호 엄마는 이런 수호를 위해 노래방에도 데려가 보고, 가족 앞에서 노래를 불러 보게 하지만, 수호는 기어들어가는 목소리로 아주 작게 노래 부르는 흉내만 내다 만다. (발표 불안이 있는 경우)

진수는 야영을 가기 싫어한다. 그냥 학교에 남아 혼자 책을 읽으면서 지내겠다고 고집이다. 진수 엄마는 그런 진수가 답답하기만 하다. 다른 아이들처럼 야영 가서 어울려 놀기도 하고 집단생활 훈련도 받고 오면 좋으련만 그런 좋은 기회를 마다하고 가지 않겠다고 고집을 부리니 어떻게 해야 할지 모르겠다. 담임선생님도 설득해 보았지만 소용이 없다. 진수가 이번 야영에 가지 않으면 앞으로 이런 단체 생활을 더 하기 싫어하게 될까 봐 걱정이다. (단체 생활을 기피하는 경우)

정윤이는 공주병이 심하다. 친구들한테 어찌나 잘난 체를 하는지 처음에는 정윤이에게 호감을 보이던 아이들도 어느샌가 정윤이를 멀리한다. 정윤이는 친구들이 자신에게 왜 그러는지 깨닫지 못한다. 다만, 친구들이 나빠서 자기를 힘들게 한다며 엄마한테 투정을 부린다. 처음에는 정윤이 엄마도 친구들이 정윤이에게 잘못하는 줄 알고 학교에 가서 항의를 해 보았지만 실제로는 정윤이가 잘못한 것들이 드러나 망신만 당하고 왔다. 하지만 정윤이한테 친구들에게 좀 잘 하라고 해도 자기가 잘못한 게 뭐냐며 오히려 화를 낸다. 정윤이 엄마는 정윤이를 잘못 키운 것 같아 속이 상한다. (잘난 체하는 경우)

윤실이는 집 밖에 나가기를 싫어한다. 다른 아이들처럼 밖에서 놀기도 하고 친구들과 어울리기도 했으면 좋겠는데 늘 엄마 옆에 붙어 지낸다. 그래서 윤실이 엄마는 다른 볼일을 볼 수가 없다. 학교에 가면 좀 나아질 줄 알았는데 마찬가지로 학교만 갔다 오면 집에서 나가는 일이 거의 없다. 처음에는 조용한 성격이라 그런가 보다하고 생각했지만 학교에 다닐 만큼 커서도 계속 엄마만 따라다니니까 슬슬 걱정이 되기 시작했다. 윤실이가 엄마가 아닌 친구들과 함께 할 수 있는 방법이 없을지 고민이다. (분리불안이 있는 경우)

성주 엄마는 오늘 우연히 성주의 휴대전화를 보고 깜짝 놀랐다. 친구들이 성주 휴대전화에 욕을 써 놓았는데 차마 눈 뜨고 보기 힘든 내용들이었기 때문이다. 성주가 친구들과 잘 어울려 지내는 줄 알고 있었는데 친구들 사이에서 말로만 듣던 왕따를 당하고 있었던 것이다. 그런데도 성주는 그동안 말 한마디 안 하고 학교를 다녔을 텐데 얼마나 힘들었을까 생각하니 가슴이 미어진다. 엄마가 뭔가 잘못한 것 같아서 성주에게 미안하고, 성주를 힘들게 하는 친구들에게 화가 났다. 무턱대고 학교에 찾아간다고 해결되는 일도 아닌 것 같고 좋은 방법이 없을지 고민이 된다. (왕따당하는 경우)

민주는 친구를 오래 사귀지 못한다. 쉽게 친구를 사귀기는 하는 것 같은데 금방 친구에게 질려 한다. 친구 사이에는 믿음이 중요하기 때문에 그렇게 친구를 사귀면 안 된다고 아무리 말해도 소용이 없다. 민주는 수시로 친구를 바꾼다. 민주 엄마는 민주가 친구를 오래 사귈 수 있도록 하기 위해 어떻게 도와주어야 할지 생각 중이다. 하지만 딱히 좋은 방법이 떠오르지 않는다. (친구에게 쉽게 싫증을 내는 경우)

연우는 친구들 사이에서 말 전하는 아이로 유명하다. 친구들은 비밀로 이야기를 해도 연우는 참지 못하고 다른 친구들에게 이 비밀을 이야기하기 때문에 친구들 사이에서 신뢰를 잃었다. 왜 그렇게 친구들에게 비밀 이야기를 전하느냐고 엄마가 연우에게 묻자, 그래야 친구들이 자기를 좋아하기 때문이라고 한다. 다른 사람의 비밀 이야기를 전해 주면서 연우는 친구들의 마음을 산다고 믿고 있었던 것이다. 그러나 이 사실이 친구들 사이에 알려지면서 오히려 연우랑 사귀기를 꺼리는 친구들이 많아졌다. 엄마는 연우가 자신의 잘못을 깨닫고 버릇을 고치도록 도와주고 싶다. (신뢰를 받지 못하는 경우)

자녀와 쿨하게 소통하기

03
어떻게 하면 아이의 사회성을
향상시킬 수 있을까요

　사람을 한자로 표현한 인(人) 자는 사람과 사람이 서로 기대어 있는 모습을 형상화한 것입니다. 인간(人間)도 사람과 사람 사이를 뜻합니다. 이처럼 사람은 태어나는 순간부터 다른 사람과 관계 속에서 살아가는데 사회성이 발달된 사람일수록 다른 사람과 관계를 잘 맺으며 건강하고 행복하게 살아갑니다. 사회성에 문제가 생기면 정상적인 성장을 이룰 수 없을 뿐 아니라 외톨이가 되어 쓸쓸하고 재미없는 삶을 살게 됩니다. 그러므로 부모는 자녀가 어릴 때부터 사회성 발달을 도와야 합니다. 자녀의 사회성 발달을 위해서 부모는 특히 다음과 같은 점에 유의해야 합니다.

 자신의 양육 태도가 아이의 사회성 발달에 미치는 영향이 어떤지 살핍니다. 앞에서 이야기했듯이 권위적인 부모나 허용적인 부모에게서 양육된 아동은 위축되어 자신감이 없는 아이로 크거나 너무 자기 멋대로 하는 아이로 커서 친구들이나 다른 사람들과 원만한 관계를 맺지 못할 가능성이 많습니다. 그러므로 자신의 자녀 양육 방식을 되돌아보고 가능하면 권위 있는 태도로 자녀를 양육하려고 노력할 필요가 있습니다.

관계 형성에 도움이 되는 경험을 많이 하게 합니다. 요즘에는 형제 수가 예전에 비해 현저히 감소하였습니다. 따라서 가정 내에서 자녀들이 다양한 인간관계를 경험하기가 쉽지 않습니다. 그러므로 부족한 관계 경험으로 인한 문제를 줄여 주기 위해서 아이가 엄마하고만 지내게 하지 말고 친척들이나 친구들의 자녀들과 어울릴 수 있는 기회를 많이 제공해 주는 것이 좋습니다. 어린이집이나 캠프에 보내는 것도 좋은 방법입니다. 그러나 아이가 이런 경험을 하는 것조차 힘들어할 경우에는 무리하게 시키지 말고 부모가 아이와 함께 다른 사람들과 자연스럽게 어울리는 기회를 많이 갖는 것이 바람직합니다.

아이가 편안해할 때까지 차분히 격려하고 지지합니다. 아이가 가족 이외의 사람들과 첫 접촉을 하는 것이 쉬운 일이 아닐 수 있습니다. 그래서 낯가림을 하기도 하고, 보채기도 하며, 떼를 쓰기도 하고, 울기도 하면서 불편함을 표현합니다. 이럴 때 부모가 어떤 태도를 보이느냐에 따라 아이의 사회 적응이 달라질 수 있습니다. 그러므로 아이가 불편한 마음을 표현할 때 무관심하게 대하지 말고 관심을 보여야 합니다. 그리고 아이의 마음을 헤아리면서 아이가 차츰 새로운 사람과 접촉하는 일에 익숙해질 수 있게 차분히 격려하고 지지해 줍니다.

아이가 사회성이 부족하다고 판단되면 전문가의 도움을 받습니다. 아이를 유심히 살펴보고 다음과 같은 증상을 보일 경우에는 전문가를 찾습니다. 웃고 우는 행동이 어색하게 느껴지는 등

자녀와 쿨하게 소통하기

정상적인 의사소통에 문제가 있는 경우, 즐거운 일이 있어도 다른 사람과 같이 즐거워하지 못하는 경우, 상상력이 필요한 놀이를 하지 못하는 경우, 다른 사람에 대한 관심이 부족하고 자기만의 세계에 빠져 있는 경우, 눈을 마주치지 않는 경우, 자주 극단적인 감정을 표현하고 타인에게 심한 공격성을 보이는 경우, 자신을 귀찮게 하는 변화를 잘 극복하지 못하는 경우, 빛·소리·접촉·맛 등의 자극에 지나치게 과민하거나 둔감한 경우, 손을 퍼덕이는 등 기이하거나 비정상적인 행동을 하는 경우 등입니다.

04
아이의 사회성을 향상시키는
방법을 알아봅시다

🥕 사회성 향상에 도움이 되는 방법들 (EBS, 2009)

자신감 부족이 원인일 때

👆 평가하는 언행을 줄이고 아이의 모습을 있는 그대로 인정해 줍니다.

👆 실수에 대해 겁을 주지 않습니다.

👆 사소한 변화라도 인정해 주고 격려해 줍니다.

👆 노력을 인정해 줍니다.

👆 결과보다 과정을 중요하게 인정해 줍니다.

👆 아이들과 어울릴 수 있는 자연스러운 기회를 만듭니다.

👆 자기보다 큰 아이의 배려를 받으며 노는 즐거운 경험을 만들어 주고, 또
자기보다 어린아이들과 놀면서 돌봐주는 성취감을 맛보게 합니다.

낯가림이 심할 때

👆 아이가 활동에 참여하지 않으면 부모가 먼저 재미있게 노는 모습을 보여
줍니다.

👆 아이가 관심을 가지면 "같이 할래?"라고 물어보고, 간단한 일을 시킴으로

써 자연스럽게 참여시킵니다.

- 아이가 활동에 적극적으로 참여하면 긍정적인 반응을 보여 주고 아이를 격려하면서 엄마는 한 걸음씩 물러섭니다.
- 다른 사람들과 있거나 새로운 환경에 놓였을 때 아이가 흥미를 느낄 만한 점들을 설명해 줍니다.

낯선 상황에서 아이의 긴장감을 덜어 줄 때

- 아이가 평소 잘 가지고 노는 놀잇감이나 좋아하는 장난감, 인형, 책 등을 준비해 갑니다.
- 아이가 엄마 옆에서 좋아하는 놀잇감을 갖고 놀면서 안정을 취하게 합니다.
- 낯선 사람을 만날 때는 너무 가까이 앉지 말고 다소 거리를 두어 아이가 지나치게 긴장하지 않도록 배려합니다.
- 낯선 사람과 친해지게 하려고 너무 노력하지 않습니다.
- 낯선 장소에 가서 낯선 사람을 만날 경우 아이가 어떻게 반응하는지 계속 살펴봅니다.
- 낯선 사람도 가능하면 아이에게 너무 다가가지 말고 듣기 좋은 말 몇 마디만 하는 것이 좋습니다.

먼저 친구 사귀는 것을 연습시키고 싶을 때

- 친구를 만나면 "안녕."하고 먼저 인사하게 합니다.

💛 친구와 놀 때 자기 것을 나누며 놀게 합니다.

💛 놀이할 때 차례를 지키게 합니다.

💛 "멋진 슛인데." 등 친구를 칭찬하는 말을 하게 합니다.

💛 혼자 대장처럼 굴거나 너무 시끄럽게 떠들지 않도록 주의를 줍니다.

🥕 사회성 발달에 도움이 되는 경험

소꿉놀이

아이와 함께하는 소꿉놀이는 아이의 사회성 발달에 큰 도움을 줍니다. 특히 다양한 인간관계 경험이 부족한 요즘 아이들에게는 간접적이기는 하지만 여러 가지 상황에서 관계를 경험할 수 있기 때문에 좋은 교육 도구가 될 수 있습니다. 아울러 병원놀이나 학교놀이 등 다양한 역할놀이를 하면서 다른 사람을 대하는 방법을 알려 주면 아이는 재미있게 놀면서 사회성을 발달시킬 수 있습니다. 소꿉놀이는 부모가 같이 해 줄 수도 있고, 형제자매끼리 하게 할 수도 있지만 또래 친구들과 함께할 수 있는 기회를 만들어 주는 것도 좋습니다.

동물 키우기

아이의 사회성 발달을 위해 필요한 것은 다른 사람의 입장을 헤아리고 다른 사람의 감정을 함께 나눌 수 있는 배려와 공감 능력입니다. 이러한 배려와 공감 능력은 하루아침에 생겨나는 것이 아니라 훈련이 필요합니다. 집에서 애완동물을 키우면 아동은 자신의 도움을 필요로 하는 동물에게 애정을 느끼고 보살피면서 공감하는 능력을 기를 수 있습니다. 가능하면 아동이 할 수 있는 역할을 맡겨 주고 애완동물을 사랑하며 돌보는 방법을 잘 알려줌으로써 베풀고 나누는 것을 경험하게 합니다. 물론 아동이 동물에게만 집착하지 않도록 주의해야 합니다. 때로는 자기를 잘 따르는 애완동물은 예뻐하면서 자기 뜻대로 되지 않는 친구들에게는 정을 붙이지 못하는 아이들도 있기 때문입니다.

식물 돌보기

씨앗을 파종하고 개화할 때까지 친구들과 함께하는 프로그램에 참여를 시킵니다. 생명의 성장을 다루는 이 프로그램을 통해 아이들은 생명의 신비함과 소중함을 느끼게 되며, 나름대로 자기 역할에 대한 책임감을 느끼기도 합니다. 가능하면 파종할 때부터 아이들이 서로 협동할 수 있게 상황을 조성함으로써 대략 3개월이 소요되는 기간 동안 함께하는 친구들과 관계도 형성하고 자연스럽게 어울리며 소통할 수 있는 장을 만들어 주는 것이 중요합니다.

요리하기

요리는 보기, 맛보기, 냄새 맡기, 끓는 소리 듣기, 질감 느끼기 등 오감을 통해 이루어지는 활동입니다. 따라서 요리는 보고, 냄새 맡고, 맛보고, 썰고, 만지는 등 오감을 활용한 직접적인 조작 활동을 하게 한다는 장점이 있습니다. 친구들과 함께 요리하게 함으로써 요리를 계획하고 준비하며 일을 분담하는 과정을 통해 자연스럽게 친구들과 어울리는 기회를 제공할 수 있습니다. 이렇게 하면 자신이 만든 요리에 대한 만족감과 성취감을 느끼는 동시에 친구들에 대한 친밀감을 느낄 수 있습니다.

 사회성 발달에 도움이 되는 이야기 책

왜 그런지 말해 봐

언어 커뮤니케이션의 전문가인 이찬규 교수님이 쓴 〈베이비 커뮤니케이션 시리즈〉의 첫 번째와 두 번째 책입니다. 이 책은 말문이 트이고 자기 생각을 말로 표현하기 시작하는 0~4세 아이들을 위한 그림책으로, 책을 읽는 동안 자연스럽게 잘못된 언어 습관과 표현 방식을 지도할 수 있습니다.

트랄랄라 카페로 놀러 와

이 책은 서울여자대학교 교육심리학과 재학생과 교수님들이 엮은 책으로 초등학생과 중학생들에게 언니와 누나가 되어 들려주고 싶은 이야기를 적은 글이라고 할 수 있습니다. 대인관계에 대한 유용한 조언과 학습, 자기 이해 등에 대한 이야기로 접근해 가고 있습니다.

정서적 문제나 학습에 어려움이 있는 학생들에게서 아직까지 발현되지 않은 내재된 긍정적인 에너지를 끌어내고 활성화하고자 하는 의미가 담겨 있습니다.

아이의 사회성

많은 아이와 부모님를 만나며 상담과 치료 현장에서 사회성에 대한 이해를 돕는 이영애 선생님이, 사회성에 대한 이해를 돕는 구체적인 설명과 아이의 성장주기에 따른 사회성의 발달 단계를 친절히 소개한 글로서 부모를 막연한 불안에서 벗어나게 해 주는 데 도움을 줄 것입니다. 또한 선천적으로 타고나는 아이의 기질과 영아기 양육자와의 애착, 자라면서 양육을 통해 성장해 가는 정서지능, 자기조절능력, 자존감, 도덕성 등 사회성을 형성하는 다양한 요소를 설명하고 그 증진 방법을 구체적으로 소개하며 다양한 유형의 상담 사례를 소개하여 책을 읽는 부모의 이해를 도울 수 있습니다.

사회성 우등생

이 책은 소년조선일보 〈있잖아요. 선생님〉이란 코너를 통해 전국 어린이들의 고민을 상담해 온 남미숙 교감선생님이 사회성과 관련한 초등학생들의 대표 고민 26가지를 엄선하여 어린이들이 책을 읽고 실생활에 적용할 수 있는 방법을 제시하고 있습니다. 친구들과 협력하고 어울리는 기술, 새로운 환경에 적응하는 방법, 자신의 생각을 당당하게 표현하는 방법 등이 담겨 있습니다.

🥕 사회성 발달에 도움이 되는 영화

가위손

〈배트맨〉으로 널리 알려진 팀 버튼 감독이 만든 영화입니다. 어른들도 아이들과 함께 재미있게 볼 수 있는 환상적이고 슬픈 동화 같은 영화입니다. 초등학교 2~3학년이면 재미있게 볼 수 있습니다. 영화 속에 등장하는 에드워드는 만들다 만 인조인간입니다. 발명가가 에드워드를 만드는 과정 중에 갑작스럽게 죽어 버렸기 때문입니다. 그래서 그는 차갑고 섬뜩한 가위손을 지니게 됩니다. 그러나 누구보다도 따뜻한 마음을 지닌 에드워드는 자신이 사랑하는 사람들을 기쁘게 할 일을 합니다. 하지만 세상의 질서나 관습은 알지 못합니다. 이로 인하여 문제가 생기고, 세상은 결국 그를 받아들이지 않습니다.

이 영화는 사람들에 대한 편견을 잘 보여 줍니다. 아이와 함께 보면서 친구를 대할 때의 마음가짐 등에 대해 이야기를 나누면 좋을 것 같습니다.

내 친구의 집은 어디인가

초등학생 아이가 주인공으로 등장하는 영화입니다. 학교에서 잘못 가져온 친구의 공책을 집으로 가져다주어야 하는데 어딘지 몰라 집집마다 헤매고 다닌다는 이야기가 영화의 줄거리입니다. 자칫 지루하다고 느낄 수도 있겠지만 쉽게 화면 앞을 떠나지 못할 것입니다. 영화 곳곳에서 애잔한 감동이 배어 나오기 때문입니다. 친구의 집을 찾아 헤매는 아이의 순한 얼굴에서, 공책을 전해 주지 못해 초조해하는 아이의 마음에서, 그래서 밤을 새워 가며 친구의 숙제를 대신하는 아이의 지혜롭고 사랑스런 행동이 감동입니다. '유년의 책갈피에 꽂아 둔 한 장의 꽃잎 같은 영화!' 라는 찬사로도 부족한 작품입니다. 초등학교 5~6학년 정도부터 보여 주면 도움이 될 것입니다. 잔잔히 흐르는 인간의 마음을 느끼면서 아울러 관계의 소중함도 배울 수 있으면 더할 나위 없이 좋을 것입니다.

마빈의 방

이 영화는 가족 간의 불화 또는 대인관계에 어려움이 있는 친구들에게 도움이 되리라 생각합니다. 백혈병에 걸린 언니가 골수를 이식받기 위해 20여 년간 헤어져 있던 여동생을 찾으면서 이야기는 시작됩니다. 가족의 모든 어려움을 언니에게 맡겨 둔 채 자신의 삶을 찾아 떠난 동생이었기 때문에 두 자매의 만남은 반가움보다는 미움과 원망 그리고 어색함이 흐릅니다.

여동생의 골수가 맞지 않아 조카(여동생의 아들)의 골수가 언니와 맞는지 검사를 하게 되는데, "처음 본 이모를 위해 왜 골수를 기증해야 하는지" 이해하지 못해 반항적인 태도를 보이던 아들이 뜻밖에 이모와 잘 지내는 관계로 발전하게 됩니다. 조카는 소리만 지르는 엄마인 자기와 달리, 인격을 인정해 주고 자신의 이야기를 들어 주는 언니에게 점점 마음을 열면서 변화하는 아들의 모습을 지켜보면서 언니에 대한 원망과 미움이 서서히 사랑으로 바뀌어 가는 감동을 느끼게 됩니다. 중·고등학생들에게 가족 간의 사랑과 부모와의 갈등에 대해 생각해 보는 좋은 기회가 될 수 있는 영화입니다.

친구들에게 인기 있는 사회성 키우기

참고문헌

남미숙(2010). **사회성 우등생**. 서울: 글담어린이.

서울여자대학교 교육심리학과(2011). **트랄랄라 카페로 놀러 와**. 서울: 학지사.

이영애(2012). **아이의 사회성**. 서울: 지식채널.

이찬규(2011). **'싫어', '몰라' 하지 말고 왜 그런지 말해 봐**. 서울: 애플비.

최경숙(2006). **아동발달심리학**. 서울: 교문사

EBS 제작팀(2010). **EBS 60분 부모. 문제행동과의 한판승 편**. 서울: 지식채널.

성 지식을 나누며
편안하게 성교육하게

11

01
부모가 굳이 성교육까지
해야 하나요

"자녀 양육이 이렇게 어려운 일인 줄 몰랐다."고 하소연하는 부모님들이 있습니다. "우리 애가 그럴 줄은 정말 몰랐다."고 말씀하시는 분들도 있습니다. 귀하지 않은 자식이 어디 있겠으며 내 아이만큼은 잘못된 세상 풍조에 휩쓸리지 않고 곱게 자라 주기를 바라는 부모 마음이야 다 똑같겠지요. 하지만 아이가 성장할수록 자녀 양육이 만만치 않은 일임을 깨닫게 되고 이러저러한 방법을 동원하며 애를 쓰고 계실 것입니다.

이렇게 부모의 머리를 아프게 하는 일 중 특히 어려운 일이 바로 자녀 성교육이 아닌가 싶습니다. 더구나 요즘은 아이들이 부모나 교사들을 통해서가 아니라 친구들이나 인터넷을 통해 훨씬 다양한 성 지식을 습득하고 있는 현실임을 감안할 때, 우리 어른들은 이대로 손 놓고 있어야 하는가에 대해 스스로 질문을 하게 됩니다.

자녀들을 지도해야 할 분야는 다양하지만 그중 성교육만큼 중요하면서도 쉽지 않은 일은 드뭅니다. 접근하기도 쉽지 않고 잘못하다가는 자녀와의 관계까지도 불편해질 수 있어서 무척 망설여지는 것이 성과 관련된 이야기입니다. 가능하다면 아내는 남편에게 남편은 아내에게 미루고 싶은 것이 성교육이겠지요. 아니면 아예 학교에 맡겨 버리고 싶은 일일지도 모르겠습니다. 하지만 쏟아지는 성 관련 지식으로 인해 아이들이 혼란스러워하고 있고, 성범죄가 우리의 소중한 아이들을 위협하고 있는 상황에서 성교육이 아무리 어렵고 껄끄러워도 결코 피하거나 미룰 수는 없습니다.

아이들이 알고 있는 성 지식은 왜곡되고, 편향된 지식일 때가 많습니다. 그저 흥미 위주로 받아들인 성 지식이 전부인 것처럼 착각하고, 성 가치관이 제대로 확립되어 있지 않은 상태에서 자칫 성적인 문제 행동을 저지를 수도 있습니다. 반대로 성을 부정적으로 생각하게 하는 지식을 받아들여 성을 터부시하는 경우도 있습니다. 둘 다 성 결정권자로서의 건강한 성인으로 성장하는 데 방해가 될 수 있습니다.

한 여고생이 생리를 하지 않아 혼자 고민을 하다 상담실을 찾았습니다. 다른 친구들은 다 생리를 하는데 자기만 안 하니까 무슨 문제가 있는 것은 아닌지 너무 걱정이 되었답니다. 누구한테 말도 못 하고 혼자 고민하자니 너무 답답했던 이 학생은 어린 시절의 경험을 떠올렸습니다. 다섯 살 때 아버지 친구한테 성폭행을 당한 것입니다. 그 일 역시 아무한테도 말하지 않았는데 이 나이가 되어도 생리를 안 하는 것이 혹시 그 일 때문은 아닌가 하여 더욱 걱정을 하게 된 것입니다. 상담을 마치고 학생은 산부인과에 가서 진료를 받고, 주사를 한 대 맞았습니다. 며칠 후 학생은 "고민은 끝나고 생리가 시작되었어요."라고 말하며 활짝 웃게 되었습니다. 그 뒤로 이 학생은 학교도 무사히 졸업하고 좋은 사람을 만나 결혼해서 아기도 낳았습니다. 혼자 고민하던 성 관련 문제도 정확한 사실을 알고 나면 의외로 쉽게 풀릴 수 있습니다.

중학교에 다니는 아들을 둔 어머니가 겪은 일입니다. 자신의 아이는 순진하고 착해서 '이런 일'에 연루될 것이라고는 꿈에도 몰랐다고 했습니다. 어머니가 표현한 '이런 일'이란 중학생들이 초등학생을 성폭행한 사건이었습니다. 일이 터지고 나서야 어머니는 당황하며 진즉에 성교육을 시켰으면 아이가 이런 혼란에 빠지지 않았을 것을 그냥 미루고 지나가다가 결국에는 이런 엄청난 일까지 아들에게 겪게 하는 것 같아 너무 후회된다고 했습니다. 이 어머니의 하소연이 남의 일만은 아닐 것입니다.

전교에서 1, 2등을 하던 학교 성적이 갑자기 전교 꼴찌로 떨어지고, 깔끔하던 차림새가 지저분해진 여학생이 있었습니다. 이 여학생은 이미 다른 사람과 눈을 맞추지 못할 정도로 정신 상태가 파괴되어 있었고, 자신이 무슨 일을 겪었는지에 대해 이야기조차 하지 못했습니다. 다만, 가끔씩 "우리 집 암소는 얼마나 아플까요?"라는 말만 되풀이하는 것으로 보아 누군가에게 성폭행을 당한 후 자기네 집 암소가 수소와 교접하는 장면과 자신이 당한 일을 동일시하고 있는 것으로 짐작할 수 있었습니다. 아이는 물론 정신과 치료를 받게 되었습니다.

남자 선생님만 보면 안절부절못하며 피하는 여학생 사례도 있었습니다. 이 학생은 어린 시절부터 새아버지와 살고 있었습니다. 새아버지는 잘해 주시기는 했지만 이 아이에게 치명적인 상처를 남겼습니다. 수시로 성추행을 한 것입니다. 그래서 자기도 모르게 남자들을 피하는 태도를 보이게 되었고, 남자 선생님들까지 꺼리게 된 것입니다. 학생이

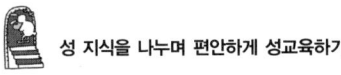

선생님을 꺼린다는 것은 학습에도 큰 지장을 초래합니다. 학생에게는 이만저만한 손실이 아닙니다. 또한 이 학생은 남자 친구를 사귈 엄두도 내지 못하고 있었습니다. 아이의 마음에서 자기도 모르게 일어나는 남자에 대한 부정적인 반응을 치유하는 데 오랜 시간의 상담이 필요했습니다.

자기 여자 친구와 성관계를 가진 한 남학생이 성기가 가렵고 아프다며 보건소를 찾아갔습니다. 진찰 결과 성병에 감염이 된 것을 알게 되었습니다. 학생은 자신이 성병에 걸린 사실도 감당하기 어려운 일이었지만 그토록 믿었던 여자 친구가 이미 성병에 걸려 있었다는 사실에서 오는 충격과 여자 친구에 대한 배신감이 상처로 남아 한동안 어려움을 겪었습니다.

성과 관련하여 발생하는 문제는 남학생이나 여학생이나 가릴 것 없이 치명적인 경우가 많습니다. 그저 호기심에서 저지른 일 또는 장난으로 해 본 일이 본인은 물론 상대방에게도 치유하기 어려운 상처가 될 수 있습니다.

심지어 부모님이 안 계시는 시간에 남매가 함께 야동을 보고 성관계를 갖다가 여동생이 임신을 한 경우도 있습니다. 이미 저질러진 일이니 수습을 해야 하는데 정말 난감하지 않을 수 없습니다. 여동생은 학교를 계속 다닐 수 없게 될 뿐 아니라 아이를 낳을 것인지 말 것인지에 대해 깊이 고민해야 할 상황입니다. 아이를 낳자니 어린 여중생의 몸에서 아이가 잘 성장하기 어려울 수도 있고, 더구나 오빠의 아이를 가진 여동생의 마음이 불편할 테니 건강한 아이로 자라도록 태교를 하기에는 큰 어려움이 있습니다. 그렇다고 아이를 중절 수술하자니 아직 제대로 성장하지 못한 여동생의 생명까지도 위협할 수 있는 일이라 수술을 권할 수도 없습니다. 만약 여동생이 모든 상황을 잘 견디고 아이를 건강하게 출산하였다 해도 두 남매 사이에서 출생한 아이는 또 어떻게 되겠습니까? 부모나 조부모와의 관계가 모두 뒤죽박죽이 될 터이니 말입니다. 이처럼 출산도 어렵고 인공 중절 수술도 어려우니 임신이 되지 않았어야 하며, 임신이 되지 않았어야 하니 남매가 성관계를 갖지 않았어야 하고, 성관계를 갖지 않았어야 하니 함께 야동을 보지 않았어야 하고, 그렇다면 이런 문제를 예방할 수 있도록 성에 대해 미리 교육을 했어야 하는 일이겠지요.

하임 G. 기너트는 십 대 아이들은 성에 대해서 배울 수 있는 것은 무엇이든 배우려고 열심이라고 했습니다만, 우리 사회는 아이들에게 끊임없이 성에 대한 왜곡된 정보를 제공하고 있습니다. 이런 상황에서 성적으로 민감한 정보를 나누는 것을 두려워하는 사람은 부모와 교사뿐이라고 합니다(하임 G. 기너트 저, 신홍민 역, 2006). 아이들은 성에 대해 배울 준비가 되어 있습니다. 이제 부모가 성교육에 나서야 할 차례입니다. 마음을 단단히 먹고 자녀와 함께 성 이야기를 나누어 보도록 합시다. 그럼 우리 아이들은 성과 관련해 무엇을 궁금해하는지부터 알아봅시다.

02
아이들이 궁금해하는
'성'에는 어떤 것이 있을까요

우리 아이들은 성장해 가면서 자기 몸에 대해 관심을 갖게 되고 아울러 친구들이나 다양한 통로로 들어오는 정보를 접하면서 성에 대한 호기심이 커집니다. 매우 자연스런 현상입니다만 '성'은 다른 종류의 호기심이나 궁금증과는 달리 제대로 된 지식을 알지 못하면 큰 어려움을 겪을 수도 있다는 점에서 조심스럽게 접근해야 할 주제입니다. 우선 성과 관련하여 아이들이나 부모들이 궁금해하는 사례를 살펴봅시다.

저는 중학교 1학년입니다. 오늘 학교 화장실에서 친구들끼리 서로 자신의 성기를 보여 주었는데 내 성기가 작아서 속상해요. 목욕탕에 가 봐도 저의 성기만 너무 작은 것 같아요. 누구한테 말도 못하겠고 은근히 걱정이 됩니다. 성기는 무조건 큰 것이 좋은 것인가요? 얼마나 커야 정상인가요? (성 지식)

우연히 목욕탕에서 친구를 만났습니다. 근데 친구가 내 성기가 휘었다고 다른 친구들에게 흉을 보는 것을 들었습니다. 내 성기에 무슨 문제가 있는 것인가요? 이러다가 결혼도 못하는 것은 아닌지요? (성 지식)

중학교 여학생인데요, 팬티에 분비물이 자꾸 묻어서 불쾌해요. 어느 책에선가 이런 게 냉이라고 본 적이 있는데 맞는지요? 뭔가 문제가 있는 것은 아닌가 해서 걱정이 돼요. (성 지식)

중학생입니다. 얼마 전 자위행위를 해 보았는데 출혈이 있었습니다. 너무 놀랐는데 창피해서 누구한테 말을 할 수가 없었습니다. 혹시 처녀막이 터진 것이 아닌지 걱정입니다. 자위행위를 해도 처녀막이 터질 수 있나요? (성 지식)

저는 자꾸 자위행위를 하고 싶어집니다. 그런데 자위행위를 하면 건강에도 나쁘고 머리도 나빠진다는 소릴 들었습니다. 그래서 그런지 요즘에는 학교에 가도 공부가 손에 잡히질 않습니다. 저는 안 하고 싶은데 자꾸만 하게 됩니다. 자위행위를 안 할 수 있는 방법은 없을까요? (성 지식)

언제부턴가 시도 때도 없이 발기가 되어 창피를 당한 적이 많습니다. 여러 사람 앞에서 발표를 하는데 발기가 되어서 정말 창피해 죽는 줄 알았습니다. 도대체 왜 그러는 것인지 모르겠습니다. 발기가 안 되게 하는 방법은 없나요? (성 지식과 성 행동)

딸아이가 쓴 일기를 보니 죽고 싶다는 말이 가득합니다. 맨 마지막에 자신은 음모가 나지 않아 죽고 싶다고 하였는데 제가 아빠이다 보니 딸아이에게 어떻게 말해 주어야 할지 모르겠습니다. 정말 음모가 나지 않으면 성 생활이나 임신에 지장이 있는지요? (성 지식과 성 생리)

며칠 전부터 성기 주변이 가렵고 따갑습니다. 책에서 보니까 성병에 걸리면 이런 증세가 있다고 하던데 제가 성병에 걸린 것인가요? 무서워 죽겠습니다. (성 지식과 성 행동)

성관계를 가지면 어떤 일들이 생기나요? 사실 저는 이게 궁금합니다. 성교육 시간에도 대충 알려 주지 구체적으로 설명해 주지 않아 궁금합니다. 짐작은 가지만 구체적으로 성관계를 가지면 어떤 일들이 생길 수 있는지 알려 주세요. (성 지식)

에이즈에 대해서 궁금해요. 어떻게 하면 에이즈에 걸리게 되나요? 그리고 에이즈에 걸리면 어떤 증상이 있나요? 에이즈에 걸린 사람과 함께 있으면 저도 에이즈에 걸려 죽게 되나요? (성 지식과 성 행동)

우리 아이가 6학년입니다. 다른 아이들은 다 포경수술을 한 것 같아서 우리 아이도 해 주려고 했더니 시어머니께서 못하게 말리시네요. 저도 어떻게 해야 할지 판단이 안 섭니다. 포경수술은 해 주어야 하나요? 안 해 주어도 별 상관없나요? (성 지식)

가슴이 너무 커서 고민이에요. 체육 시간에 더욱 고민이 됩니다. 체육복을 입고 나가면 친구들이 저보고 애 둘 낳은 아줌마 같다고 놀립니다. 저는 아직 한 번도 티셔츠를 입어 본 적이 없습니다. 하지만 체육 시간에는 체육복을 안 입을 수도 없고 걱정입니다. 어떻게 하면 좋을까요? (외모)

2학년 선배 언니가 지나가면 가슴이 두근거리고 얼굴이 빨개집니다. 아마도 제가 그 언니를 좋아하는 것 같습니다. 친구들이 동성연애 하는 거 아니냐고 놀리는데 이런 게 동성연애인가요? 동성연애는 아주 나쁜 거라고 들었는데 전 이제 어떻게 해야 하나요? (성 심리)

친구가 아무래도 임신을 한 것 같아요. 임신인지, 아닌지 어떻게 알 수 있나요? 나타나는 증세를 알려 주세요 (성 지식과 성 행동).

인공 중절 수술을 하면 어떻게 되나요? 친구들이 하는 말을 들으면 수술 후유증이 심하다고 하는데 그게 사실인가요? 또 요즘에는 병원에서 인공 중절 수술 받는 것이 불법이라는 이야기를 들었습니다. 그럼 인공 중절 수술은 어디에서도 받을 수 없나요? (성 행동)

딸아이가 집에 오는 길에 엘리베이터 안에서 자기의 성기를 보여 주는 남자를 만났다고 합니다. 너무 놀라서 들어온 딸아이가 그 이후로 말도 잘 못하고, 공부도 제대로 못하고 있습니다. 밖에 나가는 것도 너무 불안해하고 무서워합니다. 제가 걱정할까 봐 괜찮다고는 하지만 이대로 두면 안 될 것 같습니다. 아이에게 어떤 말을 해 주어야 할지 좀 알려 주셨으면 합니다. (성적 외상)

저는 생리통이 심합니다. 생리 때마다 죽다 살아나는 기분이에요. 또 생리 때마다 기분이 너무 나빠져서 친구들과 싸우는 일도 자주 생깁니다. 생리 때만 되면 저는 정말 죽을 맛입니다. 다른 친구들보다 유난히 심

한 것 같습니다. 무슨 병은 아닌지 걱정이 됩니다. 생리통을 낫게 하는 방법은 없을까요? (성 생리)

성폭력 피해를 입으면 어떻게 해야 하나요? 친구가 남자 친구에게 당했다고 하는데 겁이 나서 신고를 못하고 있어요. 성폭력 피해 신고 방법을 알려 주세요. (성폭력)

남자 친구가 자꾸 성관계를 갖자고 하는데 어떻게 거절을 해야 할지 모르겠습니다. 제가 거절하면 자기를 사랑하지 않기 때문이라고 화를 내는데, 이러다 남자 친구랑 깨질까 봐 걱정이 됩니다. 좋게 거절할 수 있는 방법이 없을까요? (성 심리와 성 행동)

저는 남자 친구를 사귀고 싶은데 여자애들이 자꾸 저를 좋아한다고 말합니다. 저의 외모나 하는 짓이 남자 같다고 하는데 저에게 이상이 있는 것인지요? 남자애들은 저에게 그냥 편하다고 하면서 동성친구 대하듯이 하고 여자애들이 저를 좋아하니 어쩌면 좋습니까? 정말 답답합니다. (성 역할)

우리 학교 주변에서 바바리맨을 봤어요. 그냥 도망 오기는 했는데 너무 무서워요. 친구들도 봤다고 하는데 어떻게 해야 할지 모르겠어요. 우리는 변태라고 하는데 도대체 바바리맨은 왜 있는 것일까요? 그리고 이런 사람을 만나면 어떻게 해야 할까요? (이상 성행동)

제 친구가 남자 친구와 성관계를 가졌는데 임신을 한 것 같다고 합니다. 그런데 친구는 아이를 낳고 싶어 합니다. 학생이 임신을 하면 학교에 다닐 수 없나요? 학교에 다니면서 아기를 낳을 수 있는 길은 없는지 알려 주세요. (성 행동)

친구가 성병에 걸렸다고 해요. 그런데 친구가 걸린 성병이 저에게도 옮을까 봐 걱정이 돼서 친구랑 같이 있기도 꺼려져요. 성병은 어떻게 옮는 것인지 알려 주세요. (성 지식과 성 행동)

저는 결혼 후 남동생과 함께 살고 있습니다. 그런데 아내 말을 들으니 제 남동생이 아내의 속옷을 훔쳐 간다고 합니다. 설마설마 했는데 제가 동생의 방에서 아내의 속옷을 발견하였습니다. 정말 난감하여 어떻게 해야 할지 모르겠습니다. 이럴 때는 어떻게 해야 하는지 알려 주세요. (이상 성 행동)

여자 친구랑 함께 밤을 보냈습니다. 여자 친구의 동의하에 성관계를 가졌는데 여자 친구가 임신을 했을까 봐 너무 불안합니다. 제 생각에는 처음이라 제대로 성관계를 한 것 같지 않은데 그래도 임신이 될 수 있는지요? 저는 정말 불안해서 아무것도 못하겠습니다. (성 지식)

저는 남들보다 성기가 작아서 늘 고민을 해 왔습니다. 아는 형에게서 성기에 수술을 하면 성기가 커진다는 이야기를 들었습니다. 그래서 호기심에 저도 하겠다고 했는데 정말 성기가 커야 성관계를 제대로 할 수 있

는 것인가요? 그리고 성기를 크게 하는 수술을 해도 괜찮은 것인가요? (성 지식)

아들 방에서 쓰레기통에을 치우다가, 휴지에 뭔가 묻은 채로 잔뜩 버려져 있는 것을 발견했습니다. 어린 줄만 알았던 아들에게서 이런 휴지를 발견하니 너무 당황스럽습니다. 저는 사실 이혼한 상태라 상의할 남편도 없습니다. 아들에게 어떻게 말을 해야 할지 모르겠습니다. 자위행위를 하면 건강에 나쁘다는 이야기를 들었는데 우리 아이가 이러다가 건강도 잃고 성적으로 문제가 생길까 봐 너무 걱정이 됩니다. 어떻게 하면 좋을까요? (성 지식)

03
'성 이야기'는
어떻게 풀어 가면 좋을까요

성과 관련하여 문제가 발생하면 많은 부모는 정말 어찌할 바를 알지 못하고 당황스러워 합니다. 생명과 연결된 일이어서 그 무게가 다른 문제에 비해 무척 무겁습니다. 자녀들의 입장에서도 마찬가지입니다. 호기심에서, 또는 설마 하는 마음으로 성행위를 하지만 그 결과에 대해 뒷감당을 하지 못하는 경우가 많습니다. 그저 어떻게 하면 좋으냐는 말만 쏟아 놓습니다. 성 이야기를 풀어가는 데 필요한 몇 가지 원칙을 살펴보겠습니다.

 우리 자녀들을 잘못된 성문화로부터 지키고 보호하며 건강한 성을 지니고 살아갈 수 있도록 도와줍니다. 요즘은 성에 대해 개방적이고 심지어는 성을 상품화하는 풍조가 생겨서 자칫 잘못하면 자신의 성을 지키기가 쉽지 않습니다. 이러한 때에 자녀들을 보호하며 건강한 성을 지니고 살아갈 수 있도록 도와주는 것은 우리 부모에게 주어진 절대적인 사명이라는 생각이 듭니다. 특히 성폭력 사건이나 성추행 사건 등 성문제가 사회 문제로 이슈화될 때 그냥 지나치지 말고 자녀들은 어떤 생각을 갖고 있는지 확인해 보고 자신을 보호하기 위해 어떤 행동을 취해야 하는지 등에 대해 이야기를 나누며 대처 방안을 가르칠 필요가 있습니다.

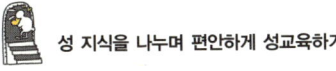

평소 대화를 많이 나누고 자녀들이 성에 대해 어떤 고민을 하고 있으며, 어떤 것을 궁금해하는지 확인하고, 차근차근 설명해 줍니다. 우리를 당황하게 하는 대부분의 성문제는 무지에서 오는 경우가 많습니다. 성문제로 고민하는 아이들의 이야기를 들어보면 미리 결과를 예측하고 알고만 있었어도 그렇게 문제를 크게 만들지 않았을 거라는 생각이 듭니다. 우리 아이들과 함께 성에 대해 터놓고 이야기해야 하는 이유가 바로 여기에 있습니다. 아이들은 알기만 해도 성문제를 덜 만들 수 있습니다.

자녀들의 성가치관이 건전하게 확립될 수 있도록 도와줍니다. 성문제는 성가치관의 혼란 때문에 오는 경우가 많습니다. 성을 그저 단순한 재밋거리나 호기심 수준에서만 생각하다 보면 분위기에 휩쓸려, 또는 욕구를 억제하지 못하여 성행위를 하게 되고 그 결과가 자신은 물론 아기의 생명까지 위기에 빠지게 할 가능성이 있습니다. 성은 곧 생명이며 귀하고 소중한 것이어서 함부로 사용해서는 안 된다는 가치관이 확실하면 우리 아이들은 다양한 성문제에서 자유로울 수 있습니다.

자녀들에게 성문제가 생기면 당황스럽기는 하겠지만 이 문제를 극복하기 위해 함께 노력합니다. 간혹 자녀들에게 성문제가 생기면 뭔가 크게 실망하여 심하게 야단을 치는 부모가 있습니다. 그러다 보면 아이를 제대로 도와주지 못하고 더욱 어려운 궁지로 모는 경우가 발생합니다. 실제로 성문제로 고민하는 학생들의 경우,

자녀와 쿨하게 소통하기

자신에게 일어난 일을 감당하기도 힘든데 엄마나 아빠가 죽을 죄를 지은 죄인 취급을 하니 차라리 죽어 버리는 게 낫겠다는 생각을 하는 청소년도 많습니다. 이런 자녀들의 마음을 헤아려 함께 어려움을 극복해 나가기 위해 노력하는 자세가 필요합니다,

 부모가 먼저 성에 대해 공부합니다. 아이들이 성에 대해 질문할 때 얼버무리거나 화를 내거나, 제대로 답변을 해 주지 못하면 아이들은 음성적인 방법으로 성을 배우게 되고, 성에 대해 잘못된 인식을 하게 될 수 있습니다. 요즘은 부모가 마음만 먹으면 얼마든지 자녀들과 함께 성에 대해 자연스럽게 이야기하고 고민을 함께 나눌 수 있도록 도와주는 좋은 방법이 많이 나와 있습니다. 아이들이 좋아하는 성교육 책자나 인터넷을 통해 쉽게 접근할 수도 있습니다.

04

자, 그럼 자녀와 편안하게 성에 대해 이야기하는 방법을 알아봅시다

🥕 O, X 퀴즈로 풀어가는 성 이야기

아이들이 궁금해할 수 있는 내용들을 O, X 퀴즈 문제로 만들어 접근하면 재미있고, 자연스럽게 이야기를 나눌 수 있습니다. 몇 가지 예를 들면 다음과 같습니다(김상원, 2008).

O, X 퀴즈

1. 성은 은밀하고 더러운 것이다. (   )

☞ (X) 성이란 사랑과 종족보존 및 기쁨을 동반한 경우 자연스럽고 인류에게 꼭 필요한 것이다.

2. 순결을 잃었을 때 사람들은 정신적 충격과 죄의식, 후회감, 분노를 느낀다. (   )

☞ (O) 남성이든 여성이든, 특히 강제적으로 순결을 잃었을 때 정신적으로 황폐해지는 예가 많다.

3. 의학이 발달하여 인공 중절 수술은 별 후유증이 없다. (   )

☞ (X) 인공 중절 수술은 의사가 기계에서 손으로 전달되는 촉감에 의지하여 하는 수술이므로 안정성을 보장할 수 없다.

4. 자위행위로 체액이 손실될 수 있다. (   )
　☞ (O) 자위행위 시 배출될 정액이 없으면 체액이 배출되어 집중력이 떨어지고 심지어 인사불성이 될 수도 있다.

5. 대부분의 성폭력은 낯선 사람에 의해 발생한다. (   )
　☞ (X) 실제로 성폭력 피해는 모르는 사람보다 아는 사람에 의해 발생하는 경우가 훨씬 더 많다.

6. 음란영상매체를 많이 보게 되면 그대로 따라 하고 싶은 충동이 생길 수 있다. (   )
　☞ (O) 음란영상매체는 자극적인 장면을 소재로 다루고 있어 성충동이 강한 나이의 청소년들에게는 그대로 따라 하고 싶게 만들며 잘못된 성 개념이 생기게 할 수 있다.

7. 여성이 첫 성교 시 출혈을 하지 않는다면 처녀가 아니다. (   )
　☞ (X) 누구나 출혈을 하지는 않는다. 처음 성교 시 출혈하는 경우는 57% 정도다.

8. 성은 정신과 육체를 총칭하는 전인적 인간을 표현하는 것이다. (   )
　☞ (O) 성(性)은 心(마음) + 生(신체)이 일치되는 性으로서 한 개인의 전

인격적 표현이다.

9. 음란영상물 내용은 일반 부부생활과는 달리 과장되고 변태적인 내용이 많다. (   )

☞ (O) 음란영상물은 정해진 극본에 따라 배우들이 연기를 하는 것이며, 때로는 촬영 기법에 의한 눈속임이 많고, 비정상적이고 변태적인 내용이 많이 있다.

10. 성욕은 조절할 수 없는 것이다. (   )

☞ (X) 성욕은 신피질에 의해 지배받는 조절 가능한 현상이다.

11. 남성의 성기 크기는 성적인 능력과 관계가 있다. (   )

☞ (X) 성기가 그 기능을 수행하는 데는 최소한 크기가 5cm 정도면 족하다. 성기가 커야 남성다움을 과시할 수 있다는 생각은 오해에서 비롯된 것이다.

12. 피임만 잘하면 100% 임신을 피할 수 있다. ( )

☞ (X) 피임을 안 하는 것보다는 하는 게 낫겠지만 그래도 어느 피임방법이든 100% 완벽한 피임방법은 없다. 피임을 했다 해도 안심할 수 없다는 것을 알아야 한다.

퍼즐 맞추기로 풀어 가는 성 이야기

▶ 성과 관련된 상식이나 지식을 세로축, 가로축으로 연결하여 빈 칸으로 남아 있는 부분의 옳은 답을 얼마나 정확하게, 그리고 신속하게 알아맞히느냐를 결정하는 게임입니다. 생식기의 명칭을 먼저 적어 보게 한 후 퍼즐을 구성하게 하면 더 도움이 될 것입니다.

▶ 형제나 자매가 있으면 누가 빨리 알아맞히는지 경쟁을 하는 것도 좋습니다.

▶ 성과 관련된 다른 지식들도 이런 식으로 접근하면 보다 쉽게 접근하면서 자연스럽게 설명해 줄 수 있어서 좋습니다(김상원, 2008; 충청북도교육청, 2001).

1					2		9	
				8				
	10			3				
4								
					11			
	12			5				
	6						7	13

가로 열쇠	세로 열쇠
1. 사춘기가 되면 여자의 난소에서 배출되는 것 2. 사춘기 때 나타나는 남녀의 차이 3. 남자의 정소에서 생산되는 것 4. 사춘기에 처음 하는 월경 5. 1달에 1번씩 난소에서 난자가 배출되는 현상 6. 정자가 생성되는 기관 7. 남자들이 잠든 사이에 사정하는 현상	1. 난자가 배출되는 기관 8. 난자와 정자가 만나는 현상 9. 뇌하수체에서 분비되는 이 물질로 인해 청소년의 급격한 신체적·생리적 변화가 일어남 10. 소변이나 정자가 배출되는 통로 역할을 하는 외부 생식기 11. 정자와 난자가 수정되는 장소 12. 정자가 성숙되는 기관 13. 정자가 밖으로 나올 때 활동력 등을 공급하는 분비물을 생산하는 곳

☞**정답** ① 난자(가로), 난소(세로) ② 이차성징 ③ 정자 ④ 초경 ⑤ 배란
⑥ 고환 ⑦ 몽정 ⑧ 수정 ⑨ 성호르몬 ⑩ 음경 ⑪ 수란관
⑫ 부고환 ⑬ 정낭

독서로 풀어 가는 성 이야기

19세

이순원이 쓴 『19세』는 청소년기 혹은 사춘기라 불리는, 어른이 되어 돌아보면 눈이 부시도록 아름다웠던 그 시절을 이야기합니다. 한 남자 아이가 열세 살부터 열아홉 살까지 살아온 흔적을 기록한 소설로, 작가는 한 아이의 아버지가 된 화자의 눈으로 그 시절을 돌아봅니다. 아들과 함께 읽으면 좋은 책입니다.

자녀와 쿨하게 소통하기

우리가 성에 관해 너무나 몰랐던 일들

학교에서 보건교사로 재직하고 있는 김성애 선생님이 쓴 『우리가 성에 관해 너무나 몰랐던 일들』은 어린이 및 청소년 성폭력 사례 및 예방 지침서입니다. 아는 오빠에게, 새아버지에게, 혹은 이웃집 아저씨에게 성폭행을 당하고 고통받는 삶을 살아가는 피해자들의 성폭력 사례를 유형별로 분류해 수록하고, 성폭력의 피해에 노출되어 있는 동안 당하는 고통과 후유증, 성폭력 없는 사회를 만들기 위한 제언과 예방책, 참고 자료들을 실제적으로 써 내려갔습니다. 성폭력이 결코 남의 일이 될 수 없는 요즈음, 아이들과 함께 읽으면서 자신을 지켜 갈 힘을 길러 주는 것이 필요합니다.

엄마, 남자와 여자는 어떻게 달라요?

아이들이 초등학교 5~6학년 이상이 되면 성(性)에 대해 많은 호기심을 갖게 됩니다. 이럴 때 김남선이 쓴 『엄마, 남자와 여자는 어떻게 달라요?』라는 책이 도움이 될 것입니다. 이 책은 생명의 탄생부터 시작해서 사춘기 때 일어나는 몸과 마음의 변화나 사랑과 성행위에 대해 엄마가 차근차근 설명해 주는 성교육 이야기입니다.

알고 싶지 않니?

여자들에게는 무척 고통스럽고 때로는 귀찮은 일이 될 수도 있는, 그러면서도 한 생명을 탄생시킬 소중한 증표로 나타나는 월경의 상식에 대해 설명하고 있는 책이 있습니다. 실비아 슈나이더는 『알고 싶지 않니?』라는 책에서 여자들만이 가질 수 있는 변화의 시간인 월경의 상식에 대해 설명하고 있습니다. 역사적으로 부당하게 오해받아 온 월경에 대해 다시 생각해 보게 하고, 이를 생물학적인 현상으로 자연스럽게 받아들이면서 아울러 경이로운 마음을 가질 수 있게 해 주는 책입니다.

구성애 아줌마의 10대 아우성

『구성애 아줌마의 10대 아우성』은 오늘날 10대가 가장 많이 부딪치고 고민하는 문제를 통해 성 지식을 알려 줄 뿐 아니라 자신에게 일어난 변화나 나쁜 사건을 어떻게 받아들여야 하는지에 대해 세심하게 들려줍니다. 만화 형식으로 되어 있어 자녀와 함께 쉽고 재미나게 읽으면서 성 이야기를 나눌 수 있는 계기를 마련해 줄 것입니다.

둥개 둥개 귀한 나

어린이들에게 성교육을 할 때는 도대체 어느 정도까지, 어떤 방법으로 전달해야 할지 난감할 때가 많이 있을 것입니다. 그러나 결코 피해 갈 수 없는 일이기도 하지요. 별똥별 편집부에서 엮은 성교육 동화 『둥개 둥개 귀한 나』는 이럴 때 도움이 되는 책입니다.

이 책은 한국성폭력상담소 추천도서이며 상황별로 구성되어 있는 책을 읽고 난 후 아이와 함께 동화 속 캐릭터 인형으로 상황극 놀이를 하면 학습 효과가 배가 될 수 있습니다. 성교육은 사춘기 때 시작하면 이미 늦습니다. 어린 시절부터 자연스럽게 시작하는 것이 효과적입니다.

인터넷에서 함께하는 성 이야기

요즘 아이들은 인터넷을 통해 다양한 정보를 습득하고 있습니다. 그러나 인터넷에는 아이들의 성가치관을 혼란스럽게 하는 정보와 내용으로 오히려 악영향을 미치는 사이트들이 많이 있습니다. 이러한 혼란의 바다 속에서 우리 아이들을 지켜 내기 위해서는 아이들과 함께 건전한 성 관련 사이트를 찾아보면서 성 이야기를 하는 시간이 필요합니다. 아이들과 함께 찾아가면 좋을 사이트 몇 군데를 소개하겠습니다.

http://www.yline.re.kr (인구보건복지협회 사이버 성상담실)

와이라인에서는 인터넷을 통해 최신 정보에 관심 있는 청소년들에게 효과적인 성상담, 성 정보를 제공함으로써 청소년들의 성문제를 예방하고, 건전한 성문화를 정착시키는 활동을 하고 있습니다. 특히 포토성교육, 만화성교육, 동영상성교육 등의 코너를 통해 자녀들과의 재미있는 성 이야기가 가능하게 해 주고 있습니다. 사춘기의 몸의 변화나 성욕구와 성충동, 이성교제, 임신 및 피임, 인공 임신 중절이나 성병 등 자녀가 궁금해할 수 있는 내용에 대해 그림과 함께 자세한 설명이 되어 있어 많은 도움이 될 것입니다.

http://www.ausung.net (탁틴내일청소년성폭력상담소)

탁틴내일청소년성폭력상담소에서는 아동 · 청소년들이 성적자기결정권을 주체적으로 확보할 수 있도록 성폭력 피해자를 상담하고 지원

하고 있으며, 성폭력 가해자 교정·치료 프로그램, 성범죄 재범방지 교육을 실시하는 등 다양한 교육과 상담, 캠페인 및 연구 활동을 진행함으로써 아동·청소년의 인권신장에 기여하고 있습니다.

http://www.ksec.or.kr (한국성교육센터)

한국성교육센터는 한국에이즈퇴치연맹의 부설기관으로 우리나라 국민에게 체계적이고 효과적인 성교육을 실시함으로써 건강한 성문화를 정착시키고자 하는 센터입니다. 온라인으로 운영되는 또래상담실과 학부모상담실을 이용하면 도움이 될 것이며, 이미 올라온 사례들도 자녀 지도에 참고가 될 것입니다.

http://www.aoosung.com (푸른 아우성)

푸른 아우성은 성교육 전문가로 유명한 구성애 씨가 운영하는 사이트로 사이버 무료 성상담을 통해 성과 관련된 고민을 해결할 수 있고, 다양한 상담 사례를 접할 수 있습니다. 2003년부터 계속되어 온 상담 사례들이 누적되어 있어 웬만한 성 관련 고민에 대해 쉽게 그 답을 찾을 수 있는 곳입니다. 성교육 캠프에 대한 정보도 찾을 수 있습니다.

http://www.ahacenter.kr (아하 서울시립청소년성문화센터)

아하에서는 어린이와 청소년을 대상으로 하는 성교육을 실시하고 있으며 캠프 및 성문화 활동도 다양하게 이루어지고 있습니다. 특히 어린이 성교육 공간에서 진행되는 '성(性)장 놀이터'는 성장기에 필요한 성 지식을 알게 하고, 놀이 활동과 토론회 참여를 통해 또래문화를 들여다봄으로써 평화 · 소통 감수성을 키워 줍니다. 또한 몸동작 활동을 통해 성장기 몸에 대해 새롭게 인식하게 해 줍니다.

참 고 문 헌

김상원 편저(2008). **성교육/성상담의 이론과 실제**. 서울: 교육출판사.
충청북도교육청(2001). **바로성 길라잡이**.

중독을 이겨내고
건강한 몸과 마음 가꾸기

01
내 아이가
중독되었어요

얼마 전 꽤 오랜만에 지하철을 탄 적이 있습니다. 지하철 안에 들어서자 신기한 장면을 보게 되었지요. 오후 시간이라 아주 많은 사람이 타지는 않았지만 지하철 안에 있는 거의 모든 사람이 손에 휴대전화를 들고 무언가를 열심히 보고 있었습니다. 바쁜 세상이다 보니 잠시 이동하는 동안에도 휴대전화로 급한 볼일을 보거나 인터넷, 게임 등의 여가를 즐길 수도 있습니다. 하지만 수년 전만 하더라도 서로 대화하는 사람, 책을 보는 사람, 차창 밖 풍경을 보는 사람 등 다양한 모습이 있었지만 이제는 모두가 똑같이 손 안의 휴대전화 속 세상에 갇혀 있는 것같아 왠지 모를 서운함이 느껴집니다.

이는 우리 어른들만의 이야기일까요? 지나친 휴대전화 사용으로 인한 어려움을 호소하는 일은 어른뿐만 아니라 우리 아이들에게도 마찬가지입니다. 오히려 우리 아이들에게는 어른의 경우보다 더욱 심각한 문제입니다. 최근 한국정보화진흥원이 개발한 스마트폰 중독 진단척도를 활용한 분석 결과 스마트폰 중독 고위험군 비율은 초등학생 1.04%, 중학생 2.81%, 고등학생 2.42%로 나타났습니다. 이와 같은 고위험군의 경우 스마트폰 사용으로 일상생활에 장애를 겪거나 내성과 금단현상을 나타내기도 합니다. 스마트폰이 없으면 불안을 느끼고 대인관계나 학업을 제대로 수행할 수 없는 지경에 이르게 되지요. 여기에 더욱 심각한 것은 스마트폰 중독만이 문제의 전부가 아니라는 것입니다.

컴퓨터 게임 중독 역시 스마트폰만큼이나 심각합니다. 지난 2010년에 신입대학생이 PC방에서 10시간 이상 게임을 하다가 사망한 사건도 있었습니다. 하루에 평균 6시간 이상의 오랜 시간을 게임에만 몰두하며 지내다가 일어난 안타까운 일입니다. 이렇게 뉴스에 나올 정도의 심각한 피해는 아니라 해도 우리 주변에는 오로지 게임에만 몰두하여 자신의 건강까지도 해치고 있는 청소년들을 쉽게 볼 수 있습니다. 가상의 공간에 갇혀서 현실의 자신을 돌보지 못하는 우리 아이들을 보면 너무나 가슴이 아픕니다.

스마트폰, 온라인 게임 외에도 우리 주위에는 중독의 위험으로 가득한 것들이 너무도 많습니다. 하루 종일 멍하니 앉아서 많은 시간을 보내게 되는 TV 중독, 엄청난 속도로 진화하고 있는 소셜네트워크 서비스에 갇혀 헤어나지 못하는 SNS 중독, 호기심으로 시작해 심각한 성범죄를 유발시키기도 하는 음란물 중독, 한 번 빠져들면 쉽게 빠져나올 수 없는 담배, 술 등의 약물 중독 등도 이미 심각한 수준에 이르러 있습니다. 이 모든 중독의 공통점은 쉽게 빠져들고 벗어나기가 매우 어려워서 우리 아이들의 몸과 마음을 황폐하게 만들 수 있다는 것입니다.

간혹 몇몇 어른들은 중독의 문제를 아이들이 성장하면서 한 번쯤 거치는 단순한 호기심의 수준으로 생각하면서, 가만히 내버려 두면 자연스럽게 해결될 거라고 믿고 있는 경우도 있습니다. 하지만 이와 같은 생각은 매우 위험합니다. 자연스럽게 해결될 거라 생각하고 방치하게 되면 아이들은 더욱 쉽게 더욱 빨리 중독되고 더욱 빠져나오기 어렵게 됩니다. 아이들이 호기심을 갖기 시작한 많은 것에 대해 조금만 더 일찍 관심을 가지고 도와주기 위한 노력을 기울였다면 많은 아이를 고통에서 벗어나게 도와줄 수 있었을 것입니다. 중요한 것은 문제가 생긴 후의 치료가 아니라 문제가 발생하지 않도록 예방하는 것임을 기억해야 합니다.

또한 중독과 관련하여 많은 어른이 쉽게 가지는 오해나 편견 중에 '내 아이는 절대 그럴 리가 없어.'라는 생각이 있습니다. 단순히 TV, 인터넷을 조금 많이 한다고 해서 모두 미디어 중독에 걸리는 것은 아니며, 결손가정이나 불량청소년들이나 심각한 문제를 일으키지 우리 아이는 절대 그럴 리가 없다고 대다수의 부모가 굳게 믿고 있지요. 하지만 실제로 중독과 관련한 문제를 호소하는 아이들의 경우, 평소에 부모가 아이의 어려움을 전혀 눈치 채지 못해서 문제를 더욱 악화시키는 경우를 많이 보게 됩니다. 자기 자녀에 대한 지나친 확신이 오히려 아이의 문제를 더욱 곪게 만듭니다. 누구에게나 중독의 위험은 미칠 수 있습니다.

이제는 우리 모두가 우리 아이들의 몸과 마음을 흔들어 놓고 바로 서지 못하게 하는 여러 중독의 문제에 적극적으로 맞서야 합니다. 아이들에게만 맡겨 두고 알아서 해결하도록 방치해서는 안 됩니다. 또 모든 책임을 사회나 주위 환경에다 떠넘기고 비난을 퍼붓는 것에 그쳐서는 안 됩니다. 부모와 자녀가 함께 어려움을 나누고 함께 문제를 해결해 나가기 위한 노력이 필요합니다. 분명 중독은 부모 혼자서 해결할 수 있는 단순한 문제가 아닙니다. 하지만 문제 해결의 시작은 부모입니다. 언제, 어떻게 겪게 될지 모르는 중독의 문제에 대해 먼저 잘 알고 대처하는 것이 무엇보다 우선입니다. 부모가 아는 만큼 아이들의 문제에 대해 좀 더 능동적이고 민감하게 대처할 수 있음은 당연한 사실입니다. 앞으로 소개할 내용을 통해서 중독이 지닌 심각성과 어려움을 깨닫고 중독의 문제를 예방하고 해결하는 방법에 대해 잘 이해해 보는 기회가 되었으면 합니다.

02
우리 아이들은
무엇에 빠져 있을까요

==초등학교 5학년인 민수는 하루 종일 휴대전화를== 손에서 놓지 않는다. 아침에 일어날 때부터 들고 다니기 시작해서 가족끼리 아침 식사를 하는 동안에도 계속 휴대전화를 만지곤 한다. 민수의 모습에 화가 난 민수 아버지는 휴대전화를 뺏어 보지만 민수가 휴대전화를 주지 않으면 밥도 먹지 않고 학교도 가지 않겠다고 고집을 부리는 통에 어쩔 수 없이 휴대전화를 돌려주게 된다. 학교와 학원을 마치고 집에 돌아와서도 계속 휴대전화로 무언가에 열중하느라 늦은 밤이 되어서야 숙제를 하는데 미처 다 못하는 경우도 많다. 얼마 전부터는 최신 휴대전화로 바꿔 달라고 계속 조르는 바람에 민수 엄마는 답답하기만 하다. (하루 종일 휴대전화만 쳐다보는 아이)

==현식이는 온라인 게임에 푹 빠져 있다.== 초등학교 3학년 때부터 시작한 온라인 게임에서 현식이는 매우 높은 레벨의 캐릭터를 가지고 있다. 하루 종일 컴퓨터 앞에 앉아서 온라인 게임에 빠져 있는 현식이에게, 현식이의 부모가 걱정 돼서 한마디 하면 현식이는 오히려 발끈하곤 한다. 현식이는 많은 친구가 자신의 캐릭터를 부러워하고 있고, 자신이 이 캐릭터를 계속 키우지 못하면 친구들로부터 인기가 떨어진다며 온라인 게임을 고집하고 있다. 말로 타일러도 효과가 없어서 현식이의 부모는 집에서 사용하는 컴퓨터의 인터넷 연결을 끊었다. 그랬더니 현식이는 친구들과 동네 PC방에 가서 게임을 하기

시작했다. (온라인 게임 속 캐릭터에 집착하는 아이)

동훈이는 컴퓨터 게임을 매우 즐긴다. 동훈이는 평소에도 게임에서 사용하는 용어나 말투를 사용한다. 마치 자신이 게임의 주인공이 된 것 같은 모습으로 말하고 행동한다. 처음에 동훈이의 부모는 동훈이의 장난스러운 행동을 별로 대수롭지 않게 보고 크게 신경 쓰지 않았다. 하지만 점차 동훈이는 게임과 현실을 오가면서 복잡한 행동을 보였다. 일기를 쓸 때에도 자기가 아닌 게임 주인공이 되어서 쓰기도 하고 다른 사람을 대할 때도 게임 속 방식을 보이고 있다. 동훈이의 학교 선생님도 동훈이의 이상한 행동을 지적하고 꾸중을 하지만 동훈이는 별다른 변화가 없다. 동훈이 선생님의 말씀으로는 동훈이의 엉뚱한 말이나 행동 때문에 오히려 친구들이 가까이하지 않으려 해서 걱정이라고 한다. (게임과 현실을 구분하지 못하는 아이)

민주는 최근 새롭게 시작한 SNS 사이트를 관리하는 데 열성이다. 평소 친한 친구들과 SNS상에서 쪽지를 주고받고 사진도 공유하면서 많은 시간을 보낸다. 오랜 시간 공을 들여 SNS 메뉴를 예쁘게 만들기도 하고 신기하고 귀여운 이모티콘을 다운받아 친구들에게 사용해 보기도 한다. 점차 SNS에 빠져들면서 공부를 하다가도 생각이 나고 자기 전에도 확인하며 아침에 일어나자마자 살펴보는 일이 습관처럼 되었다. 친한 친구들에게 메시지를 보내거나 글을 남겼는데 별다른 반응이 없을 때는 불안하고 걱정이 된다. 혹시 친구들이 나를 피하는 건 아닌지 계속해서 다른 친구들의 SNS를 살피면서 지나칠 정도로 예민하게 반응한다. (SNS에 집착하는 아이)

성렬이의 부모는 성렬이가 하는 게임을 보고 깜짝 놀랐다. 게임 내용이 너무 잔인하고 폭력적이었기 때문이다. 성렬이는 별로 잔인하거나 폭력적이라고 느끼지 못한다면서 자기 친구들도 다 하기 때문에 괜찮다고 한다. 사람을 때리거나 죽이기도 하고, 전쟁이나 범죄와 같은 끔찍한 일을 너무나 태연하게 만들어 놓은 게임을 보면서 성렬이의 부모님은 걱정이 크다. 집에서 게임을 못하게 해도 친구들과 계속 폭력적인 게임에 대해 관심을 가지고 빠져드는 성렬이를 보면서 어떻게 대처해야 할 것인지 막막하기만 하다. (폭력적인 게임에 빠진 아이)

4학년인 정은이는 부모님이 맞벌이라 늦게까지 집에 혼자 있는 시간이 많은 편이다. 학교, 학원을 마치고 집에 돌아와도 부모가 퇴근할 때까지 많은 시간을 혼자 있어야 한다. 외동딸인 정은이는 집 주변에 친한 친구들도 살지 않다 보니 어쩔 수 없이 대부분의 시간을 혼자 보낼 수밖에 없다. 그래서 부모님이 오실 때까지 대부분의 시간을 TV 앞에서 혼자 보내곤 한다. 케이블 만화 채널을 계속 돌려보는 편이고, 부모님이 많이 늦으실 때는 밤늦게 어른들이 보는 프로그램도 보게 된다. 3학년 때부터 혼자서 TV 보는 것에 익숙해지다 보니 가끔 주말에 부모님과 함께 있어도 별다른 대화나 놀이를 하기보다는 멍하니 TV를 보게 된다. 습관적으로 TV를 보는 정은이에 대해 부모는 좀 더 크면 자연스럽게 멀리하게 될 거라고 생각하고 있다. (계속 TV만 보는 아이)

민주는 요즘 아이돌 가수에 푹 빠져 있다. 민주는 좋아하는 아이돌 그룹의 동영상을 매일 보면서 노래를 따라 하고 춤도 연습한다. 새로 나오는 음반은 가장 먼저 가서 구입하고 아이돌 그룹 관련 용품을 사 달라고 계속 조른다. 민주의 부모님은 어릴 때 한 번 정도 그럴 수 있다고 생각하면서 민주가 아이돌 그룹과 관련해서 해 달라는 것들을 들어주었다. 그런데 민주가 점점 더 학교생활이나 학업에 별 관심을 보이지 않고 오로지 아이돌 그룹에만 신경을 쓰게 되자 부모님은 민주를 혼내는 일이 잦아졌다. 그래도 민주는 아랑곳하지 않고 계속 좋아하는 아이돌 그룹에만 관심을 보이고 있으며, 최근에는 아이돌 그룹 멤버가 좋지 않은 스캔들로 인해 활동을 중단하자 극심한 우울 증상을 보이기도 했다. (연예인에 집착하는 아이)

요즘 현수는 친구들과 서로 다운받은 음란물을 몰래 모여서 보곤 한다. PC방에 모여서 함께 보기도 하고 각자 가지고 있는 스마트폰, 태블릿 PC 등에 저장해서 보기도 한다. 4학년 때 한 친구가 우연히 찾아낸 야동을 보고 난 이후에 계속해서 여러 종류의 야동을 찾아서 자주 보게 되었다. 특히 현수는 친구들에게 구한 야동을 방에서 몰래 보느라 밤에 거의 잠을 자지 못하고 있다. 밤새 야동을 보느라 잠을 설친 현수는 학교에서 졸다가 선생님께 지적을 받기도 한다.

학교나 학원에서도 계속 야동에 대한 생각을 떨칠 수가 없다. 스스로 지나치다는 생각이 들어서 그만 보려고 노력도 해 보았지만 주변에서 친구들이 꼬드기면 금방 넘어가곤 한다. 최근에는 야동을 보면서 자위행위도 자주 하게 되어 음란물에서 헤어나지 못하는 심각한 상황이다. (음란물에 심취한 아이)

지혜는 막내로 중학생 언니와 대학생 오빠가 있다. 방학 때 가끔 들린 오빠가 두고 간 담배를 보고 우연히 호기심에 몇 번 피워 보게 되었다. 처음에는 속이 매스껍고 어지러웠지만 친구들을 불러 놓고 자신이 담배

자녀와 쿨하게 소통하기

피는 모습을 보여 주어 친구들이 놀라는 모습을 보면서 우쭐한 마음에 계속 담배를 피우게 되었다. 오빠가 두고 간 담배가 다 떨어지면 동네 슈퍼에 가서 아버지 심부름이라고 핑계를 대고 담배를 사서 피기도 했다. 점점 담배를 피우는 일이 습관이 되었을 때 중학생 언니가 목격을 하고 야단을 쳤다. 부모님께서 아시면 큰 난리가 날까 봐 언니는 지혜에게 다시는 담배를 피우지 않도록 단단히 혼을 내고 부모님께는 알리지 않았다. 지혜는 집에서 담배를 피우지 못하자 알고 지내던 동네 언니들을 따라다니며 담배를 피우고 술도 마시면서 일탈행동을 저지르게 되었다. (호기심에 핀 담배를 끊지 못하는 아이)

 영철이는 동네 중학교 형들을 따라 동네 놀이터나 주변 대학교, 공원 등을 다니면서 함께 술을 마시곤 한다. 평소 영철이의 아버지도 집에서 술을 자주 드시는 편이라 집에 술이 많이 있어서 영철이는 몰래 술을 챙겨 두었다가 낮에 집에 사람이 없을 때 형들을 불러서 술을 마시기도 했다. 영철이는 형들과 어른들 모르게 숨어 다니면서 술을 마시는 것 자체가 재미있다고 생각한다. 종종 형, 누나들이 술에 취해서 소리 지르거나 싸우는 모습을 보면 무섭다고 느끼기도 하지만, 영철이도 술이 취해 아무렇게 행동하면 짜릿한 기분을 느끼기도 한다. 얼마 전에는 형들이 유흥비를 마련하기 위해 돈을 가져오라고 시켜서 아버지 지갑에서 돈을 몰래 빼낸 적도 있다. (어른들 몰래 술 마시는 아이)

세희는 5학년이 되면서 남자 친구를 사귀게 되었다. 방과 후에 서로 통화를 하거나 문자를 주고받기도 하면서 두 달 정도 지내게 되었다. 하지만 금방 싫증이 난 세희는 다른 남자 친구를 사귀게 되었는데 이 남자 친구와도 한 달을 못 넘기고 헤어졌다고 한다. 6학년이 되면서 세희는 같은 초등학생이 아닌 중학교 오빠들 여러 명에게 사귀고 싶다고 여러 차례 고백을 하였다. 여러 명의 오빠들과 교제를 하기는 했지만 오래 만나지 못하고 습관적으로 이성교제에 매달리고 있는 실정이다. 남자 친구를 위한 선물이나 연락, 남자 친구와의 사소한 대화나 다툼에 너무 많은 신경을 쏟는 나머지 학업이나 가족에게 관심을 보이지 않고 있다. 부모님은 세희의 이성교제에 대해 대화를 해 보려고 시도했지만 세희는 엄마, 아빠가 내 마음을 어떻게 아느냐며 대화 자체를 거부한다. (이성교제에 매달리는 아이)

03
어떻게 해야 아이를 중독에서
벗어나게 도와줄 수 있을까요

무언가에 깊이 빠져드는 아이들을 살펴보면 무언가 부족함을 느끼고 있는 경우가 많습니다. 아이들은 자신이 원하는 욕구를 충분히 충족하지 못할 때 불안을 느끼게 되고, 이는 아이들이 쉽게 빠져들 수 있는 것에 집착하는 행동으로 나타납니다. 만약 이 행동이 일시적으로 나타났다가 사라진다면 별 문제가 없겠지만 무언가에 지나치게 집착하는 행동이 지속적으로 유지될 경우 중독의 위험이 있다고 볼 수 있습니다. 결국 중독의 문제를 해결하기 위해서는 아이들이 왜 그런 행동을 하는지에 대한 원인을 충분히 살펴보는 일이 우선되어야 합니다. 그리고 그 원인을 충분히 이해한 후에 이를 도울 수 있는 효과적인 방법을 충분히 살펴서 도와주어야 합니다.

앞서 시작 부분에서 말했던 것처럼 중독의 문제는 치료 이전에 예방의 차원에서 적극적으로 대처해야 합니다. 물론 심각한 중독의 경우에는 각 분야별 전문 치료가 꼭 필요합니다. 여기서는 전문적인 중독의 치료보다는 생활 장면에서 부모가 자녀를 도와줄 수 있는 예방적 차원의 구체적인 방법을 중심으로 다루고자 합니다. 가정에서 중독과 관련한 어려움을 겪고 있는 아이들을 부모가 실제적으로 도와주고자 할 때 기억해 둘 중요한 일곱 가지 내용을 함께 살펴봅시다.

아이의 상태를 정확하게 파악해야 합니다. 우리 아이가 지금 무엇에 빠져 있는지 얼마만큼 빠져 있는지를 객관적이고 정확하게 살펴보아야 합니다. 휴대전화를 많이 사용하는 아이들이 휴대전화 중독이 아닌 것처럼 아이들이 휴대전화, TV, 인터넷 등을 건강하게 조절할 수 있는 상태와 스스로 통제하지 못하는 중독의 상태를 구분해 주어야 합니다. 건강하게 조절할 수 있는 능력이 있는 아이가 약간의 중독 증상을 나타낼 경우, 부모와의 대화나 간단한 조치를 통해 비교적 쉽게 회복할 수 있도록 도와줄 수 있습니다. 하지만 스스로 통제할 수 있는 상태를 벗어나 심각하게 중독된 상황이라면 전문가의 도움이 꼭 필요합니다. 부모 혼자 해결하려고 아이의 상태에 맞지 않는 조치를 부적절하게 투입할 경우 부작용이 나타날 수도 있습니다. 다양한 기관에서 보급된 TV, 인터넷, 게임, 휴대전화, 술, 담배 등의 중독 자가진단검사들을 활용해 보거나 전문기관을 방문해 전문가의 진단을 받아 보는 것도 좋습니다. 다만, 여러 진단검사를 남용하여 섣불리 아이의 상태를 중독으로 진단하지 않도록 주의해야 합니다.

부모의 모범 보이기입니다. 평소에도 부모가 모범을 보이는 것은 매우 중요합니다. 특히 중독으로 어려움을 겪는 아이들을 둔 부모의 모범 보이기는 더욱 중요합니다. 부모가 아이들 앞에서 모범을 보이지 못하면서 아이들에게 모범 행동을 강요하는 것은 아무런 도움이 되지 않습니다.

구체적으로 모범을 잘 보이려면 어떻게 해야 할까요? 우선 부모는 아이들에게 모범보이기를 하려고 하는 행동을 잘 선정해야 합니다. 예

자녀와 쿨하게 소통하기

를 들어, 휴대전화 중독의 어려움을 겪고 있는 아이들에게 부모가 모범을 보이려고 할 때는 당연히 휴대전화 사용에 대해 부모가 모범을 보일 필요가 있습니다. 휴대전화 중독을 나타내는 아이 앞에서 부모가 습관적으로 지나치게 휴대전화를 사용하는 것은 아이의 문제 해결에 아무런 도움을 주지 않습니다. 따라서 부모는 자녀에게 모범 행동을 보여 주면서 아이들에게 자연스럽게 그 행동을 따라 하고 싶은 동기를 불러일으킬 수 있어야 합니다. 부모의 모범 보이기는 아이들이 억지로 강요받은 행동이 아닌 스스로 신나서 따라 하는 행동을 할 수 있도록 도와줄 수 있습니다.

가족 모두의 관심과 노력이 필요합니다. 중독은 아이만의 문제가 아니라 아이를 둘러싸고 있는 환경의 문제도 포함합니다. 특히 가족은 아이의 사고와 정서를 구성하기까지 가장 강력한 영향을 주고 있는 환경입니다. 따라서 중독의 원인 중 많은 부분을 가족에게서 찾을 수도 있습니다. 아이가 부모-자녀 관계나 형제, 자매 관계에 어려움은 없었는지 잘 살펴보아야 합니다. 가족 구성원은 각자가 도움을 줄 수 있는 부분이 있는지 생각해 보고 함께 노력해야 합니다.

가족의 관심과 노력은 어린 자녀에게 있어서 심리적인 문제를 해결하는 데 더욱 효과적인 도움을 주게 됩니다. 따라서 부모는 가족 구성원 모두가 중독 문제를 겪고 있는 자녀를 따뜻하게 감싸 주고 충분히 기다려 줄 수 있도록 노력해야 합니다. 중독의 문제를 겪지 않는 가족의 경우에도 평소에 정기적으로 중독의 심각성과 피해에 대해 자세히 이야기를 나누는 시간을 가지면 더욱 효과적으로 중독 문제를 예방할 수 있습니다.

자녀와 인격적 관계를 형성해야 합니다. 앞에서 부모는 평소 자녀에 대해 지속적인 관심을 가져야 한다고 했는데, 이는 당연한 일이지만 분명 쉽지는 않은 일입니다. 구체적으로 어떻게 해야 할지 막막하기도 합니다. 그래서 부모가 무엇보다도 우선해야 할 것은 자녀와의 관계 개선입니다. 특히 부모는 자녀들이 힘들고 어려운 상황에 처했을 때 반짝하고 관심을 가져서 관계를 잘 만들었다가 좀 나아지게 되면 금방 원래의 관계로 돌아가서는 안 됩니다. 평소 생활 속에서 지속적인 긍정적 상호작용을 통해 인격적 관계를 맺어야 합니다.

지속적인 긍정적 상호작용을 하는 데 가장 효과적인 방법은 대화입니다. 자녀와의 대화를 어려워하는 부모가 많은데, 이는 대화의 목적을 잘못 이해하고 있기 때문입니다. 많은 부모가 자녀와 대화할 때 부모가 말하고 싶은 정보를 일방적으로 전달하는 것에서 그치는 경우가 많습니다. 하지만 자녀와의 대화에서 단순한 정보의 전달이 아니라 마음을 나누는 공감에 목적을 둔다면 훨씬 더 행복한 관계를 맺을 수 있습니다.

지속적인 관심과 공감적 대화를 통해 부모는 자녀와 인격적 관계를 형성할 수 있습니다. 부모와 자녀 간에 권위적, 방어적, 방관적 관계를 가진다면 아이들을 더욱 외롭고 힘들 수밖에 없습니다. 하지만 부모와 자녀가 인격적 관계를 맺게 되면 서로의 마음을 깊이 있게 이해하면서 서로의 어려움에 대해 좀 더 자연스럽게 털어놓고 이를 함께 해결하기 위한 의지를 가지도록 도와줄 수 있을 것입니다.

부모는 자녀의 중독과 관련하여 적절한 수준의 지식을 가져야 합니다. 만약 자녀가 소셜네트워크 서비스(SNS)에 심각하게 빠져들고 있을 때 부모가 페이스북, 트위터 등 SNS가 무엇인지조차 모르고 있다면 자녀의 문제를 도와주는 데 어려움을 겪을 수밖에 없습니다. 물론 살아온 환경이 다른 부모 세대가 자녀 세대들의 사고나 문화를 완전히 이해하는 것은 불가능할지도 모릅니다. 하지만 부모가 먼저 자녀의 중독과 관련하여 적절한 지식을 익히고자 노력하는 가운데 자녀를 이해할 수 있게 되고 가족 상황에 적합한 해결 방법을 발견할 수도 있습니다. 필요에 따라 전문가의 도움을 구해야 하는 경우도 발생할 수 있는데 이때 자녀가 겪고 있는 중독의 문제가 무엇인지조차 파악하지 못한 상태에서 아무 전문가에게나 도움을 구해서는 안 됩니다. 따라서 필요에 따라 부모는 책, 잡지, 인터넷 등 다양한 방법을 통해 관련된 지식을 구하거나 전문가들과 면담을 통해 필요한 정보를 알고 있는 것이 좋습니다. 상황에 따라 자녀의 담임교사나 같은 중독 문제를 지닌 아이 부모와의 면담도 자녀의 중독 문제를 해결하는 데 도움이 될 수 있습니다.

부모는 자녀의 중독 행동에 대해 침착함과 차분함을 유지해야 합니다. 자녀가 문제를 일으키게 되면 대부분의 부모는 당황하거나 흥분하게 됩니다. 이처럼 부모가 침착함과 차분함을 유지하지 못하게 되면 아이는 그런 부모를 보면서 더욱 불안을 느끼게 되고, 이는 문제 해결에 아무런 도움을 주지 않습니다. 물론 자녀가 학교에서 지속적인 흡연, 음주로 문제를 일으켰다는 사실을 알게 되면 당연히 당황하고 화가 나게 마련입니다. 그런데 이 당황하고 화가 난 마음을 여과 없이 고스란히 아이에게 드러낸다면 문제는 더욱 심각해질 것입니다. 그렇다고 자녀가 문제를 일으킨 것을 알고도 아무렇지 않은 척 담담해하는 부모의 모습도 적절하지는 않겠지요.

부모가 느낀 당황함과 속상함의 마음 상태를 감정적으로 표출하기보다는 분명하게 표현해 주는 것이 좋습니다. 여기에 덧붙여 앞으로 자녀의 중독 문제에 대해 함께 노력해 보자는 격려와 지지가 담겨 있어야 합니다. 중독 문제로 어려움을 겪는 아이들은 많은 부분이 혼란스럽고 불안하기 때문에 이를 대하는 부모의 태도는 더욱 침착하고 차분함을 유지해야만 효과적으로 자녀를 도울 수 있을 것입니다.

자녀에게 일관성 있고 유익한 생활환경을 제공해 주어야 합니다. 부모는 아이의 성장과 발달 단계에 맞는 생활 환경을 제공해 주어야 합니다. 간혹 너무 어린 나이의 아이들이 휴대전화나 컴퓨터를 사용하는 경우를 보게 됩니다. 예전에 비해서 IT 기기들을 사용하는 연령이 낮아지고 있기는 해도 부모의 적절한 조절과 지도는 분명히 필요할 것입니다. 언어를 익히고, 주변 상황을 파악하고, 대인관계를 형성해 가기 시작하는 발달 단계에서 아이들이 지나치게 자극적인 정보와 효과에 몰두하게 되면 건강한 성장에 방해가 되는 것은 당연합니다. 중독 문제를 겪고 있는 아이들의 경우 어린 시절 생활 환경 속에서 별 생각 없이 제공된 많은 자극이 중독의 가능성을 높이는 경우가 있습니다. 따라서 부모는 아이들에게 교육적으로 유익하면서 일관성 있고 지속적인 생활 환경을 제공해 주는 것이 좋습니다.

자녀와 쿨하게 소통하기

자, 그럼 중독에서 벗어나 건강한 몸과 마음을 가꾸는 방법을 알아봅시다

중독에서 벗어나 건강한 몸과 마음을 가꾸는 구체적인 방법으로 자가 진단검사 활용하기, 게임 시간 선택제 운영하기, 행동수정 기법 적용하기, 꿈 목록 작성하기, 미디어 사용 일지 작성하기를 살펴볼 수 있습니다. 중독은 종류에 따라 도움을 주는 방법의 종류가 매우 다양하기 때문에 쉽게 활용해 볼 수 있는 방법과 보편적으로 적용 가능한 방법을 중심으로 제시해 보았습니다.

🥕 자가진단검사 활용하기

인터넷 중독은 자가진단검사를 통해 부모와 자녀가 함께 알아볼 수 있습니다. 인터넷 중독 자가진단검사는 한국정보화진흥원에서 제공한 것으로 검사를 통해 자녀가 위험 사용자군으로 나타날 경우, 전문가 면담 및 전문 치료가 꼭 필요합니다. 진단검사와 검사의 척도 및 해석 방법은 부록으로 제시해 두었습니다. 또한 인터넷 중독과 관련한 자가진단검사는 온라인으로도 쉽게 실시할 수 있습니다. 인터넷중독대응센터(www.iapc.or.kr)에 접속하면 인터넷 중독 진단, 온라인 게임 중독 진단, 스마트폰 중독 진단, 인터넷 이용 습관 진단을 쉽게 받을 수 있습니다. 각 영역별로 유·아동, 청소년, 성인 대상의 검사를 받을 수 있으며, 중독 상담 및 예방교육도 제공하고 있습니다. 정기적으로 중독대응센터를 활용하여 자녀의 인터넷 관련 생활 태도를 점검해 보는 것이 좋습니다. 단, 자가진단검사의 결과만으로 아이의 중독 여부를 섣불리 단정 짓는것은 위험할 수 있습니다. 자가진단검사는 아이의 상황을 잘 이해하고 현재의 중독과 관련한 상태를 잘 이해하기 위한 도구로 활용하는 것이 보다 바람직합니다.

🥕 게임 시간 선택제 운영하기

게임 중독으로 어려움을 겪고 있는 아이들에게는 게임 시간 선택제를 활용해 볼 수 있습니다. 게임 시간 선택제는 만 18세 미만 청소년 본인 또는 법정대리인이 청소년에 대한 게임 이용 시간을 제한하고자 하는 경우, 게임을 서비스하는 자에게 시간이나 기간을 정하여 게임 이용 제한을 신청하면 그에 맞게 게임이 서비스되는 제도입니다. 자녀가 이용하고 있는 게임이 어떤 것인지를 아는 경우, 부모가 해당 게임 사이트를 방문하여 게시판의 안내에 따라 제한하고자 하는 시간을 표시하여 신청할 수 있습니다. 자녀가 이용하고 있는 게임을 알 수 없는 경우, 우선 게임문화재단(www.gamecheck.org)이 제공하는 게임이용확인서비스를 통해 부모나 자녀의 명의로 이용되는 게임이 파악되면 해당 게임 사이트를 방문하여 게시판의 안내에 따라 제한하고자 하는 시간을 표시하여 신청합니다.

게임 이용 제한 시간의 한계는 없으며, 1년간 게임 금지를 신청할 수도 있습니다. 부모는 자녀에게 게임 시간 선택제를 적용하기 전에 자녀와 충분한 대화를 통해 자녀 스스로 게임 시간 선택제에 참여하도록 도와주어야 합니다. 아무리 좋은 제도라 해도 본인 스스로 준수할 의지가 없다면 아무런 소용이 없습니다. 자녀들이 게임 시간 선택제에 지속적으로 참여할 수 있도록 부모가 곁에서 격려하고 이끌어 준다면 아직 어린 아이들의 올바른 게임 이용 습관에 많은 도움을 얻을 수 있을 것입니다.

🥕 행동수정 기법 적용하기

중독에서 벗어나도록 도와주기 위한 상담 기법으로써 행동수정은 매우 효과적일 수 있습니다. 행동수정은 개인의 외적, 내적 행동을 증진하기 위하여 학습 원리와 다양한 기법을 체계적으로 적용하는 것입니다. 즉, 중독을 위한 행동수정은 중독 행동의 결과를 변화시키는 절차이자 중독 행동을 유발시키는 주위의 자극을 변화시키는 것으로 이해할 수 있습니다. 중독에서 벗어나 바람직한 행동으로의 변화를 유도하기 위하여 사용되는 모든 방법이나 절차라고도 할 수 있습니다.

이미 많은 부모는 각자의 방법으로 다양한 행동수정 기법을 실제 자녀교육에 있어서 활용하고 있습니다. 예를 들면, 계속 TV만 보는 아이의 행동을 변화시킬 목적으로 'TV를 하루에 1시간만 본다면 좋아하는 장난감을 사 주겠다.' '하루에 2시간 이상 TV를 시청한다면 용돈을 주지 않겠다.' '약속한 TV 시청 시간을 잘 지킬 때마다 스티커를 주고 30개를 모으면 소원을 들어주겠다.' 등의 방법을 활용하는 것입니다. 그런데 이 행동수정 기법을 실제로 적용해서 확실한 효과를 거두기가 생각보다 쉽지 않습니다.

어떻게 하면 행동수정 기법을 활용하여 중독으로 어려움을 겪고 있는 아이들을 도와줄 수 있을까요? 우선 가장 중요한 것은 변화시키고자 하는 목표 행동을 구체적으로 정해야 합니다. 'TV를 적게 보기' 와 같은 단순한 목표 행동보다는 '숙제를 마치고 저녁 시간 전까지 1시간 동안만 TV 시청하기' 와 같이 구체적일수록 좋습니다. 이때 처음부터 무리해서 목표 행동을 잡기보다는 아이가 목표 행동에 대한 성취를 맛볼 수 있도록 적절한 수준의 목표 행동을 세우도록 합니다. 그리고 목표 행동을 성취하기 위한 상과 벌로 쓸 수 있는 적절한 대상물을 선택해야 합니다.

상의 경우에는 처음에는 음식물, 선물과 같은 대상을 제공하다가 점차 칭찬이나 격려와 같은 사회적 강화, 내적 강화를 제공하도록 합니다. 상을 목표 행동이 나타난 후 즉시, 일관성 있게, 충분히 제공하게 되면 아이들은 목표 행동을 더욱 지속하려고 노력할 것입니다. 벌의 경우에는 언어적 벌, 충격, 벌점카드 등의 혐오자극을 제공하거나 타임아웃이나 용돈 뺏기를 통해 긍정적인 자극을 없앨 수 있습니다. 벌을 제공할 때에도 철저히 개별화하고 목표 행동과 직결되는 것으로, 발생 즉시, 일관성 있게 제공하는 것이 좋습니다.

이와 같은 행동수정의 방법은 단기간에 효과적인 변화를 기대할 수 있다는 장점도 있지만 아동이 스스로 변화하기보다는 주변 자극에 따라 수동적으로 달라진다는 단점도 있습니다. 다양한 중독의 증상과 정도에 따라 적절한 행동수정 기법을 잘 살펴서 활용해 보면 좋습니다.

🥕 꿈 목록 작성하기

중독으로 어려움을 겪는 아이들은 현재 자신의 욕구에만 집중하게 됩니다. 지금 느끼는 기분이나 감정에 빠져서 앞으로 다가올 미래에 대해 생각하기가 매우 어려운 상태입니다. 이와 같은 아이들에게 다가올 미래에 대해 생각하게 하는 것은 여러 가지 효과가 있습니다. 특히 중독을 이겨 내기 위해서는 본인의 의지가 가장 중요한데 자신의 미래에 대해 생각해 보면서 현재의 욕구를 적절히 충족시킨 후에 미래의 꿈을 위해 마음의 에너지를 쏟을 수 있도록 도와줍니다.

이와 같은 과정을 구체적인 활동 방법으로 제시한 것이 꿈 목록 작성하기입니다. 꿈 목록 작성하기는 존 고다드라는 탐험가가 평생에 걸쳐 해 보고 싶은 꿈 목록을 작성하고 하나씩 이루어 가면서 계속 새로운 꿈 목록을 적어 간 것으로도 유명합니다. 아이들은 '내가 가고 싶은 곳, 갖고 싶은 것, 하고 싶은 일' 등과 '5년 안에, 10년 안에, 20년 안에 이루고 싶은 일' 등을 자세히 적어 보면서 자신의 꿈에 대해 목록을 만들어 보게 됩니다. 처음에는 잘 생각이 나지 않고, 별로 하고 싶은 것이 없다고 투덜거릴 수 있습니다. 하지만 충분한 시간을 주고 천천히 하고 싶은 일들을 하나하나 떠올리며 적어 가게 하면 아이들은 새로운 자신의 모습을 발견하기도 합니다. 이때 부모와 함께 대화를 나누는 것도 좋습니다.

자녀가 구체적으로 원하는 꿈의 목록을 함께 살피면서 지금 현재 우리 아이의 마음을 가만히 들여다보는 기회로 삼을 수 있습니다.

작성한 꿈 목록은 자녀가 잘 볼 수 있는 곳에 붙여 두고 평소에 틈틈이 자녀의 꿈 목록에 대한 이야기를 나누면서 자녀의 마음속에 꿈 목록이 충분히 자리 잡을 수 있게 도와줍니다. 비록 사소한 목록들이라도 하나씩 성취해 가는 기쁨을 경험하면서 10년, 20년 후의 삶을 꿈꾸게 하고 이를 통해 지금의 자기 자신의 생활을 반성하고 성찰할 수 있습니다. 중독이라는 어려움 속에서 상처받고 힘들어하는 아이들은 자신의 꿈을 통해 위로받을 수 있습니다(부록 1 〈꿈 목록〉 참조).

🥕 미디어 사용 일지 작성하기

우리 아이들의 주변에는 수많은 미디어 기기가 있습니다. 잠시 방심하는 사이에 아이들은 휴대전화, 인터넷, 게임, TV, 비디오 등에 쉽게 빠져들게 됩니다. 평소 가정생활 속에서 아이들이 자연스럽게 미디어 사용 일지를 작성하게 해 보는 것도 중독의 예방 및 치료 차원에서 많은 도움이 될 수 있습니다. 처음에는 부모와 함께 기록해 보다가 점차 아이 스스로 미디어 사용 일지를 적어 가면서 자신의 미디어 사용 패턴을 스스로 이해할 수 있게 도와줍니다. 매일 사용한 미디어의 종류, 이용 시간, 내용, 장소, 자기평가 등의 항목으로 간단하게 구성하여 직접 활용할 수 있습니다(부록 2. 〈미디어 사용일지〉 참조).

참고문헌

이성진(2005). **행동수정**. 서울: 교육과학사.
한국정보화진흥원, 인터넷중독대응센터(www.iapc.or.kr)
게임문화재단(www.gamecheck.org)
존 고다드 공식홈페이지(www.johngoddard.info)

일탈 행동에
현명하게 대처하기

13

01
일탈행동은
반드시 바로잡아야 하나요

"도저히 창피해서 얼굴을 들고 다닐 수가 없어요."
"어떻게 이렇게 부모 망신을 시키는지 딱 죽고 싶은 심정입니다."
"우리 아이가 이런 일을 저지를 줄은 꿈에도 몰랐어요."
"아이에게 배신당한 기분을 어떻게 말해야 할지 답답할 뿐입니다."

억장이 무너진다는 말이 실감나는 부모의 심정들입니다.
 아이가 출생했을 때 어떤 기분이셨나요? 세상을 다 얻은 기분이었다
고 표현하고 싶지 않으신지요? 아이가 성장하면서 주는 기쁨은 또 얼
마나 컸을까요? 아마도 아이의 미래를 꿈꾸며 하늘을 나는 것 같은 붕
붕 뜨는 체험도 하셨을지 모르겠습니다. 어느 아버지는 첫 아들이 태어
나고 난 후 일 년 간을 버스 정류장에서 집까지 한 번도 걸어가 본 적이
없다고 합니다. 아이를 보고 싶은 마음에서 계속 뛰어 다닌 것이지요.
아이가 보이는 날마다의 신비로움에 엄마들은 거짓말쟁이가 되기도
합니다. 자식 자랑은 팔불출이라고 하면서도 자식 자랑 하지 않는 부모
는 별로 없습니다. 아이는 부모에게 삶의 의미요, 기쁨이요, 희망이요,
사는 맛을 느끼게 하는 존재입니다.
 이렇게 살맛을 주던 자식이 어느 틈엔가 성장하여 전혀 예상치 않았
던 일탈행동을 보일 때 부모가 느끼는 배신감과 당혹스러움은 표현하기

어렵습니다. 이럴 때 부모는 "우리 아이가 그럴 리가 없다." "우리 아이가 그럴 줄은 몰랐다." "뭔가 잘못된 것일 게다."라는 반응을 보입니다. 심지어 자기 아이를 오해한다며 화를 내는 부모도 있습니다. 사실, 그렇게 믿고 있던 아이가 도벽이나 폭력 등 법적인 문제가 되는 행동을 했다면 얼마나 당황이 되겠습니까? 정말 받아들이고 싶지 않겠지요.

일탈행동은 어느 누구에게나 나타날 수 있는 행동입니다. 예를 들면, 거짓말이나 훔치는 행동이 그렇습니다. 누구나 한두 번쯤 이런 일탈행동을 경험하는데, 이런 일탈행동이 습관적으로 되풀이 될 때 문제가 됩니다. 사람은 언제부터 거짓말을 시작할까요? 아마도 잘잘못을 가릴 줄 알게 되면서부터 시작될 것입니다. 자신이 한 일이 잘못되었다고 생각하지 않으면 거짓말을 할 필요가 없겠지요. 그러니까 자기가 한 일이 잘못이라는 판단이 들어 숨기고 싶을 때 거짓말을 하게 된다는 것입니다. 그런데 한 번 시작한 거짓말이 이를 감추기 위해 더 큰 거짓말로 이어질 때 문제가 복잡해집니다. 세상에서 가장 큰 거짓말은 "한 번도 거짓말을 한 적이 없다."는 거짓말이라고 합니다. 세상에 그 누구도 거짓말에서 자유로울 수 없습니다. 그런데 이 거짓말이 되풀이 되면서 아이들의 일탈행동으로 이어지고, 일탈행동을 지속시키는 도구가 되면 문제가 커집니다. 그러므로 자녀의 거짓말은 그냥 지나쳐서도 안 되고 잘못 접근하여 더 큰 거짓말을 낳게 해서도 안 됩니다. 훔치는 행동도 마찬가집니다. 아이가 친구 집에 가서 놀다가 자기 마음에 드는 장난감이 있어서 들고 왔습니다. 엄마는 자기가 사 주지도 않은 장난감을 갖고 노는 아이를 발견하고는 이게 어디서 났느냐고 묻습니다. 아이는 천연덕스럽게 친구 집에서 가져 왔다고 합니다. 친구에게 물어보고 가져 왔

자녀와 쿨하게 소통하기

냐고 묻자 아니라고 합니다. 이때 엄마가 아이에게 남의 물건을 가져오면 안 되는 이유를 차근차근 설명해 준다면 아이는 다음부터 남의 물건에 쉽게 손대지 않을 겁니다. 반면 아이의 이런 행동을 그대로 보아 넘기고 방치하면 아이는 남의 물건을 가져 오는 것을 대수롭지 않게 여기다가 나중에 큰일을 저지를 수도 있을 것입니다.

부모와의 소통이 제대로 이루어지지 않고 답답함을 견디지 못하면 아이들은 가출이라는 선택을 하기도 합니다. "가출이란 집 현관문을 열고 나가는 것이 아니라 부모 가슴을 찢고 나가는 것이다."라는 말이 있듯이 부모 입장에서는 아이의 가출만큼 견디기 어려운 일도 없습니다. 요즘 같이 위험한 시대에 아이가 집을 나가면 걱정이 되어 잠 한 숨 못자고 찾으러 다니겠지요. 그야말로 피가 마르고 속이 타는 일입니다. 그러나 가출한 아이들의 이야기를 들어보면 별로 고생을 하지 않습니다. 찜질방이나 PC방에서 지내기도 하고, 돈을 버는 것도 그렇게 어렵지 않기 때문에 친구들과 어울려 자유를 즐기면서 철없이 놀다 들어오는 경우가 많습니다. 때로는 가출이 장기화되기도 합니다. 아이가 어딘가에 은둔해 있으면 찾기도 어렵습니다. 그러나 아무리 아이들은 별 고생하지 않고 가출 상태를 즐긴다 해도 가출은 학교 결석으로 이어질 뿐 아니라 위험한 일을 당하거나 위험한 일에 연루될 가능성이 높습니다. 이미 가출해 나온 아이들과 어울려 문제 행동을 저지르기도 하고, 정당하지 않은 방법으로 돈을 구하다가 범법행위를 할 수도 있습니다. 그러니까 가출은 한 번쯤 호기로 해 볼 만한 일이 아닙니다.

욕설이나 때리는 것으로 나타나는 폭력적인 행동도 부모를 당황스럽게 하는 일탈행동입니다. 요즘 아이들은 욕이나 은어를 빼고는 말을

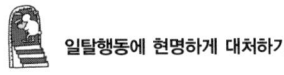

잇기 어려울 정도로 욕설 문화에 젖어 있습니다. 무슨 뜻인지도 모른 채 시도 때도 없이 입에서 욕이 튀어 나옵니다. 때로는 심한 욕을 주고 받다가 싸움을 하기도 합니다. 사이버 상에서 오고 가는 욕설 내용은 어른들의 상상을 초월할 정도입니다. 생각 없이 욕을 주고받다가 학교 폭력으로 발전하여 처벌을 받게 되는 경우도 있는데 뒤늦게야 이 사실을 알게 되는 부모는 당황할 수밖에 없습니다.

'싸우면서 큰다.' 는 옛말이 있듯이 아이들이 크면서 토닥토닥 싸우는 장면은 얼마든지 볼 수 있는 일입니다. 하지만 폭력적인 행동을 방치하면 아이들은 자신의 마음에 들지 않는 일이 발생하거나 화가 날 때 이를 폭력으로 해결하는 방법을 선호하게 됩니다. 더구나 친구들 사이에서 폭력으로 힘을 과시하고 그 맛을 알게 되면 폭력을 습관적으로 사용할 수도 있습니다. 이렇게 되면 친구 관계를 맺는데 문제가 생길 수도 있고, 학교폭력에 연루될 수도 있으며, 법적인 처벌을 받는 범죄행동이 발생할 수도 있기 때문에 부모는 자녀가 폭력 행동을 보이는 초기부터 현명하게 대처할 필요가 있습니다.

감기는 초기에 잡으면 금방 치료할 수 있는데, 이를 방치하면 큰 병으로 진전되어 치료가 어렵습니다. 아이들의 일탈행동도 마찬가집니다. 일탈행동은 자녀의 앞날에 먹구름이 될 수 있으므로, 작은 일이라 해도 이런 행동을 발견하게 되면 초기에 바로 잡는 것이 중요합니다. 초기에 바로 잡아 주면 오히려 건강하게 성장하는 데 도움이 될 수 있지만 섣불리 잘못 반응하거나 방치하면 걷잡을 수 없는 상황까지 치달을 수 있습니다. 따라서 소중한 우리 아이들이 자칫 잘못된 길을 가지 않도록 부모 역할을 제대로 해야 합니다.

자녀와 쿨하게 소통하기

02
아이들의 일탈행동에는
어떤 것이 있을까요

==초등학교 4학년인 차희는 엄마랑 공부하는 것을 싫어한다.== 하지만 엄마는 차희 혼자 공부하는 것이 못 미더워 차희가 공부하는 것을 계속 참견하고 있다. 그날도 차희에게 수학 문제를 어디까지 풀어 놓으라고 하고 잠시 주방에 가서 일을 하고 있었다. 차희는 그날 따라 공부를 빨리 끝내고 나가 놀겠다고 했다. 엄마는 차희가 기특해서 칭찬을 하며 나가 놀아도 된다고 허락을 해 주었다. 차희가 나간 후 엄마는 수학 문제를 푼 흔적도 없이 깨끗한 문제지를 보고 차희가 의심스러웠다. 놀다 들어 온 차희에게 다 풀었다는 문제 중 하나를 다시 풀게 하자 차희는 우물쭈물하며 제대로 풀지를 못했다. 속았다는 생각에 엄마는 기분이 몹시 나빠졌다. (거짓말)

==인주 엄마는 학교 담임선생님께 전화를 받고==는 황당했다. 부모 직업란을 보고 학교 일에 협조해 줄 수 있는지를 물어보느라 전화를 했다고 하면서 담임선생님이 하는 말이 인주가 자기소개서에 아빠는 대기업에 다니고, 엄마는 의사라고 써 놓았다는 것이다. 실제로 인주 아빠는 실직을 하고 집에 있으면서 가장 역할을 제대로 하지 못하고 있고, 엄마는 친구가 하는 가게에서 일을 하며 겨우겨우 먹고 살만큼 돈을 벌고 있었다. 인주 엄마는 담임선생님께 사실대로 말하기도 그렇고 참 난감했다. 아무리 가정형편이 어려워도

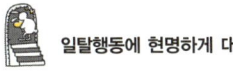

인주가 이렇게 황당한 거짓말을 한 것이 도저히 이해가 되지 않았다. (거짓말)

영호 엄마는 영호 혼자 집에 남겨 놓고 볼일을 보러 외출을 하게 되었다. 영호가 주방에 가면 위험할 수 있어서 혼자 절대 주방에 들어가지 말라고 일러 주고 나왔다. 그런데 외출하고 돌아와 보니 주방에 있어야 할 냄비가 감쪽같이 사라졌다. 영호에게 혹시 냄비를 못 봤냐고 했더니 본 적도 없다고 한다. 이상하다 생각하던 영호 엄마는 며칠 후 아파트 공동 쓰레기장에서 자기가 아끼던 냄비가 까맣게 탄 채 버려진 것을 발견하였다. 영호가 엄마 몰래 뭔가 해 먹다가 냄비를 태우고는 혼날 것을 두려워한 나머지 갖다 버린 것이었다. 솔직하게 말하지 않은 영호에게 엄마는 단단히 화가 났다. (거짓말)

주희 아빠는 주희가 가져온 가정통신문에서 체험활동비를 내라고 하기에 흔쾌히 활동비를 주었다. 체험활동을 간다고 한 날 아침, 아빠는 그냥 평소와 다름없이 학교 갈 준비를 하고 나서는 주희가 이상했다. 그래서 아마도 학교에 모여서 가는가 보다 생각하고는 차로 학교까지 데려다 주었다. 차 안에서 체험활동 잘 다녀오라고 하자 주희는 "무슨 체험활동?"이라고 하는 것이 아닌가? 아빠는 얼마 전에 체험활동 간다고 가정통신문을 가져오지 않았느냐며, 그게 오늘 아니었냐고 물었다. 당황한 주희는 말을 못했다. 가정통신문은 주희가 돈이 필요해서 가짜로 만든 것이었고, 주희는 체험활동비를 받아서 주말에 친구들과 노는 데 다 써 버렸다. 그러고는 체험활동을 까마득히 잊어버린 것이다. (거짓말)

자녀와 쿨하게 소통하기

창호 엄마는 세 살 된 창호를 데리고 친구 집에 놀러 갔다. 창호가 친구 아들과 잘 놀기에 오랜만에 친구랑 재미있는 시간을 보냈다. 집에 돌아온 창호 엄마는 친구에게 전화를 받았는데 깜짝 놀라게 되었다. 친구 아들이 아끼던 장난감이 없어졌다는 것이다. 혹시 모르니 창호에게 물어봐 달라고 하는데 정말 기분이 나빴다. 설마 아니겠지 하면서 창호가 놀고 있는 곳으로 간 엄마는 자기가 사 주지도 않은 장난감을 가지고 재미나게 놀고 있는 창호를 보는 순간 기가 막혔다. (훔치기)

얼마 전부터 형주 엄마는 지갑 속의 돈이 비는 것을 눈치챘는데 확실한 증거도 없고 해서 형주한테 말도 못 꺼내고 있는 중이다. 지갑 관리를 잘하면 괜찮겠지 하면서 현금을 확인하고 잠깐 자리를 비운 사이 정말로 순식간에 돈이 없어졌다. 형주가 가져간 것이 분명했다. 그래서 슬쩍 형주에게 "혹시 엄마 지갑에 손을 댔냐."고 물었더니 형주는 "엄마가 어떻게 나를 의심할 수 있느냐."며 펄쩍 뛰었다. "분명 엄마 지갑에 들어 있던 돈이 없어졌다."고 했더니 "엄마가 착각한 거 아니냐."며 화를 내었다. 뚜렷한 증거도 없이 더는 아이를 몰아세울 수도 없어 그냥 없었던 일로 하기는 했지만 영 찜찜하다. (훔치기)

진호 부모는 경찰서에서 연락을 받고 깜짝 놀랐다. 진호가 친구들과 같이 오토바이를 훔치다가 적발되어 지금 경찰서에 있다는 것이다. 착실하던 아들이 이런 일에 연루되었다는 사실을 받아들이기가 쉽지 않다. 경찰서로 달려가 진호에게 들어 보니 그냥 친구들이 재미있는 구경을 시켜 준다고 해서 따라갔단다. 남의 오토바이를 훔치는 것이 불안하기는 했지만 설마 무슨 일이 있을까 싶기도 하고 오토바이 타는 것이 재미있을 것 같아서 그냥 같

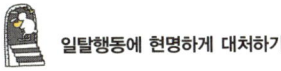

이 있었는데 덜컥 걸렸다는 거다. 진호 부모는 어떻게 해야 할지 참 난감하였다. (훔치기)

연주는 집에서 어린 동생들을 잘 돌보며 엄마가 걱정할 게 없이 생활하는 딸이었다. 그런데 연주가 학교에서 친구들이 사물함에 넣어 둔 돈을 훔쳤다는 연락이 왔다. 연주 엄마는 믿을 수 없는 심정으로 학교에 갔다. 그런데 학교에 가 보니 연주가 친구들의 돈을 훔친 것은 오늘만의 일이 아니고 여러 날에 걸쳐 다른 반까지 들어가서 돈을 훔쳤다는 것이다. 그동안 계속 돈이 없어져서 누가 가져갔는지 조사하는 중이었는데 마침 그날 연주가 학교 전체 열쇠가 묶여 있는 꾸러미를 가지고 비어 있는 다른 반 교실 문을 따고 들어가다가 걸리게 된 것이다. (상습적인 훔치기)

인영이 동생은 그동안 언니의 비밀을 지켜 주느라고 마음고생을 했다. 인영이는 저녁에는 일찍 들어와서 아무 일도 없는 것처럼 지내다가 부모님이 다 잠든 밤에 몰래 나가는 것이다. 언니랑 한방을 쓰기 때문에 알고는 있었지만 부모님께 이 사실을 말씀드리면 걱정하실 것 같고, 또 언니와의 관계도 나빠질 것 같아서 말을 못하고 있었다. 그러던 어느 날 새벽에 몰래 들어오던 언니가 일찍 일어나신 아빠에게 발견되는 사태가 벌어졌다. (가출)

찬민이는 친구들과 노는 것을 좋아한다. 그래서 찬민이 부모님은 늘 늦게 들어오면 안 된다고 단속을 하셨다. 그런데 찬민이는 친구들과 놀다가 중간에 분위기를 깨고 들어오는 것이 싫다. 아이들 눈치도 보이고 해서 늘 '조금만 더' '조금만 더' 하면서 점점 더 귀가 시간이 늦어졌다. 그러다가 어느 날부터는 급기야 12시를 넘기더니 휴대전화도 꺼 놓고 아예 들어오지를 않았다. 뜬 눈으로 밤을 새운 찬민이 부모님은 학교로 찾아가 버젓이 학교에 나와 있는 찬민이를 만났다. (가출)

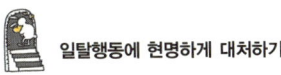 **형우네는 요즘 집안 분위기가 좋지 않다.** 형우가 가출을 자주 하기 때문이다. 특별히 집에 불만이 있는 것 같지도 않은데 심심하면 가출을 한다. 자신이 가출을 하면 엄마가 어떻게 지내는지를 뻔히 알면서도 막상 잡혀 들어올 때만 잘못했다고 할 뿐 눈물로 호소해도 안 되고, 매를 들어봐도 소용이 없다. 잘 있다 들어오는데 왜 걱정을 하느냐며 오히려 걱정하는 엄마한테 뭐라고 한다. 실제로 형우가 가출을 해도 별일 없이 잘 들어오는 것은 사실이다. 하지만 형우 엄마 입장에서는 아이가 잘못될까 봐 걱정이 안 될 수 없다. (상습적 가출)

청윤이는 방학이 끝날 무렵 친구들과 놀다 들어온다고 나가서는 연락이 두절되었다. 학교 갈 날은 다가오는데 청윤이와 연락이 끊긴 부모는 친구들한테 연락을 하다가, 청윤이가 남자들을 만나서 같이 다닌다는 소식을 전해 들었다. 청윤이 부모는 경찰에 신고하고 청윤이를 찾아 나섰다. 얼마 후 모르는 번호로 전화가 걸려 왔는데 청윤이를 어디에 데려다 놓을 테니 데리고 가라는 내용이었다. 다행히 청윤이는 무사히 데리고 왔지만 이상한 전화번호는 대포폰이라 더 이상 수사를 할 수 없었다. 그런데 돌아온 청윤이는 '왜 좋은 오빠들을 의심하여 경찰에 신고를 했느냐'며 아무나 함부로 따라다니지 말라는 아빠한테 다시 나가겠다고 협박을 했다. (가출)

민성이 엄마는 민성이의 세 살된 동생을 돌보느라 바쁘게 지내고 있다. 그런데 중학교에 다니는 민성이가 최근에 친구들을 때리고 돈을 빼앗았다는 담임선생님의 연락을 받았다. 민성이 엄마는 용돈을 충분히 줬는데 민성이가 이런 일을 저질렀다는 사실이 너무 놀라웠다. 그래서 우리 아이가 왜 그런 일을 하느냐며 이유를 물었다. 담임선생님은 민성이가 동생을 보고 나서 엄마를 빼앗겼다는 생각이 들어 이런 행동을 하게 된 게 아닌가 싶다며 민성이에게 좀 더 관심을 가져 달라고 한다. 엄마 입장에서는 어린 동생을 돌보느라 바쁜데 다 큰 아이가 이런 행동을 하는 게 이해가 되지 않는다. (갈취)

영주 엄마는 학교 일에 적극적이다. 학부모회도 가입하여 활동하고 있으며 학교 행사도 적극적으로 돕는다. 하지만 영주와 영주 동생은 학교에서 번번이 사고를 친다. 각종 사건에 연루되어 조용히 학교를 다닌 날이 드물 정도다. 야단을 치면 더 엇나갈까 봐 뭐라 할 수도 없고 그저 사고 치면 뒷수습하느라 정신이 없다. 창피해서 학교에 얼굴을 들고 다닐 수 없는 지경이지만 그래도 아이들에게 조금이라도 도움이 될까 하여 얼굴에 철판 깐 기분으로 계속 학교 일을 하고 있다. 그러나 마음은 영 불편하다. (잦은 사고)

현호는 가족이 함께 있으면 늘 거친 말을 하여 집안 분위기를 흐려 놓는다. 처음에는 그저 동생과 싸울 때만 욕을 하더니 요즘에는 엄마나 아빠한테도 서슴지 않고 욕을 한다. 아무리 혼을 내도 소용이 없다. 오히려 더 거친 말을 내뱉는 바람에 현호 부모님도 이제 두 손, 두 발 다 든 상태다. 욕을 좀 줄여 보려고 벌도 세워 보고 야단도 쳐 보고 달래도 보았지만 소용이 없다. 나날이 더 늘어 가는 현호의 욕이 감당이 안 되고 있다. (욕설)

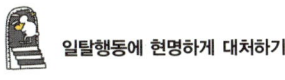

영민이는 외동이다. 그래서 늘 오냐 오냐하며 귀하게 키워 왔다. 초등학교 시절에는 싸움을 잘하지 못하여 늘 친구들에게 당하면서 지내왔다. 영민이 부모는 다른 아이들처럼 좀 강하게 자라지 못한 영민이가 걱정이 되어 좀 강해지라고 수시로 일러 주었다. 그런데 어느 날 영민이는 자신을 괴롭히는 친구에게 너무 화가 나서 한 번 싸워 보았는데 예상 밖으로 싸움에서 이기게 되었다. 그 이후로 친구들과의 싸움에서 계속 이기면서 그 생활을 즐기게 되었고, 자신을 무서워하는 친구들을 보면서 쾌감을 느끼게 되었다. 이제 영민이 부모는 영민이가 저지르는 각종 사고를 수습하느라 정신이 없게 되었다. (폭력)

03
일탈행동에 현명하게
대처하는 법이 있나요

앞에 든 사례처럼 많은 부모는 아이의 일탈행동을 알게 되면 당황하고 부모 역할을 제대로 하지 못했다는 죄책감을 느낄 뿐 아니라 일탈행동으로 부모 망신을 시키는 아이에게 화가 납니다. 그리하여 다시는 그런 짓을 못하게 하려고 아이에게 매를 들기도 하고 집에서 쫓아내기도 합니다. 심지어 아이를 데리고 산속에 가서 나무에 묶어 놓고 다시 또 그런 일을 할 경우에는 집에 못 돌아오게 이렇게 묶어 놓겠다고 협박을 한 아버지도 있었습니다. 어떤 아버지는 아이와 함께 물에 빠졌다가 나온 뒤 "또 그런 일을 저지르면 차라리 이렇게 너랑 나랑 같이 죽자."고 눈물을 흘리며 아들에게 호소를 했습니다. 하지만 눈물을 뚝뚝 흘리며 다시는 그러지 않겠다고 대답한 아들은 바로 다음 날 엄마 지갑에 손을 대다가 들켰다고 합니다. 무서운 벌을 내리고 협박을 해도 아이들의 일탈행동은 쉽게 고쳐지지 않습니다. 아이의 일탈행동에 현명하게 대응하는 몇 가지 자세를 생각해 보겠습니다.

아이의 일탈행동에 침착하게 반응합니다. 일탈행동을 전혀 예상하지 않았던 부모가 아이의 일탈행동을 알게 되면 당황스럽고 화가 난 나머지 아이의 잘못된 행동에 초점을 맞춰 과잉 반응을 합니다. 그러나 부모의 과잉 반응은 오히려 아이의 일탈행동을 부추길 수 있습니다. 대부분의 일탈행동은 그 원인이 있습니다. 따라서 화가 많이 나더라도 일단 자기감정을 잘 다스린 후 일탈행동이 왜, 어떻게 일어났는지 아이와 침착하게 이야기를 나누는 것이 도움이 됩니다.

아이가 일탈행동에 대한 대가를 치를 때 함께 견디어 줍니다. 일탈행동에는 반드시 결과가 따라옵니다. 아이는 자신이 저지른 일을 수습하기 위해 힘든 일을 겪을 수도 있고, 처벌을 받을 수도 있습니다. 이때 부모는 아이가 혼자라는 생각이 들지 않게 아이의 죄책감이나 괴로움을 나누고 격려하면서 아이의 손을 잡아 줄 필요가 있습니다. 이렇게 하면 아이가 어려움을 극복하는 데 도움이 될 뿐 아니라 부모 자녀 관계가 개선될 수 있습니다.

아이의 일탈행동에서 교정해야 할 대상은 아이가 아니라 문제 행동이라는 점을 명확히 합니다. 아이가 일탈행동을 하면 아이를 야단치고 벌주는 부모가 많습니다. 이렇게 되면 아이와 부모 사이가 멀어지게 되어 일이 수습되고 나서는 오히려 부모 자식 사이가 불편해질 수 있습니다. 이것은 자녀 교육을 위해 결코 바람직하지 않은 결과입니다. 아이의 일탈행동이 생기면 부모는 일탈행동에 초점을 맞춰 해결하려는 노력을 해야 합니다. 예를 들어, 도벽이 있는 경우 아이와 함께 도벽 행동을 고치기 위해 어떻게 하면 좋을지를 생각하고 힘을 합쳐 노력하면 됩니다. 쓸데없이 아이를 공격하고 다른 아이로 바꾸려 들면 아이는 상처를 더 크게 입고 부모를 원망하는 마음이 깊어질 것입니다.

🐰 아이의 일탈행동의 원인을 찾아 상처를 치유해 줍니다.

원인이 없는 결과는 없습니다. 아이에게 일탈행동이 나타났으면 부모가 알든 모르든 그러한 행동이 나타나게 된 원인이 있습니다. 이 원인은 대부분 마음의 상처에서 시작됩니다. 이 상처를 그대로 둔 채 행동만 바로잡으려고 한다면 언젠가는 더 큰 일탈행동으로 이어질 가능성이 높습니다. 그러므로 시간이 걸리더라도 심리적인 원인을 찾아 제대로 치유해 주어야 합니다.

🐰 아이의 일탈행동을 결과가 아니라 과정으로 이해합니다.

아이가 일탈행동을 하면 마치 아이가 늘 그런 사람인 것처럼 낙인을 찍어 버리는 경우가 있습니다. 예를 들어, 아이가 어쩌다 부모 지갑에 손을 대면 '도둑놈'이라고 하면서 술만 마시면 그 말을 반복하는 아버지가 있습니다. 그러면 아이는 '도둑놈'이라는 굴레에서 벗어나기가 어렵습니다. 친구에게 돈을 뺏다 걸린 아이의 부모에게 연락을 하면 아이를 '강도' 취급하는 부모도 있습니다. 심지어는 '싹수가 노랗다'며 자기 아이는 결국 도둑놈이나 강도밖에 안 될 거라는 심한 말을 아이 앞에서 아무렇지도 않게 하는 부모도 있습니다. 이런 말들이 아이들에게 어떻게 들릴지 생각해 봐야 합니다. 아이의 일탈행동이 부모에게 주는 충격도 크지만 아이의 일탈행동에 대한 부모의 반응이 아이들에게 주는 충격도 큽니다. 일탈행동은 아이의 삶의 결과가 아니라 하나의 과정입니다. 부모가 어떻게 대응하느냐에 따라 아이의 일탈행동은 얼마든지 바로잡힐 수 있습니다.

자녀와 쿨하게 소통하기

부모의 모범 보이기가 중요합니다. 부모는 '바담 풍'이라고 하면서 아이에게 '바람 풍'이라고 하라는 것은 모순입니다. 엄마 찾는 전화가 오면 수시로 "엄마 없다고 해."라고 아이에게 시키면서 아이가 입장 곤란할 때 거짓말하는 것은 잘못된 일이라고 야단을 치면 아이는 혼란스러워집니다. 부모는 아이를 때리면서 아이에게는 "동생을 때리면 안 돼."라고 혼을 내면 아이는 무슨 생각을 할까요? 아이의 일탈행동은 부모가 한 행동을 따라서 한 것일 수 있습니다. 부모는 아이가 보고 있음을, 그리고 본 그대로 따라 할 수 있음을 명심하고 행동해야 합니다.

04
자, 그럼 자녀의 일탈행동에 현명하게 대처하는 법을 연습해 봅시다

 거짓말에 대응하는 방법

거짓말보다는 참말에 반응하기

부모가 아이의 거짓말을 확인하여 야단을 치면 아이는 그 당시에는 부모에게 빌면서 잘못을 시인하지만 다음에는 들키지 않기 위해 더 큰 거짓말을 할 수 있습니다. 부모는 아이의 거짓말을 밝혀 야단치기보다 아이가 거짓말을 하게 된 배경을 먼저 이해해야 합니다.

거짓말을 자주 하는 아이들의 경우 어려서부터 부모의 강압적인 태도 때문에 자신을 방어하기 위한 수단으로 거짓말을 시작했다가 그것이 습관이 된 사례가 많습니다. 부모의 강압적 태도가 아이로 하여금 거짓말에 의존하게 만든 거지요. 그러니까 아이의 거짓말이 전적으로 아이의 책임이 아닐 수도 있습니다.

아이가 거짓말을 하면 화가 나고 부모를 속이는 아이의 태도가 불쾌할 것입니다. 하지만 아이는 이미 자기가 잘못한 것을 알고 있기 때문에 거짓말을 하는 것입니다. 따라서 아이 스스로 거짓말이 효과가 없다는 걸 깨달을 수 있도록 기회를 주는 것이 좋습니다. 자녀의 거짓말에 화를 내거나 억지로 사실을 밝히려 하지 말고 인내심을 갖고 자녀의 말을 들어 주고, 자녀가 어쩌나 하는 참말에(특히 그것이 야단을 맞을 수 있는 상황이면 더 좋습니다) 긍정적인 반응을 보일 때 자연스럽게 거짓말이 줄어들고, 참말을 하게 될 것입니다.

'정직을 가르치는 이야기' 활용하기

우리는 어린 시절부터 이솝우화에 나오는 양치기 소년 이야기를 들으면서 거짓말의 위험을 배워 왔습니다. 양치기 소년은 양을 돌보다가 늑대가 나타났다고 마을 사람들에게 알립니다. 그 이야기에 놀란 마을 사람들은 늑대를 잡으러 왔지만 양치기 소년의 거짓말이라는 것을 알고 실망하며, 또는 화를 내며 돌아갔습니다. 재미를 붙인 소년은 또다시 늑대가 나타났다고 이야기하고 마을 사람들은 다시 한 번 속게 됩니다. 그리고 세 번째에 정말로 소년 앞에 늑대가 나타났고 너무 놀란 소년은 마을 사람들에게 늑대가 나타났다고 소리쳤지만 두 번이나 속았던 마을 사람들은 이번에도 거짓말이라고 생각하여 들은 척도 하지 않았고, 결국 양들은 늑대의 희생양이 되었다는 이야기입니다.

아이가 어리다면 이 이야기를 아이에게 들려주면서 거짓말이 얼마나 무서운 결과를 가져올 수 있는지 알려 줄 수 있습니다. 초등학교 고학년이나 중·고등학생일 경우에는 아이와 함께 이 이야기에 대해 어떻게 생각하는지 의견을 나누고, 또 생활 속에서 실제로 있었던 사례들을 함께 나누면서 정직을 배우게 합니다.

정직 점검표 작성해 보기

자녀들이 스스로 자신의 정직성을 확인해 볼 수 있는 점검표입니다. 혼자 해 보게 할 수도 있고 부모와 같이 해 볼 수도 있습니다. 아이가 거짓말을 했을 때 적용하기보다는 평소에 해 보는 것이 더 좋습니다.

상 황	자주	보통	전혀
1. 공부를 안 하고도 했다고 거짓말하고 놀았다.			
2. 컴퓨터 게임을 하고는 안 한 척했다.			
3. 심부름하고 남은 돈을 말없이 그냥 가졌다.			
4. 준비물 산다고 하고는 그 돈을 내 맘대로 썼다.			
5. 학원 간다고 하고는 친구랑 놀았다.			
6. 친구의 물건이 탐이 나서 몰래 가졌다.			
7. 돈이 있는데도 없다고 하고 친구에게 빌린 돈을 갚지 않았다.			
8. 시험을 잘 못 보았는데 잘 보았다고 거짓말을 했다.			
9. 내가 잘못했는데 동생이나 친구에게 덮어씌웠다.			
10. 거스름돈을 더 받았는데 말 안 하고 그냥 가졌다.			
11. 슈퍼에서 사람 많을 때 과자를 슬쩍 가져왔다.			
12. 성적표에 부모님 몰래 도장을 찍어서 제출했다.			
13. 친구의 숙제를 베껴서 제출했다.			
14. 친구가 뭐 사 달라고 할 때 돈 있으면서 없다고 했다.			
15. 지갑(돈)을 주웠는데 주인을 찾아 주지 않고 내가 가졌다.			
다음의 세 가지 질문에 대한 답을 하면서 자신의 정직성을 점검해 보세요.			

위에서 나의 정직성을 살펴보고 느낀 점은?	
나는 주로 어떤 경우에 정직하지 못한가?	
정직한 생활을 하기 위한 나의 각오는?	

자녀와 쿨하게 소통하기

훔치는 행동에 대응하는 방법

내 것과 남의 것을 구별하는 도덕성 가르치기

내 것과 남의 것을 구별하지 못하는 아동들은 별 죄의식 없이 남의 것을 내 것처럼 사용하고 가져갈 수 있습니다. 이것이 습관이 되면 아무렇지도 않게 남의 물건을 가져가고는 그게 뭐가 잘못이냐는 듯이 당당한 태도를 보이게 됩니다. 그러므로 어린 시절부터 아이가 별 생각 없이 친구 물건을 가져오거나 다른 형제의 물건을 자기 것처럼 사용하는 것을 발견했을 때는 우선 내 것과 남의 것을 구별할 수 있도록 지도하는 것이 바람직합니다. 말로 설명해도 아이들은 잘 이해하지 못할 수 있으므로 입장을 바꿔서 생각해 보게 하는 것이 좋습니다. 예를 들면, "네가 아끼는 로봇을 친구가 말도 하지 않고 가져가면 넌 어떨 것 같아?" "네가 세뱃돈 받은 것으로 게임기를 사려고 했는데 동생이 그 돈을 너도 모르게 가져가면 어떨 것 같아?" "네가 졸라서 엄마가 장난감을 사 주었는데 옆집 아이가 와서 말도 안 하고 갖고 놀다가 망가뜨리면 너는 마음이 어떨 것 같아?" 이런 식으로 손해를 보는 사람의 입장에서 생각해 보게 하면 아이들은 자연스럽게 내 것과 남의 것을 구별해야 하는 이유를 알아 가게 될 것입니다. 이 교육은 어려서부터 철저하게 시킬 필요가 있습니다.

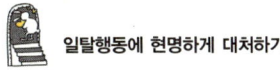

아이가 가져온 물건이나 돈을
꼭 돌려주고 사과하도록 지도하기

아이가 친구나 다른 사람의 돈이나 물건을 가져왔을 때 부모는 아이가 한 행동이 잘못임을 일러 주어야 합니다. 아이는 일부러 또는 무심결에 남의 물건에 손을 댔지만 부모의 태도에 따라 잘 지나갈 수도 있고 오히려 더 큰 상처를 입을 수도 있습니다. 그러나 아이가 받을 상처를 생각해서 그냥 넘어가게 되면 아이는 반복해서 이런 일을 저지를 수 있습니다. 그러므로 잘못된 행동임을 알려 주고, 또 반드시 가져온 물건이나 돈을 돌려주게 해야 합니다. 아이 혼자 가게 하는 것보다 부모가 같이 가서 돌려주고 정중히 사과하여 본을 보여 주는 것이 좋습니다.

아이가 필요로 하는 것이 무엇인지 확인하여 해결해 주기

아이가 남의 물건을 훔치는 이유는 여러 가지가 있지만 부모의 사랑이나 관심을 필요로 하는 경우가 많습니다. 동생을 보고 나서 훔치는 행동을 하기도 하고, 부모가 멀리 떠난 후에 이런 행동을 보이는 경우도 있습니다. 만약 아이가 필요로 하는 것이 부모의 사랑이나 관심인데 아이가 훔치는 행동을 했다고 야단을 치거나 거리감을 느끼도록 행동한다면 아이는 더욱 상처를 받아 자기도 모르게 훔치는 행동을 계속할 수 있습니다. 또 아이에게 용돈이 부족하거나 필요한 물건이 있는데 부모가 미처 준비해 주지 못해서 훔치는 행동을 할 수도 있습니다. 다른 아이들은 하굣길에 맛있는 걸 사 먹는데 자기는 용돈이 없어서 못 사 먹는다든지, 꼭 갖고 싶은 물건이 있는데 부모가 사 주지 않는다든지 하면 아이는 먹고 싶고, 갖고 싶은 욕구를 어쩌지 못하고 훔치는 행동으로 해결하는 경우가 있습니다. 이럴 때는 아이의 마음을 헤아려 주고 가능한 범위 내에서 용돈을 준다든지, 물건을 사 준다든지, 어느 정도 기다리면 사 줄 수 있다고 약속을 한다든지 하여 부모의 사정에 따라 해결 방법을 찾을 수 있습니다. 부모의 빠르고 현명한 대응이 의외로 쉽게 아이의 훔치는 행동을 고치고 없앨 수 있습니다.

전문가와 상의하기

열 살 이전에 나타나는 사소한 물건을 훔치는 행동은 점차 줄어들지만 그 이후까지 지속될 경우에는 전문가와 상의하는 것이 좋습니다. 자녀가 도벽이 있다는 사실을 인정하고 이를 치유해야 할 행동으로 받아들이는 것은 쉽지 않습니다. 그래서 부모는 가능하면 '언젠가는 괜찮아지겠지?' 또는 '야단치면 고치겠지.' 하면서 드러내기를 꺼리다가 문제를 더욱 심각하게 만들 수 있습니다. 도벽과 같은 행동은 아이의 일탈행동 중에서도 사회적으로 용납이 되지 않는 행동이므로 자칫 잘못하면 범죄행동으로까지 커지게 되어 '바늘 도둑이 소도둑 된다.' 는 속담처럼 될 가능성이 있습니다. 또한 도벽이 생기게 된 원인은 이루 헤아릴 수 없이 많으므로 정확한 진단과 치유를 위해서 전문가를 찾아 상의하는 것이 꼭 필요합니다.

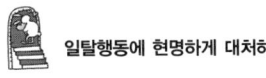

🥕 가출에 대응하는 방법

자녀의 가출로 인한 부모의 심정 제대로 표현하기

자녀가 가출을 하면 마음 편히 밤을 보내는 부모는 거의 없을 것입니다. 아이가 무사히 돌아오기만을 바라는 마음으로 찾고 기다리지만 막상 가출한 아이가 무사히 들어오면 부모는 화를 내며 야단을 칩니다. 심지어는 "너 같은 거 필요 없으니까 다시 나가!" 하고 소리를 지릅니다. 쉽지 않은 일이지만 가출한 자녀가 돌아왔을 때 부모는 화를 내기 전에 자신이 아이를 걱정하고 애태운 심정을 먼저 바라볼 필요가 있습니다. 그리고 아이에게 그 감정을 전달할 수 있어야 합니다. "엄마는 네가 안 들어와서 정말 걱정이 되었어." "네가 잘못되었을까 봐 아무것도 할 수가 없었어." "네가 이렇게 무사히 돌아와서 정말 다행이야." 이러한 감정이 먼저 전달된 후에 아이와 함께 대화를 하는 것이 화를 내고 나서 대화를 하는 것보다 훨씬 긍정적인 결과를 가져올 것입니다.

대화를 통해 가출의 원인과 해결책 찾기

가출하는 학생들과 대화를 해 보면 처음에는 가출할 생각이 별로 없었다는 이야기를 많이 합니다. 그냥 친구들과 놀고 싶은데 부모님이 빨리 들어오라고 참견하니까 귀가 시간을 미루고 미루다가, 나중에는 아예 휴대전화까지 꺼 놓고 놀다 보니 너무 시간이 늦어진다는 겁니다. 집에 들어가면 혼날 게 뻔하니까 차라리 친구 집에서 자고 간다는 생각이 가출의 시작이라는 거지요. 단순히 놀고 싶어서 안 들어간 건데 다음 날 큰맘 먹고 집에 들어가면 엄마나 아빠는 자기가 무슨 큰 잘못이나 하고 들어온 것처럼 꼬치꼬치 캐묻고 의심하면서 불쾌하게 대하고 어떨 때는 온 식구들이 자기와 말도 하지 않으려 하니까 집이 점점 더 낯설어진다고 합니다. 거기다 앞으로는 더 빨리 귀가하라는 명령이 떨어지니 답답해서 집 밖에서 보내는 시간이 길어지고 가출이 늘어나게 된다는 겁니다. 자녀가 가출을 하게 되면 그 행동에 대해서만 반응하지 말고 과연 가출을 하게 된 원인은 무엇이었는지, 그리고 어떻게 하면 가출을 하지 않을 수 있는지에 대한 좋은 방법을 함께 찾아가는 대화의 시간을 가질 필요가 있습니다.

무패 방법 활용하기

토머스 고든은 〈부모 역할 훈련〉을 하면서 무패 방법을 제시하고 있습니다. 부모가 권위와 힘을 이용하여 자녀에게 강압적이고 일방적인 해결책을 제시하는 방법도 아니고, 아이가 부모를 굴복시켜 자기 뜻을 따르게 하는 방법도 아닌 제3의 방법이 무패 방법입니다. 어느 쪽이 이기거나 지는 방식으로 갈등을 해결하지 않고 양쪽 모두 수긍하는 해결책이기 때문에 양쪽 모두 이긴 것이라고 할 수 있습니다. 상호 합의를 통해 궁극적 해결책에 도달하는 갈등 해결 방법입니다. 무패 방법은 여섯 단계로 이루어져 있습니다.

👉 **1단계》** 갈등을 확인하고 정의한다.

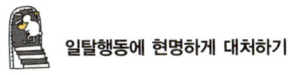

- 👇 **2단계》** 가능한 여러 해결책을 생각해 낸다.
- 👇 **3단계》** 각 해결책을 평가한다.
- 👇 **4단계》** 가장 좋고 만족스러운 해결책을 결정한다.
- 👇 **5단계》** 결정된 것을 실천할 구체적 방법을 마련한다.
- 👇 **6단계》** 이후에 결과가 어떠했는지를 확인한다.

아이의 가출 문제를 해결하기 위해 무패 방법을 사용한 예를 들어 보겠습니다.

1단계에서는 자녀가 가출하는 이유가 무엇인지를 확실히 합니다. 자녀가 가출하는 이유가 귀가 시간으로 인한 갈등 때문이라면 이를 명확히 합니다. 예를 들면, 아이는 친구들과 더 놀기 위해 귀가 시간을 늦춰 달라고 합니다. 그러나 부모는 아이가 빨리 귀가하기를 바라고 있습니다.

2단계에서는 가능한 해결책을 모두 생각해 봅니다. "어떤 해결 방법이 있을까?" "가능한 해결책을 생각해 보자." "같이 고민해서 어떤 방법으로 해결하면 좋을지 찾아보자." "이 문제를 해결할 여러 방법이 있을 거야." 등과 같이 제안합니다. 아이가 원하는 귀가 시간이나 방법을 먼저 제시하게 하고, 부모가 원하는 귀가 시간이나 방법을 제시합니다. 또는 친구들을 집에 데리고 와서 노는 방법, 부모가 전화하기 전에 자녀가 먼저 한 시간마다 전화를 해 주는 방법, 친구들과 노는 장소를 부모에게 알려 주는 방법, 그냥 놀고 싶을 때까지 놀다 들어오는 방법, 무조건 7시까지는 귀가하는 방법 등 제시할 수 있는 방법은 모두 다 제시합니다. 일단 자녀 입장에서는 자기 요구를 이야기할 수 있는

자녀와 쿨하게 소통하기

기회가 주어졌다는 것만으로도 존중받았다는 기분이 들기 때문에 일방적으로 부모가 귀가 시간을 정해 주는 것과는 받아들이는 마음이 다를 것입니다.

3단계에서는 각 해결책을 평가해 봅니다. "지금까지 나온 여러 방법에 대해 어떻게 생각하니?" "이제 가장 우리 마음에 들 해결 방법이 어떤 건지 살펴보자." 등으로 말을 꺼냅니다. 아이가 그냥 놀고 싶을 때까지 놀다 들어오고 싶다고 하면 부모는 너무 걱정하며 기다리게 되어서 힘들다든가, 부모가 7시까지 들어오라고 하면 아이는 친구들과 노는 분위기를 깨고 들어오는 거라 친구들한테 너무 미안하다는 식으로 자신의 의견을 제시합니다. 이렇게 부모와 자녀 모두 각 해결책에 대해서 자신들의 생각을 충분히 이야기합니다.

4단계에서는 3단계의 평가를 토대로 해서 가장 좋고 양쪽 다 만족스러울 수 있는 해결책을 결정합니다. 자녀는 부모의 입장을 들어 보았고 부모는 자녀의 입장을 들어 보았으니 이제 어떤 방법을 채택하는 것이 좋을지 결정합니다. "이 방법이 정말 괜찮은지 생각해 볼까?" "좋아, 이렇게 한번 해 보고 효과가 있는지 살펴보자."라고 말하여 다시 한 번 생각해 볼 기회를 줍니다. 최종 결정이 나면 합의된 사항을 글로 적어 놓는 것이 좋습니다.

5단계에서는 결정된 방법을 실천할 수 있는 구체적 방법을 마련합니다. 방법이 구체적이지 않으면 다시 불만이 쌓일 수 있고 갈등 상태가 심각해 질 수 있습니다. "언제 시작하면 좋을까?" "제대로 실천했는지를 확인할 수 있는 방법은 무엇일까?" 등의 질문을 하여 구체적인 방법을 생각해 봅니다. 예를 들어, '내일부터 8시까지는 들어오되 늦어질

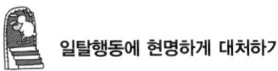

경우에는 아이가 먼저 한 시간마다 전화를 하여 부모님 걱정을 덜어 드리고 늦어도 10시까지는 꼭 들어온다. 들어온 시간은 앞으로 한 달 동안 달력에 기록한다.' 와 같이 구체적인 방법을 마련합니다.

6단계에서는 이후에 결과가 어떠했는지 확인합니다. 양쪽 모두 약속한 대로 잘 실천하면 다행이지만 부모가 참지 못하고 수시로 전화를 하여 친구들과 노는 분위기를 깨서 자녀의 입장을 곤란하게 한다든지, 아이가 약속 시간보다 늦게 들어오면서 연락을 하지 않아 부모를 계속 걱정하게 한다든지 하면 다시 방법을 수정해 실천이 가능한 방법을 찾습니다. 또는 주중에는 약속한 대로 실천하는 것이 가능하지만 주말에는 귀가 시간을 좀 더 늦춰 주는 것이 좋겠다는 식으로 수정해 갈 수 있습니다(토마스 고든 저, 이훈구 역, 2002).

공격적인 행동에 대응하는 방법

아이의 욕설을 줄이기 위한 작전 세우기

아이들은 어른이 있는 데서는 욕을 잘 사용하지 않고 어쩌다 욕설을 하게 되더라도 잘못했음을 금방 시인합니다. 그러나 또래끼리 있을 때는 훨씬 더 많은 욕설을 사용합니다. 따라서 아이가 욕설을 사용하지 않는 것처럼 보일지라도 가정에서 자녀의 언어 사용 예절에 대해 지도할 필요가 있습니다. 아이가 욕설을 할 때는 야단을 치는 대신 아이와 함께 작전을 세워 욕을 사용하지 않는 방법을 훈련하는 것이 좋습니다.

작전1》 욕설이 나올 때마다 욕을 대신할 수 있는 단어, 예를 들면 아무 감정이 실리지 않은 숫자를 말하게 하거나(조금 화가 나면 1번, 많이 화가 나면 2번, 더 많이 화가 나면 3번 등) 자기가 무서워하는 동물의 이름(사자, 호랑이, 구미호 등)을 말하게 합니다.

작전2》 욕설을 사용하는 것을 발견하면 그 욕설을 연습장에 빽빽하게 써 보게 하는 것도 도움이 됩니다. 욕설을 써 내려가다 보면 스스로 깨닫는 바가 있게 되고, 욕을 자제하는 힘도 생길 수 있습니다.

작전3》 욕설 사전을 만들어 보게 합니다. 요즘 아이들이 사용하는 욕설의 뜻을 물어보면 그 뜻을 제대로 알지 못하는 경우가 많습니다. 자신이 사용하는 욕설의 의미를 찾아 사전을 만들어 보게 하면 욕설 대부분이 절대 사용해서는 안 될 것들이라는 점을 알게 되어 욕의 사용을 줄이게 될 것입니다.

작전4》 에모토 마사루의 저서인 『물은 답을 알고 있다』를 읽고 욕이 얼마나 우리에게 안 좋은 영향을 주는지를 알게 합니다. 이 책에는 '고맙습니다'라는 글자를 보여 주면 깨끗한 육각형 결정체를 보이던 물이 '바보' '멍청이' '망할 놈'이라는 글자를 보여 주면 진흙물처럼 흩어져 찌그러지는 모습의 사진이 제시되어 있습니다. 함께 보면서 이야기를 나누면 고운 말 사용을 교육하는 데 좋은 기회가 될 것입니다(에모토 마사루 저, 홍성민 역, 2008).

그림으로 풀어 보는 화난 감정

공격적인 성향을 보이는 아이들은 성장 과정에서 자신의 감정을 어떻게 처리해야 할지 제대로 알지 못하고 그저 참거나 거칠게 표현하는 방법을 써 온 경우가 많습니다. 아이의 공격성이 폭력으로 나타나 염려가 될 때 가능하면 빨리 아이와 이 문제에 대해 이야기하고 함께 대책을 세우는 것이 좋습니다. 그러나 자칫 잘못 접근하면 오히려 아이의 화를 더 돋울 수 있기 때문에, 그런 위험이 적은 그림으로 화난 감정을 풀어 가게 하는 방법을 소개합니다.

> **그리기 1. 화난 모습》** 4절지 도화지에 크레파스로 그림을 그리게 합니다. 우선 어떤 상황에서 화가 나는지, 그 느낌은 어떤 것인지 기억해 보게 합니다. 이때 유의할 점은 신체적인 변화와 감정적인 변화 모두를 생각할 수 있도록 충분한 시간을 주는 것입니다. 그런 다음, 종이의 가운데에 화난 얼굴을 그리게 합니다. 또는 화난 자신을 상징적으로 그리게 해도 됩니다. 예를 들면, 끓고 있는 주전자, 다리미, 화산 등으로 표현할 수 있습니다. 이제 자신을 화나게 만드는 상황을 화난 얼굴 주변에 그림이나 글로 표현하게 합니다. 가능하면 다양한 상황을 표현하게 합니다. 다 그리고 나면 아이에게 설명을 하게 하고 부모는 차분히 들어 줍니다.

> **그리기 2. 화의 해결사》** 앞의 그림처럼 화가 났을 때 어떠한지를 충분히 이야기 나눈 다음에는 어떻게 하면 그 화를 해결할 수 있을지 다양한 방법을 다른 종이에 그려 보게 합니다. '풍선 터트리기' '신문지 찢기' '두더지 잡기' '북 두드리기' '독서하기' '샌드백 치기' '샤워하기' '수다 떨기' '요리하기' '산책하기' '소리 지르기' '노래하기' '노래 듣기' 등 다양한 방법이 나올 수 있습니다. 아이가 제시하는 방법 중 가능한 방법을 종이에 적게 하고, 앞으로 화가 날 때는 폭력으로 해결하는 것이 아니

라 화를 잠시 멈추고 여기에 적힌 것과 같은 '화의 해결사'를 활용해 보도록 격려합니다(최외선 외, 2008).

학교폭력 예방 교육하기

자녀가 학령기에 있다면 학교로부터 수시로 학교폭력 예방을 위한 가정통신문을 받게 될 것입니다. 이때 그냥 지나치지 말고 아이가 학교폭력의 피해자도 가해자도 되지 않도록 예방 교육을 하는 것이 중요합니다. 만일 아이가 피해자가 된다면 마음에 큰 상처를 입게 될 뿐 아니라 학교생활이 어려워질 수 있고, 만일 아이가 가해자가 된다면 최근 강화된 「학교폭력 예방 및 대책에 관한 법률」에 의해 큰 처벌을 받고 어려운 상황에 처할 수 있으며, 또는 걷잡을 수 없는 비행으로 이어질 수 있습니다. 따라서 가정에서 사전에 철저히 교육하는 것이 필요합니다.

학교폭력 가해·피해학생이 보이는 특성을 제시해 보겠습니다. 자녀의 학교생활이 폭력과 관련이 없는지 민감하게 살펴보고 현명하게 대처해야 합니다. 필요하면 학교 담임선생님과 상의해 보고 전문가의 도움을 청할 수도 있습니다.

학교폭력 피해학생의 특징 (법무부, 2012)

① 학교와 관련된 일에 흥미를 잃고 있다.

② 학교에서 돌아온 후 우울해하거나 힘이 없어 보인다.

③ 이유 없이 학교에 가기 싫어하며 전학을 요구한다.

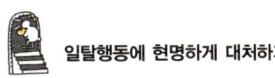

④ 용돈이 모자란다고 하거나 말없이 집에서 돈을 가져간다.

⑤ 운동화, 비싼 옷, 안경 등 물건을 자주 잃어버린다.

⑥ 옷이 더럽혀져 있거나 소지품이 손상되어 있다.

⑦ 잠을 잘 자지 못하거나 악몽을 자주 꾼다.

⑧ 매사에 의욕이 없으며 식욕 부진 등이 나타난다.

⑨ 친구들과 잘 어울리지 못한다.

⑩ 친구의 심부름을 자주 한다.

⑪ 교과서, 노트, 가방 등에 '죽고 싶다.' 같은 표현이 있다.

⑫ 조퇴, 결석하는 경우가 많아진다.

⑬ 학교 성적이 떨어진다.

⑭ 신체적인 외상이 있는 이유에 대하여 설명을 피한다.

⑮ 짜증 내는 일이 증가하고 작은 일에 놀라거나 불안해한다.

학교폭력가해학생의 특징(법무부, 2012)

① 친구가 빌려 줬다고 하며 고가의 물건을 가지고 다닌다.

② 용돈에 비하여 씀씀이가 커진다.

③ 작은 칼 등 흉기를 가지고 다니는 경우가 있다.

④ 비행 전력이 있는 친구, 폭력 집단의 친구들과 자주 어울린다.

⑤ 술, 담배 또는 약물을 접한다.

⑥ 등 · 하교 시 책가방을 들어 주는 친구나 후배가 있다.

⑦ 공부를 안 하는데 갑자기 성적이 오른다.

⑧ 손이나 팔 등에 종종 붕대를 감고 다니거나 문신이 있다.

⑨ 자주 화를 내며 이유와 핑계가 많아진다.

자녀와 쿨하게 소통하기

⑩ 밤늦도록 잠을 자지 않는다.

⑪ 참을성이 없고 말투가 거칠다.

⑫ 부모에게 감추는 비밀이 많고 대화가 거의 없다.

⑬ 외출이 잦고 친구들의 전화에 신경을 많이 쓴다.

⑭ 귀가 시간이 늦어지고 불규칙적인 생활을 한다.

⑮ 부모에게 반항하며 공격적인 태도를 취한다.

참고문헌

토머스 고든 저, 이훈구 역(2002). **부모역할훈련**. 서울: 양철북.
에모토 마사루 저, 홍성민 역(2008). **물은 답을 알고 있다**. 서울: 더난출판.
최외선, 김갑숙, 최선남, 이미옥(2008). **미술치료기법**. 서울: 학지사.
법무부, 교육과학기술부, 자녀안심운동국민재단 편저(2012). **우리 아이들에게 무슨 일이?**

부 록

부록 나는 어떤 성격의 부모일까요 [1]

부모의 성격 유형에 따라 자녀 양육 방식이 다를 수밖에 없습니다. 다음 표를 보면서 자신은 어느 유형에 속하는지 체크하여 봅시다. 양쪽 모두 해당하는 곳을 선택하시되 더 많은 쪽이 자신의 유형이라고 보면 됩니다.

각주 | 정확한 검사를 위해서는 한국MBTI 연구소와 어세스타에서 제공하는 표준화 된 MBTI 검사를 실시할 것.

자녀와 쿨하게 소통하기

가. 외향형(E)과 내향형(I) 부모

구분	외향형(E)	내향형(I)
특징	① 자녀와 대화를 즐기고 여러 가지 질문을 하는 편이다. ② 자녀에게 외부 세계의 경험을 많이 시켜 주고자 한다. ③ 자녀의 친구 관계에 관심이 많고, 자녀의 친구와도 대화한다. ④ 자녀 양육에 있어 유아기에 아이를 집 안에서 돌보는 것을 힘들어한다. ⑤ 자녀가 다양한 활동에 참여하도록 유도하고 사람들과 어울리는 것을 중요하게 여긴다. ⑥ 여러 사람과 모이거나 대가족 모임을 편안하게 여긴다. ⑦ 일을 할 때 앞장서서 솔선수범하는 편이다. ⑧ 자신만의 에너지 충전이 필요하며 자녀를 위해 한 단계쯤 낮추는 것이 필요하다. ⑨ 자녀에게 여러 가지 경험을 주려는 욕심이 지나쳐 오히려 부담을 줄 수 있다. ⑩ 자녀에 대한 에너지가 분산될 필요가 있다. 자신을 위한 다양한 활동(여가생활, 계 등)이 필요하다.	① 자녀에 대해 보다 깊이 알고자 하며 관찰하고 반추한다. ② 내적 갈등이 있어도 자녀와 대화할 때는 비교적 조용하고 침착한 모습을 보여 준다. ③ 외부 활동보다는 가족에게 중점을 둔다. ④ 주도하거나 강요하지 않고 자녀 스스로 활동하도록 지켜보는 편이다. ⑤ 한 번에 한 명의 자녀 혹은 일에 집중한다. ⑥ 여러 사람과 모이거나 대가족 모임은 에너지를 많이 빼앗는다. ⑦ 예상하지 못한 자녀의 질문에 대답하는 것이 힘들다. ⑧ 활동적인 자녀의 보조를 맞추는 것이 너무 힘들다. ⑨ 동시에 여러 가지 일을 하는 것이 힘들다. ⑩ 자신의 생각을 다 말로 표현하려는 외향형 자녀가 힘들 수 있다.
번호 (개수)		

나. 감각형(S)과 직관형(N) 부모

구분	감각형(S)	직관형(N)
특징	① 자녀들의 기본 욕구(먹고, 입고, 잠자기)를 잘 돌본다.	① 자녀의 상상력과 창조력에 가치를 부여하며 지지한다.
	② 자녀들에게 실질적인 것을 제공하고 살아가는 법을 가르친다.	② 자녀의 잠재력에 기대를 걸고 이를 찾아 북돋아 주고자 한다.
	③ 지식의 실제적인 면을 강조한다.	③ 다양한 가능성을 가지고 대안을 제시하며 자녀가 선택하도록 유도한다.
	④ 감각적 경험(등산, 운동, 여행 등)을 시켜 주는 것을 좋아한다.	④ 자녀 양육을 자신의 개인적인 성장을 위한 경험으로 여긴다.
	⑤ 가족을 위한 주변 환경이나 가정 환경을 쾌적하게 꾸민다.	⑤ 자녀 양육에 있어 새로운 방법이나 접근법을 모색한다.
	⑥ 지금-여기에 중점을 맞추고 단순하게 살아가고자 한다.	⑥ 자녀에게 세부적이고 구체적인 지시를 하는 것이 어렵다.
	⑦ 가족의 전통을 중시하며 지켜나가고자 한다.	⑦ 기본적인 가사를 하는 데 필요한 시간을 계산하는 일이 어렵다.
	⑧ 자신과 생각이 다른 자녀를 이해하는 것이 어렵다.	⑧ 자신의 이상을 자녀를 통해 이루려는 경향이 있다.
	⑨ 세부적이나 사소한 일에 지나치게 신경을 쓰는 편이다. 스트레스를 받거나 일에 압도당할 수 있다.	⑨ 지나치게 자신의 성장에 몰입하여 자녀에게 무관심할 수도 있다.
	⑩ 직관형 자녀의 상상력과 가능성에 대해 여유를 가질 필요가 있다. 자녀의 자율성을 제한할 수 있다.	⑩ 미래의 꿈을 강조하느라 일상생활의 사소한 기쁨을 간과할 수 있다.
번호 (개수)		

자녀와 쿨하게 소통하기

다. 사고형(T)과 감정형(F) 부모

구분	사고형(T)	감정형(F)
특징	① 비교적 엄격하고 칭찬보다는 꾸중이나 지적을 더 많이 한다. ② 자녀로 하여금 문제 상황에 대해 이해하고 분석하여 문제를 해결하도록 돕는다. ③ 모든 상황에서 공정하고 정의를 추구하도록 요구하는 편이다. ④ 가르치고 행동을 수정하는 과정에서 논리적인 결론을 추구하고 원인과 결과에 바탕을 두도록 강조한다. ⑤ 자녀로 하여금 성취에 대한 확신을 가지도록 하며 성공을 강조한다. ⑥ 자녀에게 독립적이고 능력 있는 모습을 보여 주고자 노력하고 요구한다. ⑦ 비합리적이거나 모호한 태도로 감정에 호소하는 것을 힘들어 한다. ⑧ 분명한 해결책과 대답이 없는 상황에서 이 문제를 붙잡고 있는 것이 불편하다. ⑨ 주어진 상황이나 문제에 대해 솔직하게 인정하고 이에 따른 반응과 조언을 제공한다. ⑩ 논리적이지 않고 합리성이 부족한 자녀의 이야기를 끝까지 들어 주는 것이 힘이 든다.	① 자녀에게 사랑받고 있으며 보호받는다는 느낌을 주는 양육을 한다. ② 신체적·정서적 친밀감을 제공한다. ③ 자녀들의 욕구와 정서에 반응하려고 노력한다. ④ 자기 희생이 따르더라도 자녀와 가족을 행복하게 하려고 노력한다. ⑤ 자녀의 친구 관계나 형제·자매와의 관계에서 조화와 화목을 강조한다. ⑥ 자녀와 함께 가슴과 가슴으로 대화하고 신뢰하는 관계를 만들고자 노력한다. ⑦ 자녀와 자신의 문제를 정서적으로 분리하는 것이 어렵다. ⑧ 자녀에게 100%의 관심을 주지 못한 것에 대해 죄책감을 느낀다. ⑨ 자녀를 지나치게 자신의 곁에 붙들어 놓으려고 하는 경향이 있다. ⑩ 자녀의 좋은 면을 찾아 인정하고 칭찬하여 자녀가 안정감을 가지도록 돕는다.
번호 (개수)		

라. 판단형(J)과 인식형(P) 부모

구분	판단형(J)	인식형(P)
특징	① 자녀들에게 일상생활을 조직화하고 계획하도록 유도한다. ② 자녀를 위해 도움이 된다고 생각하면 기꺼이 통제하고자 한다. ③ 자녀 양육에 책임감을 많이 느끼고 자녀를 성실하고 강하게 키우고자 한다. ④ 마감 시간과 시간을 지키는 것, 시간 활용에 대해 강조한다. ⑤ 집안일도 계획의 일부이고 가족 간에 질서와 규칙이 있는 편이다. ⑥ 어떤 일을 하기 전에 미리 계획을 세워서 하는 편이다. ⑦ 빨리 결정하고 여유를 가지고자 한다. ⑧ 분명한 목적 의식과 방향이 있는 편이다. ⑨ 인식형 자녀의 소란스러움과 시간 어기기, 정리 정돈 못하기를 참기 힘들다. ⑩ 자녀의 말을 끝까지 듣기 전에 판단을 하는 경향이 많다.	① 자녀에게 강요하기보다는 수용적이고 여유가 있는 편이다. ② 자녀의 실수나 잘못에 느긋하게 대처하는 편이다. ③ 자녀들이 다양한 경험과 사람들을 체험하도록 유도한다. ④ 자녀들이 재미있어 한다면 어느 정도의 소란스러움, 무질서를 참는다. ⑤ 계획이 바뀌거나 자녀들의 버릇 없음에도 여유가 있다. ⑥ 자녀들이 다른 사람의 이야기를 들을 때 개방적이도록 가르친다. ⑦ 임박한 순간에 일을 시작하고 미루는 경향이 많다. ⑧ 자녀들에게 한계를 정해 주거나 일관성 있게 끝까지 마무리 하는 것이 어렵다. ⑨ 어떤 일을 일단 시작하고 본다. ⑩ 목적과 방향은 바뀔 수 있다고 생각한다.
번호 (개수)		

이 결과를 종합하면 네 가지 선호 지표의 조합에 따라 열여섯 가지의 성격 유형이 나타납니다.

ISTJ	ISTP	ESTP	ESTJ
ISFJ	ISFP	ESFP	ESFJ
INFJ	INFP	ENFP	ENFJ
INTJ	INTP	ENTP	ENTJ

각 유형에 대한 자세한 설명은 정경연 외(2010) 『열여섯 빛깔 아이들』 등의 서적을 참고하세요.

 꿈 목록

( )살 ( )의 꿈

구분	순번	성취 여부	꿈	의견
내가 가고 싶은 곳들	1	☐		
	2	☐		
	3	☐		
	4	☐		
	5	☐		
	6	☐		
	7	☐		
	8	☐		
	9	☐		
	10	☐		
내가 갖고 싶은 것들	11	☐		
	12	☐		
	13	☐		
	14	☐		
	15	☐		
	16	☐		
	17	☐		
	18	☐		
	19	☐		
	20	☐		

자녀와 쿨하게 소통하기

	21	☐	
	22	☐	
	23	☐	
	24	☐	
내가	25	☐	
하고	26	☐	
싶은	27	☐	
일들	28	☐	
	29	☐	
	30	☐	
내가	31	☐	
5년	32	☐	
안에	33	☐	
이루고	34	☐	
싶은 일들	35	☐	
내가	36	☐	
10년	37	☐	
안에	38	☐	
이루고	39	☐	
싶은 일들	40	☐	
내가	41	☐	
20년	42	☐	
안에	43	☐	
이루고	44	☐	
싶은 일들	45	☐	

	46	☐	
내가 30년 안에 이루고 싶은 일들	47	☐	
	48	☐	
	49	☐	
	50	☐	

자녀와 쿨하게 소통하기

미디어 사용 일지

20 . . .

구분	인터넷	TV	게임	스마트폰	기타
이용 종류	1. 2. 3. 4.	1. 2. 3. 4.	1. 2. 3. 4.	1. 2. 3. 4.	1. 2. 3. 4.
이용 내용	1. 2. 3. 4.	1. 2. 3. 4.	1. 2. 3. 4.	1. 2. 3. 4.	1. 2. 3. 4.
이용 장소					
이용 시간	( )시간	( )시간	( )시간	( )시간	( )시간
자기 평가	상, 중, 하		이용 시간 합계 ( )시간		

인터넷 이용 습관 진단 척도(아동청소년용 C 유형)

201__년 __월 __일 _____학교 __학년 (남, 여) 이름 _____

번호		내 용	전혀 그렇지 않다	때때로 그렇다	자주 그렇다	항상 그렇다	소계
1요인	1	인터넷 사용을 많이 해서 눈이 아프다.	①	②	③	④	
	2	인터넷을 하느라 잠을 제대로 못 자서 수업 시간에 졸린다.	①	②	③	④	
	3	인터넷을 하느라 숙제를 자주 안 한다.	①	②	③	④	
	4	인터넷 사용 때문에 부모님과 다툰다.	①	②	③	④	
	5	인터넷을 하다 보면 해야 할 일을 잊어버린다.	①	②	③	④	
	6	인터넷을 많이 해서 몸이 예전보다 약해졌다.	①	②	③	④	
2요인	7	누가 인터넷을 못하게 하면 화가 난다.	①	②	③	④	
	8	인터넷을 못한다는 것은 견디기 힘든 일이다.	①	②	③	④	
	9	인터넷을 하지 못하면 불안하고 초조하다.	①	②	③	④	
	10	인터넷을 못하게 되면 짜증나고 화가 난다.	①	②	③	④	
3요인	11	학교 친구보다 인터넷상의 친구가 더 좋다.	①	②	③	④	
	12	인터넷에서는 사람들을 더 많이 이해하게 된다.	①	②	③	④	
	13	인터넷에서 만난 사람들이 나를 더 좋아해 준다.	①	②	③	④	
	14	인터넷을 할 생각을 하면 기분이 좋아진다.	①	②	③	④	

자녀와 쿨하게 소통하기

4 요 인	15	인터넷 한 사실을 숨기려고 부모님께 자 주 거짓말을 한다.	①	②	③	④
	16	부모님께 실제보다 인터넷 사용을 적게 한 것으로 속인다.	①	②	③	④
5 요 인	17	인터넷을 그만해야 하는 경우에도 중간에 그만두는 것이 어렵다.	①	②	③	④
	18	인터넷을 하는 시간을 줄이려고 노력하지 만 실패한다.	①	②	③	④
	19	인터넷을 안 하겠다고 마음먹고도 다시 인터넷을 하게 된다.	①	②	③	④
	20	인터넷을 하면 할수록 점점 더 많은 시간 을 인터넷에 빠지게 된다.	①	②	③	④
전체 합계						

출처: 한국정보화진흥원(www.iapc.or.kr).

번호	내 용	예	아니요
21	오늘 해야 할 일을 내일로 미루는 때가 가끔 있다.	①	②
22	기분이 좋지 않을 때는 짜증이 나기도 한다.	①	②
L 23	가끔 화를 낸다.	①	②
24	게임(또는 놀이)에서 지기보다는 이기고 싶다.	①	②
25	매일 신문의 사설을 읽는다.	①	②

번호	좌우 문자 및 기호를 비교하여 서로 같은 것을 고르시오.				
26	① 6562–6762	② 7234–7324	③ 9376–9336	④ 4923–4923	⑤ 3927–3921
27	① 71256–71756	② 43724–42237	③ 91734–91734	④ 45278–45872	⑤ 15895–25895
D 28	① 348117–348116	② 421953–241953	③ 234832–239842	④ 239158–329185	⑤ 294717–294717
29	① 6809257–6802957	② 2819271–2819271	③ 9092591–9029591	④ 1947291–9147294	⑤ 8214898–8412898
30	① 2081471–2018471	② 2148998–2148998	③ 8542825–85418	④ 1386844–13868	⑤ 5585852–5581852

※ L(Lie)–척도: 긍정적 편파반응 척도, D(Distraction)–척도: 집중도 척도

자녀와 쿨하게 소통하기

인터넷 이용 습관 진단척도

인터넷 이용 습관 진단척도 채점 및 해석

■ 채점 방법

▶ 각 문항별 자신의 점수를 더하여 5개 요인 각각의 점수를 구한다.

(① 전혀 그렇지 않다 → 1점, ② 때때로 그렇다 → 2점, ③ 자주 그렇다 → 3점, ④ 항상 그렇다 → 4점)

▶ 5개 요인점수를 모두 합하여 전체 총점을 구한다.

▶ 3단계로 분류된 각 사용자군 중 자신의 점수가 어디에 해당하는지 확인한다.

■ 사용자군 점수 분류

▶ 초등학생용

구 분	위험 사용자군	주의 사용자군	일반 사용자군
총점	43 이상	39 이상~42 이하	38 이하
1요인	13 이상	11 이상	10 이하
2요인	9 이상	8 이상	7 이하
5요인	11 이상	10 이상	9 이하

▶ 중 · 고등학생용

구 분	위험 사용자군	주의 사용자군	일반 사용자군
총점	41 이상	46 이상~50 이하	45 이하
1요인	16 이상	14 이상	13 이하
2요인	11 이상	10 이상	9 이하
5요인	14 이상	12 이상	11 이하

 부 록

● **위험 사용자군**: 전체 총점에 해당하거나,

(전체 총점에 해당하지 않더라도) 1·2·5번 요인 모두에 해당하는 경우

● **주의 사용자군**: 전체 총점이나 1·2·5번 요인 중 한 가지에 해당하는 경우

● **일반 사용자군**: 전체 총점과 1·2·5번 요인 모두에 해당하는 경우

■ 타당도 척도

타당도 척도 정답

구분	긍정적 편파반응					낮은 집중도				
번호	21	22	23	24	25	26	27	28	29	30
정답	1	1	1	1	2	4	3	5	2	2

▶ 초등학생용

● **긍정적 편파반응 척도 점수**: 틀린 개수가 0~2개는 정상, 3개는 경고, 4~5개는 위험

● **낮은 집중도 점수**: 틀린 개수가 0~1개는 정상, 2~4개는 경고, 5개는 위험

▶ 중·고등학생용

● **긍정적 편파반응 척도 점수**: 틀린 개수가 0~1개는 정상, 2개는 경고, 3~5개는 위험

● **낮은 집중도 점수**: 틀린 개수가 0개는 정상, 1~2개는 경고, 3~5개는 위험

자녀와 쿨하게 소통하기

인터넷 이용습관 진단척도(C 유형) 해석

■ 타당도 척도별 특성

위 험	초등학생	틀린 개수가 긍정적 편파반응에서 4개 이상이거나, 낮은 집중도에서 5개 이상인 경우
	중·고등학생	틀린 개수가 긍정적 편파반응에서 3개 이상이거나, 낮은 집중도에서 3개 이상인 경우
	인터넷 이용습관 진단척도에 있어서 잘 보이려고 하는 태도가 매우 강하거나, 집중해서 문제를 풀고 있지 않으므로, 점수 결과의 타당성이 매우 떨어진다. ➡ **타당도 검사 결과를 알려 주고, 다시 검사를 실시할 수 있도록 하거나, 이렇게 결과가 나온 원인에 대해 상담을 통해서 알아보고, 학생의 문제의 원인을 파악할 수 있도록 한다.**	
경 고	초등학생	틀린 개수가 긍정적 편파반응에서 3개이거나, 낮은 집중도에서 2~4개인 경우
	중·고등학생	틀린 개수가 긍정적 편파반응에서 2개이거나, 낮은 집중도에서 1~2개인 경우
	인터넷 이용습관 진단척도에 있어서 잘 보이려고 하는 태도가 어느 정도 있거나, 문제를 풀 때 순간순간 집중력이 흐려질 때가 있으므로, 점수 결과의 타당성이 조금 떨어진다. ➡ **타당도 검사 결과를 알려 주고, 학생이 좀 더 집중하거나 솔직하게 검사에 임할 수 있도록 권고한다.**	
정 상	초등학생	틀린 개수가 긍정적 편파반응에서 2개 이하이거나, 낮은 집중도에서 1개 이하인 경우
	중·고등학생	틀린 개수가 긍정적 편파반응에서 1개 이하이거나, 낮은 집중도에서 0개인 경우
	인터넷 이용습관 진단척도에 있어서 잘 보이려고 하는 태도가 거의 없으며, 문제를 잘 집중해서 풀고 있다고 볼 수 있으므로, 점수 결과의 타당성이 높다. ➡ **실시한 검사의 결과를 신뢰할 수 있다.**	

■ 사용자군

	초등학생	전체 총점 43점 이상 / 1요인 13점 이상 / 2요인 9점 이상 / 5요인 11점 이상
	중·고등학생	전체 총점 51점 이상이거나 / 1요인 16점 이상 / 2요인 11점 이상 / 5요인 14점 이상
위험	전체 총점에 해당하거나, (전체 총점에 해당하지 않더라도) 1·2·5번 요인 모두에 해당하는 경우	
	인터넷 사용으로 인하여 일상생활에서 심각한 장애를 보이면서 내성 및 금단현상이 나타난다. 사이버 공간에서의 대인관계가 대부분이며, 비도덕적 행위와 막연한 긍정적 기대가 있고, 현실 생활에서도 인터넷에 접속하고 있는 듯한 착각을 하기도 한다. 이들의 접속 시간은 중·고생의 경우 1일 약 4시간 이상, 초등생은 약 3시간 이상이며, 중·고생은 수면 시간도 5시간 내외로 줄어든다. 대개 자신의 인터넷 과다 사용으로 인한 어려움을 느끼며, 학업에 곤란을 겪는다. 또한 심리적으로 불안정감 및 대인관계 곤란감, 우울한 기분 등이 흔하며, 성격적으로 자기조절에 심각한 어려움을 보이고, 무계획적인 충동성도 높은 편이다. 현실세계에서 사회적 관계에 문제가 있으며, 외로움을 느끼는 경우도 많다. ➡ **인터넷 과다 사용 경향성이 매우 높으므로 관련 기관의 전문적 지원과 도움이 요청된다.**	
	초등학생	전체 총점 39점 이상~42점 이하 / 1요인 11점 이상 / 2요인 8점 이상 / 5요인 10점 이상
	중·고등학생	전체 총점 46점 이상~50점 이하 / 1요인 14점 이상 / 2요인 10점 이상 / 5요인 12점 이상
경고	위 점수 기준 중 한 가지라도 해당되는 경우	
	위험 사용자군에 비해 경미한 수준이지만 일상생활에서 장애를 보이며, 인터넷 사용 시간이 늘어나고 집착을 하게 된다. 학업에 어려움이 나타날 수 있으며, 심리적 불안정감을 보이지만 절반 정도의 학생은 자신이 아무 문제가 없다고 느낀다. 대체로 중·고생은 1일 약 3시간 정도, 초등생은 2시간 정도의 접속 시간을 보이며, 다분히 계획적이지 못하고 자기조절에 어려움을 보이며 자신감도 낮아지게 된다. ➡ **인터넷 과다 사용의 위험을 깨닫고 스스로 조절하며 계획적인 사용을 하도록 노력한다. 인터넷 과다 사용에 대한 주의가 요망되며, 학교 및 관련 기관에서 제공하는 건전한 인터넷 활용 지침을 따른다.**	

자녀와 쿨하게 소통하기

	초등학생	전체 총점 38점 이하 / 1요인 10점 이하 / 2요인 7점 이하 / 5요인 9점 이하
정 상	중·고등학생	전체 총점 45점 이하 / 1요인 13점 이하 / 2요인 9점 이하 / 5요인 11점 이하

위 점수 기준에 모두 해당되는 경우

중·고생의 경우 1일 약 2시간, 초등학생은 약 1시간 정도의 접속 시간을 보이며, 대부분이 인터넷 과다 사용으로 인한 문제가 없다고 느낀다. 심리적 정서문제나 성격적 특성에서도 특이한 문제를 보이지 않으며, 자기행동을 관리한다고 생각한다. 주변 사람들과의 대인관계에서도 자신이 충분한 지원을 얻을 수 있다고 느끼며, 심각한 외로움이나 곤란감을 느끼지 않는다.

➜ 때때로 인터넷의 건전한 활용에 대하여 자기 점검을 지속적으로 수행한다.

출처: 한국정보화진흥원(www.iapc.or.kr).

인터넷 이용 습관 부모진단지

201__년 __월 __일 _____학교 __학년 (남, 여) 이름 _____ 점수 합계 _____

번호		내용	예	아니요
1	1	누가 봐도 인터넷 사용 시간이 과다한 것을 단번에 알 수 있다.		
2	2	인터넷 문제로 가족들과 자주 싸운다.		
	3	식사나 휴식 없이 화장실도 가지 않고 인터넷을 한다.		
	4	인터넷 사용으로 학교 성적이 떨어졌다.		
	5	인터넷 사용 때문에 피곤해서 수업 시간에 잔다(혹은 잔다고 한다).		
3	6	인터넷을 하면서 혼자 욕을 하거나 소리를 지른다.		
	7	인터넷을 하고 있지 않을 때에도, 인터넷에서 나오는 소리가 들리고, 인터넷을 하는 꿈을 꾼다고 말한다(혹은 그렇게 보인다).		
4	8	인터넷을 하고 있을 때만 흥미진진해 보이고 생생해 보인다.		
	9	평소와는 달리, 인터넷을 할 때만 할 말을 다 하고 자신감이 있어 보인다.		
	10	인터넷만 재미있어 하는 것 같다.		
5	11	인터넷에 빠진 이후로, 폭력적(언어적, 신체적)으로 변했다.		
	12	인터넷 하는데 건드리면 화내거나 짜증을 낸다.		
	13	인터넷을 안 할 때, 다른 것에 집중하지 못하고 불안해 보인다.		
6	14	주변 사람들의 시선이나 반응에 무관심하다.		
7	15	약속을 지키지 않고 거짓말을 자주 한다.		
	16	인터넷을 하느라 상당한 용돈을 쓰고 빚을 지기도 한다.		
	17	인터넷을 몰래 하다가 들켰다.		
8	18	하루에 4시간 이상 움직이지 않고 한 곳에서 인터넷을 한다.		
	19	인터넷을 하느라 학교를 무단으로 빠지거나 지각한다.		
	20	하루 이상을 밤을 새우면서 인터넷을 한다.		

출처: 한국정보화진흥원 (www.iapc.or.kr).

인터넷 이용 습관 진단 관찰자 척도(부모진단지) 해석

채점 방법	1점 = 예 0점 = 아니요	채점 하기	(1점×____개) = 총 _____점

사용자군별 해석	**일반 사용자군**	**3점 미만** 인터넷을 자신의 흥미와 욕구, 목적에 맞게 사용하는 경우로, 인터넷 사용 시간을 적절하게 조절할 수 있다. 원하는 목적을 이루고 나면 지체하지 않고 인터넷 접속을 종료한다. 필요에 의해서 인터넷에 접속하고, 당장 인터넷을 사용할 수 없어도 그다지 불편감을 느끼지 않고 참고 기다릴 수 있으며, 인터넷 사용으로 인해 정서, 행동, 직업, 대인관계에 별다른 영향을 받지 않는 건전한 사용자들이 속하는 유형이다. ▷**치료적 접근: 불필요**
	주의 사용자군	**3점 이상~10점 미만** 현실의 대인관계가 현저하게 줄어들면서 사이버 세계가 대인관계의 중심이 되며, 이러한 인터넷 과다 사용으로 인해 일상생활에 문제가 발생하고 (예: 학교/직장에서 경고를 받거나 지각, 지연), 주변 사람들도 이러한 문제를 인식하기 시작하여 인터넷 사용에 대한 걱정과 염려, 잔소리를 표현한다. 인터넷을 사용할 수 없는 상황은 회피하게 되고, 인터넷을 사용하지 못하는 상황에서 불안, 초조, 짜증, 분노를 경험하며, 수면 부족, 피로감, 금전적 소비가 증가한다. 심지어 인터넷 사용과 관련해서 거짓말을 하거나 변명, 합리화하고 자신의 인터넷 사용을 축소/은폐하려는 시도를 보인다. 최소한의 사회생활을 하지만 인터넷 사용으로 인해 사용 이전에 비해 뚜렷한 생활의 변화가 생기고 인터넷을 조절하기 위해서 외부의 도움이 필요한 단계이다. ▷**치료적 접근: 상담 요망** 　정신건강 관련 분야에서의 전문적인 상담이 필요합니다.
	위험 사용자군	**10점 이상** 인터넷 사용을 자기의 의도대로 적절하게 조절할 수 없는 상태에 이른 경우로, 대부분의 시간을 인터넷에서 보낸다. 식음을 전폐하고 씻지도 않은 채 인터넷에 몰두하고, 며칠씩 외박을 하기도 하며, 심지어 현실과 사이버 세상을 구분하지 못하고 혼란을 경험한다. 인터넷을 하지 못하게 되면 심각한 불안, 초조, 짜증, 분노를 경험하고 폭력적인 말과 행동을 보이는 등 감정 조절에 어려움이 있다. 가족 갈등이나 대인관계 문제가 빈번하게 발생하고 학교생활 부적응 등 사회생활에 뚜렷한 장애가 있다. 현실생활보다는 인터넷이 생활의 중심이 되어, 가족이나 주변 사람들을 전혀 고려하지 않고 사회적인 역할을 수행하지 못하며 하루 종일 인터넷에 빠져 있는 상태로 전문적인 치료가 시급한 단계다. ▷**치료적 접근: 집중치료 요망** 　전문치료기관에서 인터넷의 과다한 사용에 대한 집중적인 치료가 필요합니다.

저자 소개

박성희 (Park Seonghee)
서울대학교 졸업
서울대학교 대학원 교육상담학 박사
한국행동과학연구소 책임연구원
현 청주교육대학교 교수
　　한국상담학회 수련감독

이재용 (Lee Jaeyong)
청주교육대학교 졸업
충북대학교 교육학과 박사과정 수료(교육심리 및 상담 전공)
현 충북 청원 만수초등학교 교사
　　전문상담교사 1급, MBTI 일반강사, STRONG 전문가

장희화 (Jang Heehwa)
청주교육대학교 졸업
청주교육대학교 대학원 석사(초등상담교육 전공)
현 충북 증평초등학교 교사
　　전문상담교사 1급

김기종 (Kim Kijong)
청주교육대학교 졸업
충북대학교 교육학과 박사과정 수료(교육심리 및 상담 전공)
현 충북 청주 성화초등학교 교사
　　전문상담교사 1급

이동갑 (Lee Donggab)
한남대학교 대학원 교육학과 박사과정 수료(교육상담 전공)
현 한국교원대학교 교육정책전문대학원 박사과정 재학
　1급 전문상담사(한국상담학회슈퍼바이저), MBTI 중앙강사, 에니어그램전문강사

남윤미 (Nam Younmi)
장로회 신학대학 졸업
충북대학교 교육대학원 석사(학교상담 전공)
현 충북 청주 성화중학교 교사
　상담심리사, 모래놀이치료사

김경수 (Kim Kyeongsu)
한남대학교 졸업
한남대학교 대학원 교육학과 박사과정 수료(교육상담 전공)
현 충북 음성 교육지원청 Wee센터 전문상담교사
　전문상담교사 1급, 한국상담학회 전문상담사(학교상담) 1급,
　애니어그램전문강사, MBTI 일반강사, 한국미술치료학회 미술치료사
　연우심리연구소 학습전문강사

자녀와 쿨하게 소통하기

2014 년 5월 10일 1판 1쇄 인쇄
2014 년 5월 15판 1판 1쇄 발행

지은이 박성희 · 이재용 · 장희화 · 김기종
　　　　　이동갑 · 남윤미 · 김경수
펴낸이 김진환
펴낸곳 ㈜ **학지사**
　　　　　121-838 서울시 마포구 양화로 15길 20 마인드월드빌딩
　　　　　대표전화 02-330-5114　팩스 02-324-2345
등 록 제313-2006-000238호

홈페이지 http://www.hakjisa.co.kr
커뮤니티 http://cafe.naver.com/hakjisa
ISBN 978-89-997-0350-8 13590

정가 14,000 원

Copyright @ 2014 by Hakjisa Publisher, Inc.

인터넷 학술논문 원문 서비스 **뉴논문** www.new.nonmun.com

이 도서의 국립중앙도서관 출판시도서목록(CIP)은 서지정보유통지원시스템
홈페이지(http://www.seoji.nl.go.kr)와 국가자료공동목록시스템
(http://www.nl.go.kr/kolisnet)에서 이용하실 수 있습니다.
(CIP제어번호: CIP2014010083)